计算机类技能型理实一体化新形态系列

Java程序设计

项目开发教程

（第3版）

主　编　许艳春　郑定超
汤春华

清华大学出版社
北　京

内容简介

Java语言是当今流行的面向对象编程语言之一。本书以典型项目讲述了面向对象程序设计的相关概念和使用方法。通过本书的学习，学生不仅能够学习到基本的面向对象程序设计技术，还能够掌握用Java语言开发软件项目的方法。

本书以学生课程考试系统项目为开发主线，分为11个项目贯穿全书。本书介绍了Java基础的开发技术和理论，将知识点与开发实践紧密结合。本书内容包括Java语言基础知识、类与对象的基本概念、面向对象的三大特征、抽象类与接口、输入/输出流、图形用户界面设计、多线程、数据库等知识点的介绍。学生通过阅读本书，可以全面掌握Java的初级开发技术。

本书可以作为高校计算机相关专业的教材或参考书，也适合作为软件开发人员及其他有关人员的自学参考书或培训教材。

图书在版编目（CIP）数据

Java程序设计项目开发教程 / 许艳春，郑定超，汤春华主编. 3版. -- 北京 ：清华大学出版社，2024.10.（计算机类技能型理实一体化新形态系列）.
ISBN 978-7-302-67311-8

Ⅰ. TP312.8

中国国家版本馆CIP数据核字第2024FF4144号

责任编辑：李慧恬　张龙卿
封面设计：刘代书　陈昊靓
责任校对：刘　静
责任印制：沈　露

出版发行：清华大学出版社
网　　址：https://www.tup.com.cn，https://www.wqxuetang.com
地　　址：北京清华大学学研大厦A座　　**邮　　编**：100084
社 总 机：010-83470000　　**邮　　购**：010-62786544
投稿与读者服务：010-62776969，c-service@tup.tsinghua.edu.cn
质量反馈：010-62772015，zhiliang@tup.tsinghua.edu.cn
课件下载：https://www.tup.com.cn，010-83470410
印 装 者：三河市君旺印务有限公司
经　　销：全国新华书店
开　　本：185mm×260mm　　**印　　张**：17.75　　**字　　数**：405千字
版　　次：2017年4月第1版　2024年12月第3版　　**印　　次**：2024年12月第1次印刷
定　　价：59.00元

产品编号：108687-01

第3版前言

习近平总书记在党的二十大报告中指出：教育、科技、人才是全面建设社会主义现代化国家的基础性、战略性支撑；必须坚持科技是第一生产力、人才是第一资源、创新是第一动力；深入实施科教兴国战略、人才强国战略、创新驱动发展战略，开辟发展新领域新赛道，不断塑造发展新动能新优势。

教材建设必须立足服务于党的教育事业，遵循党的教育方针，服务于国家经济建设，为社会各行业输送专门合格人才。一本理实结合、学以致用、过程控制评价和以成果为导向的教材，是培养合格的高素质技能人才的根本。本书在每个项目中加入了深度融合的素质目标，使学生在学习中能够潜移默化地实现职业素质的提升。

Java是Sun公司推出的跨平台程序开发语言，它具有简单、面向对象、分布式、健壮性、安全性、可移植性等特点，这使它在网络开发、网络应用中发挥着重要作用，并伴随因特网的广泛应用而得以迅速发展。

本书作为第3版，更新了部分案例和理论知识，增加了部分素质目标和拓展阅读内容，以体现出专业课与素质目标紧密衔接的特色，实现立德树人的大学生培养目标。

本书以培养学生应用能力为主线，严格按照教育部关于"突出实践技能培养"的要求，依照Java程序设计学习应用的基本过程和规律，将"以项目开发为主线，任务驱动"的写法贯穿全书，将Java开发的技术知识融入各个工作任务中，突出了"实践与理论紧密结合"的特点。随着项目开发任务的层层递进，再现了软件开发的工作过程，同时也体现了从普通程序员到Web程序员的职业能力的提升。

本书以学生课程考试系统项目为主线，全书分为两篇共11个项目。第一篇为项目开发前期准备，包括项目1～项目4，其中项目1介绍了Java开发环境的下载安装；项目2介绍了Java的基本特性及基本语法，包括Java语言概述、数据类型、运算符与表达式、流程控制语句及数组的使用；项目3、项目4分别介绍了Java面向对象技术及异常类处理机制。第二篇为开发课程考试系统，包括项目5～项目11，通过一个完整的学生在线系统的开发系统介绍了图形用户界面设计中的事件、组件、布局、文件输入/输出以及线程等知识点,并介绍了用数据库存储数据的相关知识。在每个项目中,都是首先介绍学习目标,然后介绍相关知识。在自测题中,学生可以完成对本项目中介绍的技术要点的测试。

通过本书的学习,读者不仅可以全面掌握Java的开发知识,而且能体会到应用Java开发项目的基本思路及全局观念。

本书由许艳春、郑定超、汤春华担任主编,蒋君、连丹、张晖担任副主编。另外,感谢浪潮云计算有限公司提供的企业案例和帮助。

由于编者水平有限,错误之处也在所难免,敬请广大读者批评指正。

编　者

2024年7月

目　录

第一篇　项目开发前期准备

第二篇 开发课程考试系统

第一篇

项目开发前期准备

项目 1　开发课程考试系统的准备

项目 2　处理课程考试系统中的学生成绩

项目 3　定义使用课程考试系统中相关的类

项目 4　捕获课程考试系统中的异常

项目 1　开发课程考试系统的准备

学习目标

本项目主要介绍 Java 入门方面的知识，包括 Java 编程语言的发展历史、特点、跨平台原理、Java 开发环境的安装配置，以及使用 Eclipse 软件开发一个 Java 程序。学习要点如下：

- 了解 Java 语言的发展历史。
- 理解 Java 的主要特点与跨平台实现机制。
- 掌握 JDK 的安装及配置。
- 使用 Eclipse 软件开发 Java 程序。
- 树立与时俱进的学习意识，立志投身科学研究与技术创新，肩负起振兴民族科技的使命，充满爱国主义的热忱，无惧困难，勇往直前。

随着计算机技术和网络技术的迅猛发展，利用计算机进行各类考试也越来越普遍。传统的考试要出卷、制卷、评卷、登分，工作量大，且人工出卷和评卷容易受到教师个人主观因素的影响，而利用计算机进行自动出卷、评卷，能够大幅减轻教师的工作量，提高了质量。

Java 语言作为一种当今流行的编程语言，它具有面向对象、平台独立、多线程等特点，非常适合开发桌面应用程序等。特别是 Java 语言提供了 Socket 技术，使程序员在进行网络应用程序开发时不必再考虑网络底层代码的设计，大幅简化了原有的网络操作过程。

1.1　相 关 知 识

Java 是由 Sun 公司于 1995 年 5 月推出的 Java 程序设计语言和 Java 平台的总称。Java 自 1995 诞生，至今已经近 30 年历史，名字的来源是印度尼西亚爪哇岛的英文名称，此地因盛产咖啡而闻名，因此，Java 的标志也正是一杯正冒着热气的咖啡，如图 1-1 所示。

目前，全球约有 25 亿件产品运行着 Java，1000 多万 Java 开发者活跃在地球的各个角落里。James Gosling(詹姆斯 · 高斯林)作为 Java 开发语言共同创始人之一，一般公认他为“Java 之父”，如图 1-2 所示。

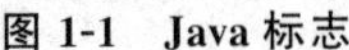
图1-1 Java标志

图1-2 Java之父James Gosling

1.1.1 Java语言的发展历史

1991年4月,Sun公司成立了Green项目小组,专攻智能家电的嵌入式控制系统。由James Gosling博士领导的绿色计划(green project)开始启动,此计划的目的是开发一种能够在各种消费性电子产品(如机顶盒、冰箱、收音机等)上运行的程序架构。这个计划的产品就是Java语言的前身——Oak(橡树)。

1995年5月23日,Oak语言改名为Java,并且在SunWorld大会上正式发布,Java语言诞生。

1996年1月,第一个JDK 1.0诞生。

1996年4月,10个最主要的操作系统供应商申明将在其产品中嵌入Java技术。

1996年9月,约8.3万个网页应用了Java技术来制作。

1997年2月18日,JDK 1.1发布。

1997年4月2日,JavaOne会议召开,参与者逾一万人,创当时全球同类会议规模之纪录。

1997年9月,JDC(Java developer connection)社区成员超过10万人。

1998年2月,JDK 1.1被下载超过2000000次。

1998年12月8日,Java 2企业平台J2EE发布。

1999年6月,Sun公司发布Java的三个版本:标准版、企业版和微型版。

2000年5月8日,JDK 1.3发布。

2000年5月29日,JDK 1.4发布。

2001年6月5日,诺基亚公司宣布,到2003年将出售1亿部支持Java的手机。

2001年9月24日,J2EE 1.3发布。

2002年2月26日,J2SE 1.4发布,自此Java的计算能力有了大幅提升。

2004年9月30日18:00,J2SE 1.5发布,成为Java语言发展史上的又一里程碑。为了表示该版本的重要性,J2SE 1.5更名为Java SE 5.0。

2005年6月,JavaOne大会召开,Sun公司公开Java SE 6。此时,Java的各种版本已经更名,以取消其中的数字2:J2EE更名为Java EE,J2SE更名为Java SE,J2ME更名为Java ME。

2006年12月，Sun公司发布JRE 6.0。

2009年4月7日，Google App Engine开始支持Java。

2009年4月20日，Oracle公司74亿美元收购Sun公司，取得Java的版权。

2010年11月，由于Oracle公司对于Java社区的不友善，因此Apache扬言将退出JCP。

2011年7月28日，Oracle公司发布Java 7.0的正式版。

2014年3月19日，Oracle公司发布Java 8.0的正式版。

2017年9月21日，Oracle公司发布JDK 9。

2018年3月20日，Oracle公司发布JDK 10。

2018年9月25日，Oracle公司发布JDK 11。

2019年3月20日，Oracle公司发布JDK 12。

2019年9月17日，Oracle公司发布JDK 13。

2020年3月17日，Oracle公司发布JDK 14。

2020年9月15日，Oracle公司发布JDK 15。

2021年3月16日，Oracle公司发布JDK 16。

2021年9月14日，Oracle公司发布JDK 17。

1.1.2　Java语言的特点

Java作为一种面向对象语言，具有自己鲜明的特点，主要包括以下几个特点。

1. 简单性

Java是一个精简的系统，无须强大的硬件环境便可以很好地运行。Java的风格和语法类似C++，因此，C++程序员可以很快掌握Java编程技术。Java摒弃了C++中容易引发程序错误的地方，如多重继承、运算符重载、指针和内存管理等，Java语言具有支持多线程、自动垃圾收集和采用引用等特性。Java提供了丰富的类库，以方便用户迅速掌握Java。

2. 面向对象

面向对象可以说是Java最基本的特性。Java语言的设计完全是面向对象的，它不支持类似C语言那样的面向过程的程序设计技术，Java支持静态和动态风格的代码继承及重用。

3. 分布式

Java包括一个支持HTTP和FTP等基于TCP/IP的子库。因此，Java应用程序可凭借URL打开并访问网络上的对象，就像访问本地文件一样简单方便。Java的分布性为实现在分布环境尤其是Internet下实现动态内容提供了技术途径。

4. 健壮性

Java是一种强类型语言，它在编译和运行时要进行大量的类型检查。类型检查帮助检查出许多开发早期出现的错误；Java自己操纵内存减少了内存出错的可能性；Java的数组并非采用指针实现,从而避免了数组越界的可能。

5. 结构中立

作为一种网络语言,Java 编译器将 Java 源程序编译成一种与体系结构无关的中间文件格式。只要有 Java 运行系统的机器都能执行这种中间代码,从而使同一版本的应用程序可以运行在不同的平台上。

6. 安全性

作为网络语言,安全是非常重要的。Java 的安全性可从两个方面得到保证:一方面,在 Java 语言里,像指针和释放内存等 C++功能被删除,避免了非法内存操作;另一方面,当 Java 用来创建浏览器时,语言功能和一类浏览器本身提供的功能结合起来,使它更安全。

7. 可移植

Java 与体系结构无关的特性使 Java 应用程序可以在配备了 Java 解释器和运行环境的任何计算机系统上运行,这成为 Java 应用软件便于移植的良好基础。

8. 解释性

Java 解释器(运行系统)能直接对 Java 字节码进行解释执行。链接程序通常比编译程序所需资源少。

9. 高性能

虽然 Java 是解释执行程序,但它具有非常高的性能。另外,Java 可以在运行时直接将目标代码翻译成机器指令。

10. 多线程

线程有时也称小进程,是一个大进程里分出来的小的独立运行的基本单位。Java 提供的多线程功能,使得在一个程序里可同时执行多个小任务,即同时进行不同的操作或处理不同的事件。多线程带来的更大好处是具有更好的网上交互性能和实时控制性能,尤其是在实现多媒体功能方面。

11. 动态性

Java 的动态特性是其面向对象设计方法的扩展。它允许程序动态地装入运行过程中所需要的类,而不影响使用这一类库的应用程序的执行,这是采用 C++语言进行面向对象程序设计时所无法实现的。

1.1.3 Java 工作机制

大多数高级语言程序的运行,只需将程序编译或者解释为运行平台能理解的机器代码后即可执行程序。然而这种方式会使程序的移植性出问题，机器代码对计算机处理器和操作系统会具有一定的依赖性。

Java 语言为了避免此类问题，将程序编译及运行工作机制调整，Java 的程序需要经过两个过程才能被执行。首先，将 Java 源程序进行编译，并不直接将其编译为与平台相对应的原始机器语言，而是编译为与系统无关的字符码。之后再通过 Java 虚拟机（Java virtual machine，JVM）将编译生成的字节码在虚拟机上解释、执行并生成相应的机器语言。如图 1-3 所示，所有的 * class 文件都在 JVM 上运行，再由各种对应的 JVM 去适应各种不同的操作系统，通过 JVM 来实现在不同平台上的运行。

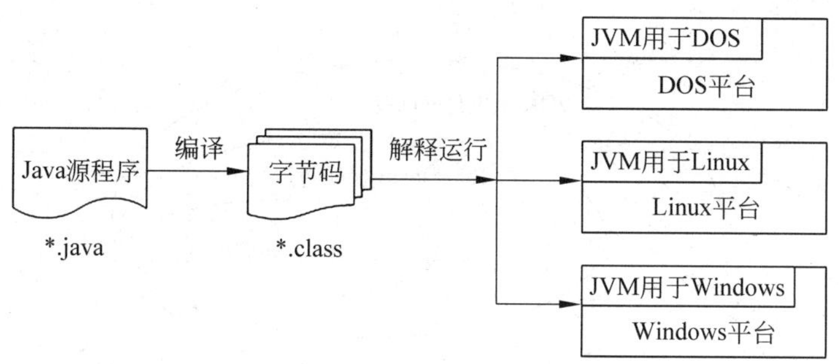

图 1-3　Java 工作机制

1.1.4　Eclipse 集成开发环境

集成开发环境（integrated development environment，IDE）是用于提供程序开发环境的应用程序，一般包括代码编辑器、编译器、调试器和图形用户界面等工具。利用 IDE 开发程序，可以方便、快捷地书写并调试程序。常见的 Java 集成开发环境有 Eclipse、IntelliJ IDEA、NetBeans、MyEclipse 等。

Eclipse（见图 1-4）是一个开放源代码的，基于 Java 的可扩展开放平台。就其本身而言，它只是一个框架和一组服务，用于通过插件组件构建开放环境。Eclipse 最初由 OTI 和 IBM 两家公司的 IDE 产品开发组创建，起始于 1999 年 4 月。IBM 提供了最初的 Eclipse 代码基础，包括平台、JDT 和 PDE。目前由 IBM 牵头，围绕着 Eclipse 项目已经发展成为了一个庞大的 Eclipse 联盟，有 150 多家软件公司参与到 Eclipse 项目中，其中包括 Borland、Rational Software、Red Hat 及 Sybase 等公司，最近 Oracle 公司也计划加入到 Eclipse 联盟中。

图 1-4　Eclipse 标志

1.2 项目设计与分析

除了前面介绍过的 JVM,另外还需要了解两个名词概念,分别是 JRE(Java runtime environment,Java 运行环境)和 JDK(Java development kit,Java 开发工具包)。JRE 是 Java 程序运行所需要的必要环境,包括 JVM、Java 核心类库和支持文件。JDK 是开发 Java 程序所必需的工具包,包括 JRE 和 Java 开发工具。JVM、JRE、JDK 三者关系如图 1-5 所示。

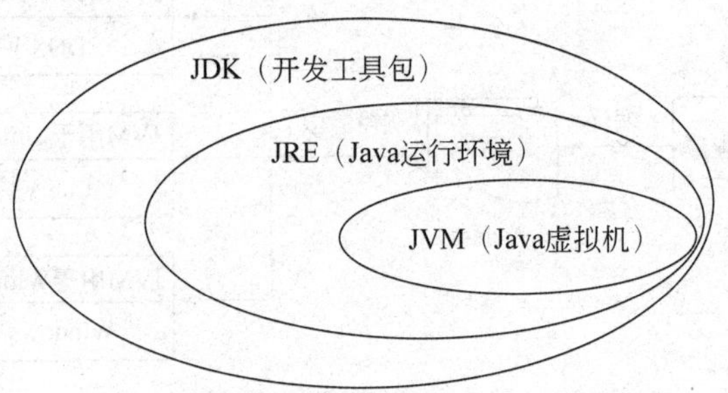

图 1-5 JVM、JRE、JDK 三者关系

所以想要开发 Java 程序,需要安装 JDK 和 Eclipse 工具。

(1) 下载 JDK。在 Oracle 公司的网站 www.oracle.com 可以下载 JDK 的最新版。JDK 下载网址为 https://www.oracle.com/cn/java/technologies/javase-downloads.html,根据计算机的系统选择合适的版本下载即可,如图 1-6 所示。

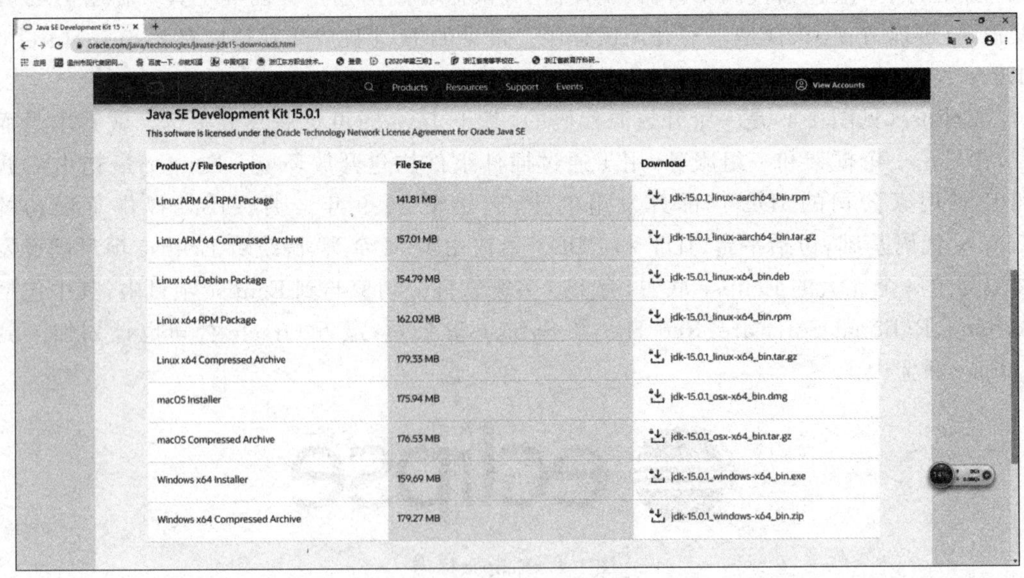

Java SE Development Kit 15.0.1

This software is licensed under the Oracle Technology Network License Agreement for Oracle Java SE

Product / File Description	File Size	Download
Linux ARM 64 RPM Package	141.81 MB	jdk-15.0.1_linux-aarch64_bin.rpm
Linux ARM 64 Compressed Archive	157.01 MB	jdk-15.0.1_linux-aarch64_bin.tar.gz
Linux x64 Debian Package	154.79 MB	jdk-15.0.1_linux-x64_bin.deb
Linux x64 RPM Package	162.02 MB	jdk-15.0.1_linux-x64_bin.rpm
Linux x64 Compressed Archive	179.33 MB	jdk-15.0.1_linux-x64_bin.tar.gz
macOS Installer	175.94 MB	jdk-15.0.1_osx-x64_bin.dmg
macOS Compressed Archive	176.53 MB	jdk-15.0.1_osx-x64_bin.tar.gz
Windows x64 Installer	159.69 MB	jdk-15.0.1_windows-x64_bin.exe
Windows x64 Compressed Archive	179.27 MB	jdk-15.0.1_windows-x64_bin.zip

图 1-6 JDK 下载页面

(2) Eclipse 可以直接从 Eclipse 网站(https://www.eclipse.org/downloads/)下载到最新版本,如图 1-7 所示。

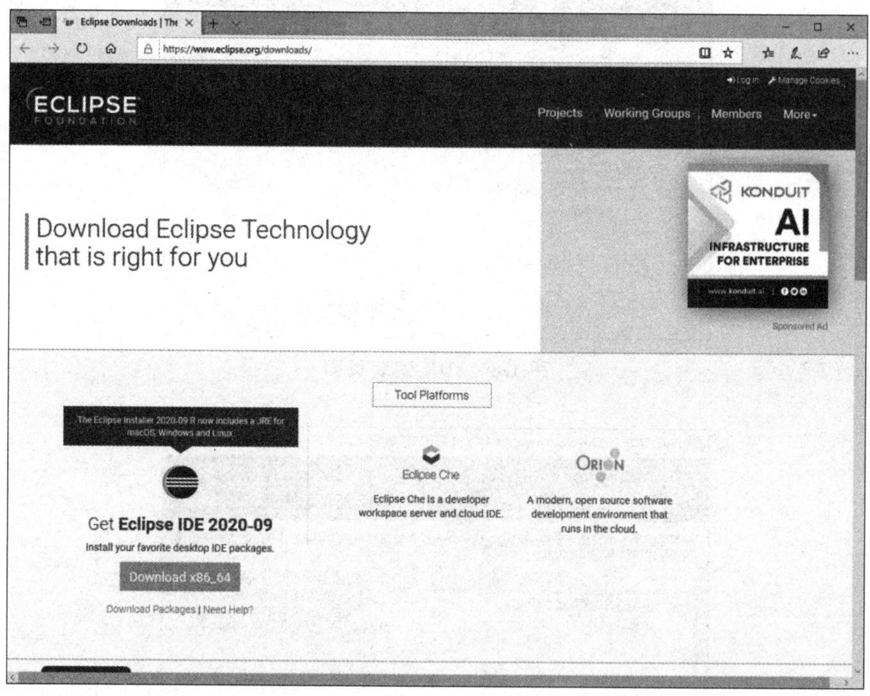

图 1-7　Eclipse 下载页面

本书提供的软件安装包为 jdk-11_windows-x64_bin.exe 和 eclipse-inst-jre-win64.exe,并以此进行安装介绍和使用。

1.3　项目实施

本项目主要完成 JDK 的安装与环境变量的配置、Eclipse 软件的安装,以及使用 Eclipse 软件开发一个 Java 项目。

任务 1-1　JDK 的安装

Java 开发环境的安装与测试

具体安装步骤如下。

(1) jdk-11_windows-x64_bin.exe 下载完成后,双击文件即可安装,如图 1-8 所示,单击"下一步"按钮即可。

(2) 进入 JDK 安装选项,如图 1-9 所示。安装路径默认设置为 C:\Program Files\Java\jdk-11\,若需要更改到其他路径,单击"更改"按钮,将会弹出更改路径的界面,更改目录并单击"确定"按钮后,即可回到安装界面,单击"下一步"按钮继续安装。

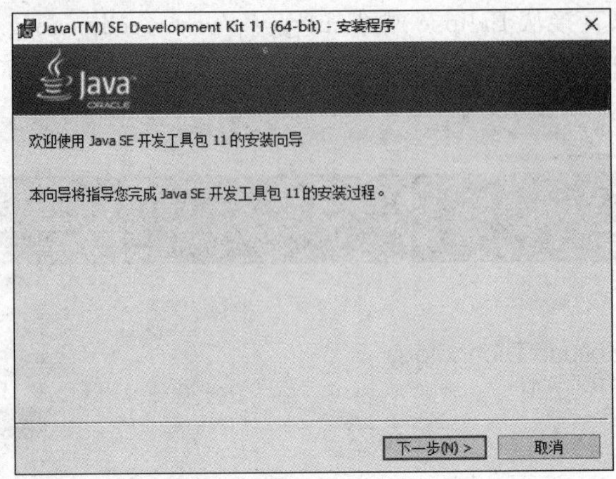

图 1-8　JDK 安装页面

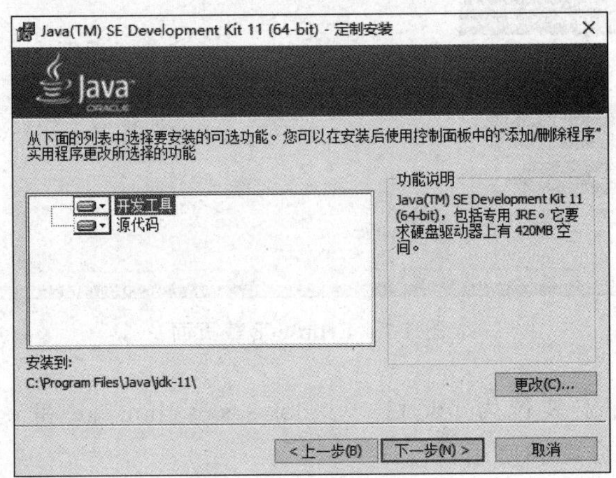

图 1-9　选择安装路径

(3) 确定安装目录后，单击"下一步"按钮，即可进行软件的安装，页面会显示安装进度，如图 1-10 所示。

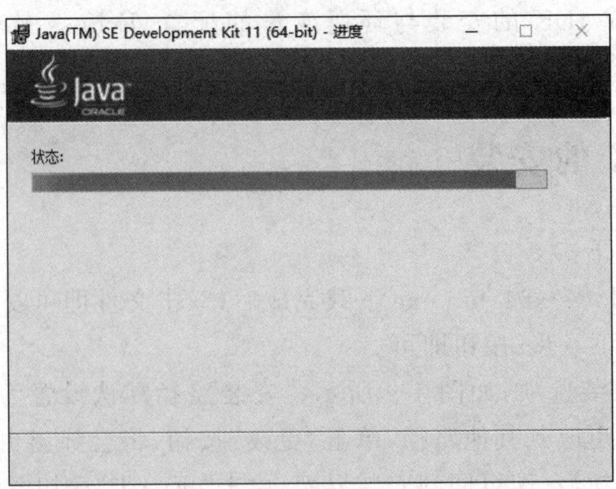

图 1-10　JDK 安装过程

(4) 安装完成，软件会显示已经安装成功的页面，如图 1-11 所示。

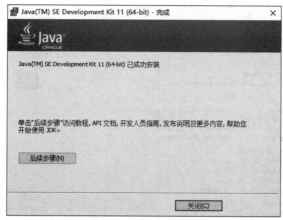

图 1-11　JDK 安装成功

任务 1-2　Java 环境变量配置

环境变量(environment variables)一般是指在操作系统中用来指定操作系统运行环境的一些参数，如临时文件夹位置和系统文件夹位置等。它包含了一个或多个应用程序所将使用到的信息，例如，Windows 和 DOS 操作系统中的 PATH 环境变量，当要求系统运行一个程序而没有告诉程序所在的完整路径时，系统除了在当前目录下面寻找此程序外，还应到 PATH 环境变量所指定的路径中去找。

(1) 右击"此电脑"，选择"属性"命令，如图 1-12 所示。

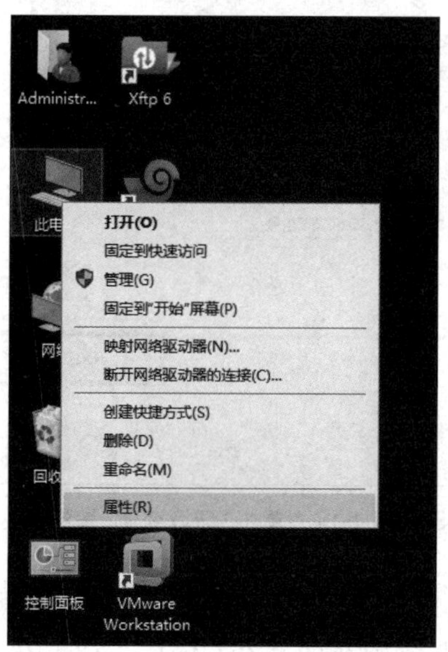

图 1-12　选择"属性"命令

(2) 打开“系统”页面,选择“高级系统设置”,如图 1-13 所示。

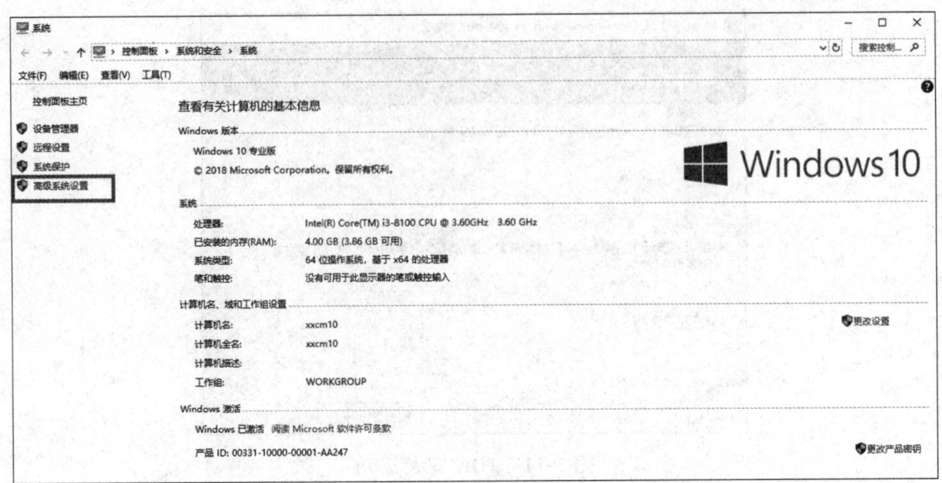

图 1-13 选择“高级系统设置”

(3) 在弹出的“系统属性”对话框中选择“高级”选项卡,再单击“环境变量”按钮,如图 1-14 所示。

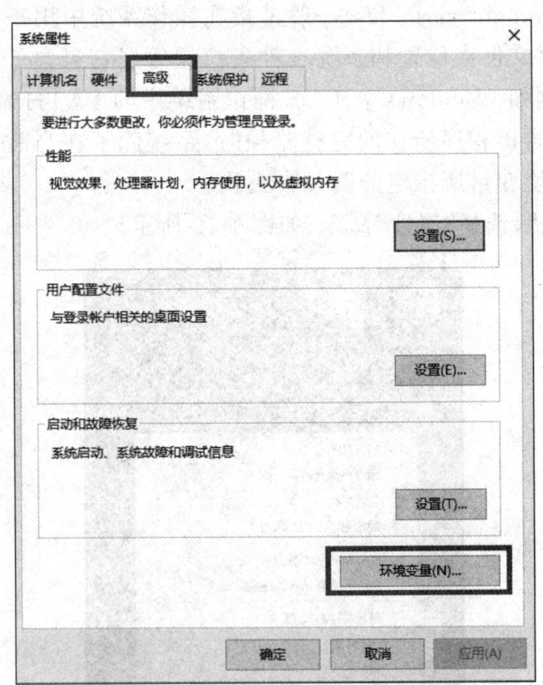

图 1-14 单击“环境变量”按钮

(4) 打开“环境变量”页面后,单击“新建”按钮,创建变量,其中“变量名”为 JAVA_HOME,“变量值”为 JDK 安装所在的路径(本书以 C:\Program Files\Java\jdk-11 为例),如图 1-15 所示。

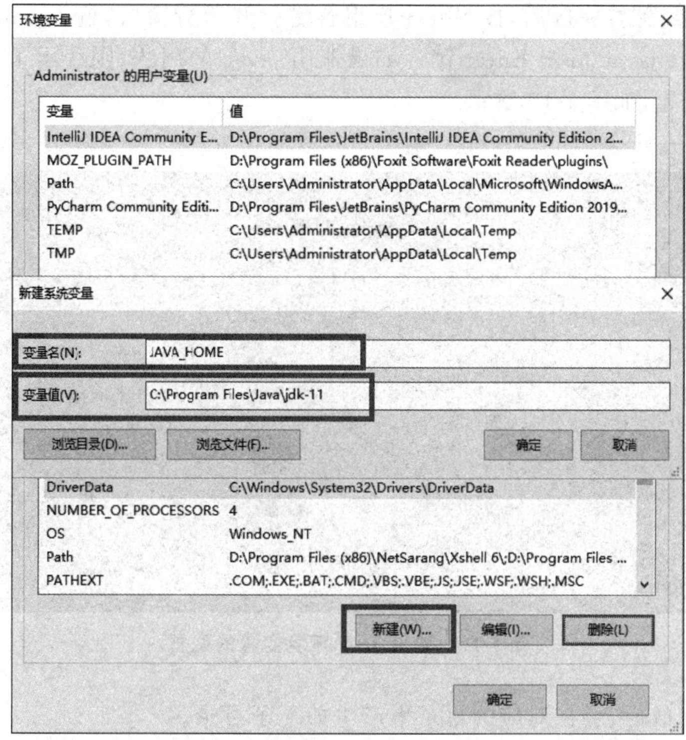

图 1-15　创建 JAVA_HOME 环境变量

(5) 在系统变量中查找变量名为 PATH 的环境变量,然后单击“编辑”按钮,在最后一行中添加“%JAVA_HOME%\bin”,如图 1-16 所示。

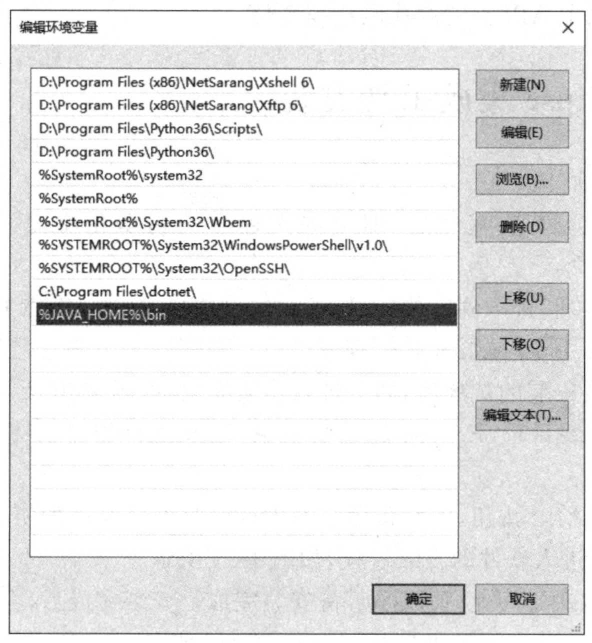

图 1-16　配置 PATH 环境变量

(6) 环境变量配置完成后，按 Win+R 组合键打开运行窗口，输入 cmd 命令，打开命令运行终端，输入 javac 后按 Enter 键。如果输出 javac 的用法，则表示 Java 开发环境已经成功安装与配置，如图 1-17 所示。

```
管理员: 命令提示符
Microsoft Windows [版本 10.0.19041.630]
(c) 2020 Microsoft Corporation. 保留所有权利。

C:\Users\Administrator>javac
用法: javac <options> <source files>
其中, 可能的选项包括:
  @<filename>                  从文件读取选项和文件名
  -Akey[=value]                传递给注释处理程序的选项
  --add-modules <模块>(,<模块9)*
        除了初始模块之外要解析的根模块; 如果 <module>
                为 ALL-MODULE-PATH, 则为模块路径中的所有模块。
  --boot-class-path <path>, -bootclasspath <path>
        覆盖引导类文件的位置
  --class-path <path>, -classpath <path>, -cp <path>
        指定查找用户类文件和注释处理程序的位置
  -d <directory>               指定放置生成的类文件的位置
  -deprecation                 输出使用已过时的 API 的源位置
  --enable-preview             启用预览语言功能。要与 -source 或 --release 一起使用。
  -encoding <encoding>         指定源文件使用的字符编码
  -endorseddirs <dirs>         覆盖签名的标准路径的位置
  -extdirs <dirs>              覆盖所安装扩展的位置
  -g                           生成所有调试信息
  -g:{lines,vars,source}       只生成某些调试信息
  -g:none                      不生成任何调试信息
  -h <directory>               指定放置生成的本机标头文件的位置
  --help, -help, -?            输出此帮助消息
  --help-extra, -X             输出额外选项的帮助
  -implicit:{none,class}       指定是否为隐式引用文件生成类文件
  -J<flag>                     直接将 <标记> 传递给运行时系统
  --limit-modules <模块>(,<模块>)*
```

图 1-17　验证 Java 环境变量的配置

JDK 安装完成后，会在对应的目录下产生如下子目录。

- bin 目录：提供的是 JDK 的工具程序。
- demo 目录：提供了 Java 编写好的示例程序。
- jre 目录：JDK 自己附带的 JRE 资源包。
- lib 目录：提供了 Java 工具所需的资源文件。
- src.zip：提供了 API 类的源代码压缩文件。

任务 1-3　Eclipse 集成工具安装

具体安装步骤如下。

Java 开发工具的介绍与使用

(1) 单击 Eclipse 安装程序后，即可进入程序的初始化页面，如图 1-18 所示。

(2) 初始化完成后，进入到安装选择页面，这里选择 Eclipse IDE for Enterprise Java Developers，如图 1-19 所示。

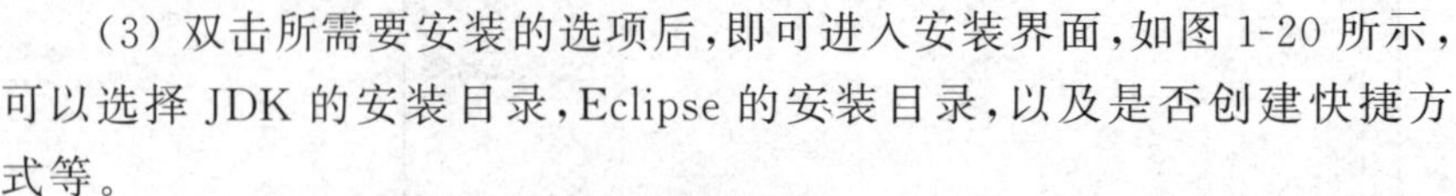

(3) 双击所需要安装的选项后，即可进入安装界面，如图 1-20 所示，可以选择 JDK 的安装目录，Eclipse 的安装目录，以及是否创建快捷方式等。

(4) 单击 INSTALL 按钮，安装程序会弹出询问是否接受软件协议的界面，勾选表示接受的复选框，即可进入软件的安装过程，如图 1-21 所示。

(5) 安装过程取决于网速，请耐心等待安装完成。安装完成后，会在桌面生成快捷方式，同时单击 LAUNCH 按钮即可打开 Eclipse 软件，如图 1-22 所示。

图 1-18　Eclipse 安装初始化

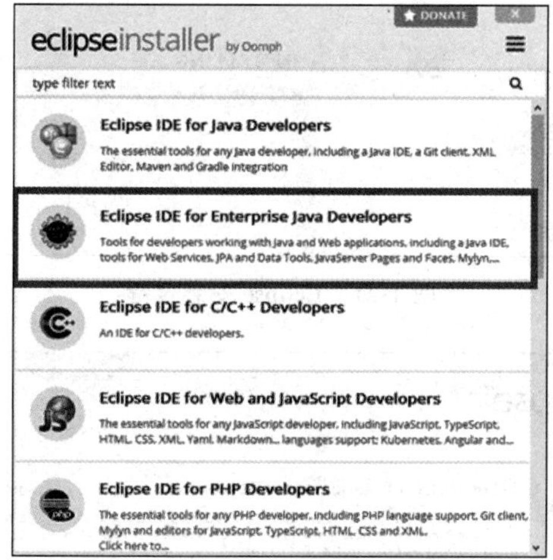

图 1-19　选择 Eclipse IDE for Enterprise Java Developers

图 1-20　选择配置路径与快捷方式

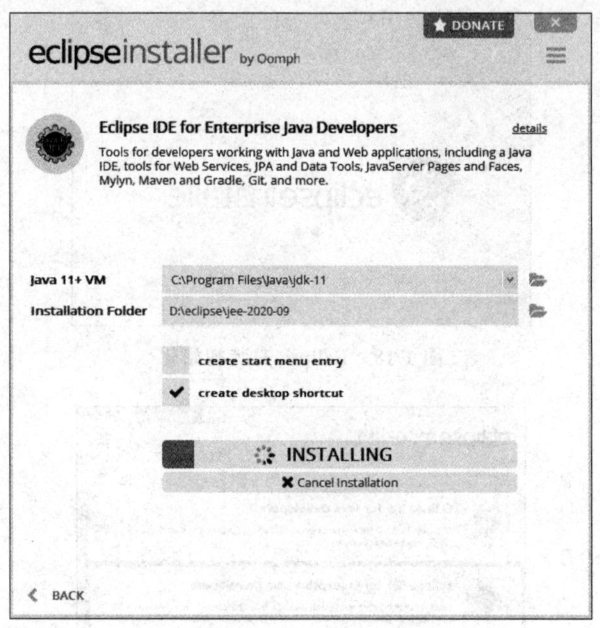

图 1-21　Eclipse 安装过程

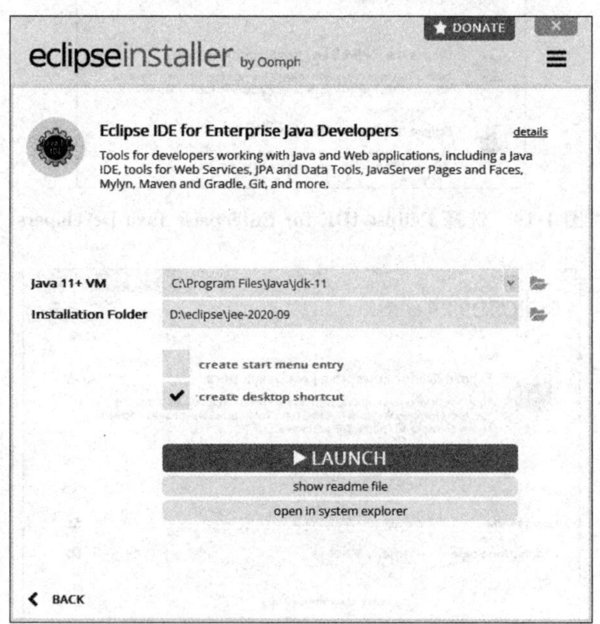

图 1-22　Eclipse 安装完成

(6) 打开 Eclipse 软件，会进入启动页面，如图 1-23 所示。

(7) 第一次启动软件，会弹出选择工作目录的页面，该目录为编写程序所存放的工作目录；复选框后内容表示是否每次启动软件都要询问使用该目录，如图 1-24 所示。

(8) 第一次启动完成，软件显示欢迎页面。关闭欢迎页面，软件即可显示正常的工作页面，如图 1-25 所示。

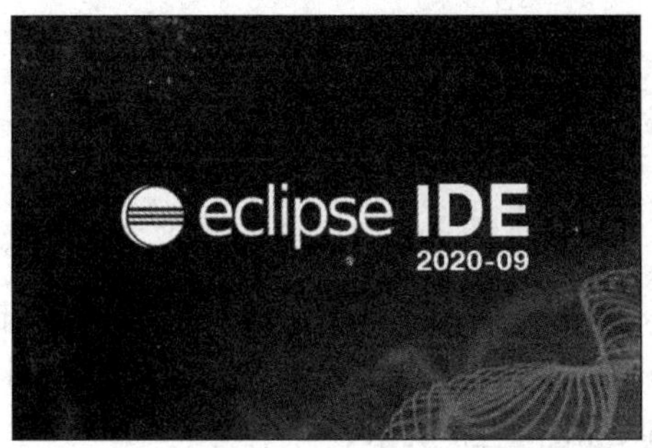

图 1-23　Eclipse 启动页面

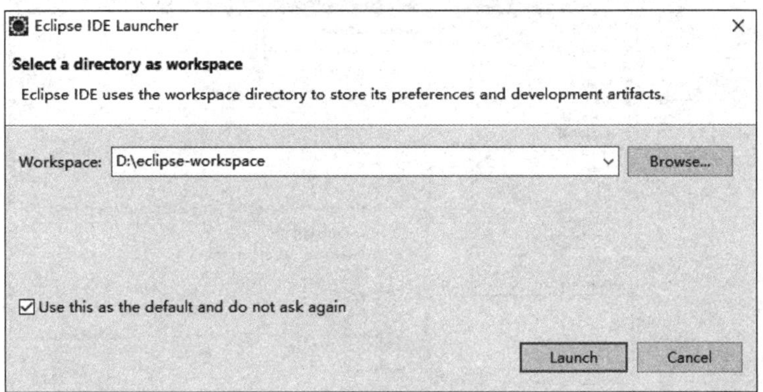

图 1-24　选择工作目录

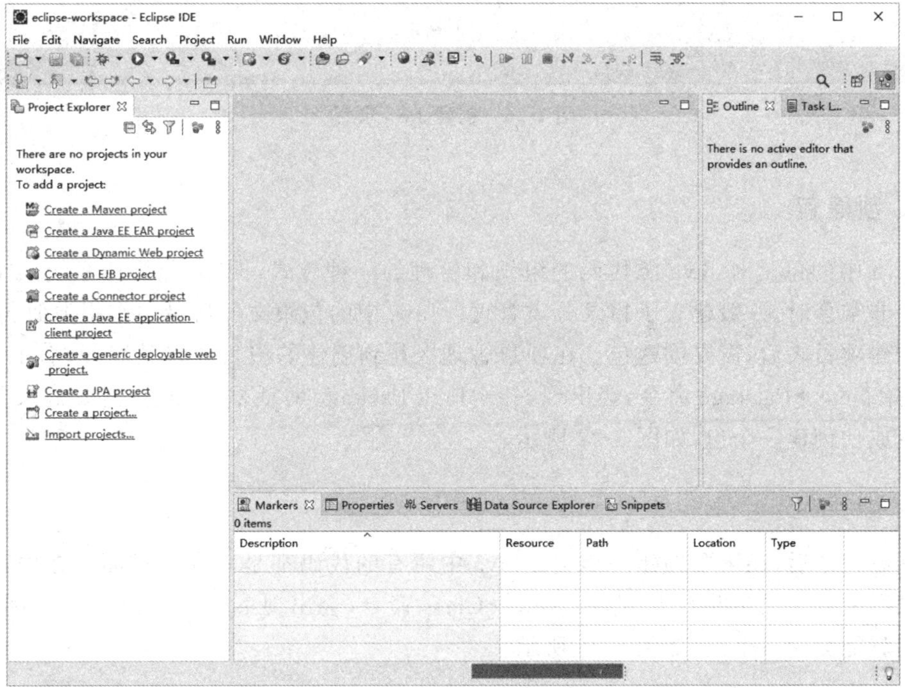

图 1-25　Eclipse 工作主页

任务 1-4　编写第一个 Java 程序

1. 创建 Java 项目

打开 Eclipse 软件后，首先需要创建 Java 项目。在菜单中选择 File→New→Java Project 命令，会出现 New Java Project 对话框，只需要输入项目名称并单击 Finish 按钮，即可完成 Java 项目的创建，如图 1-26 所示。

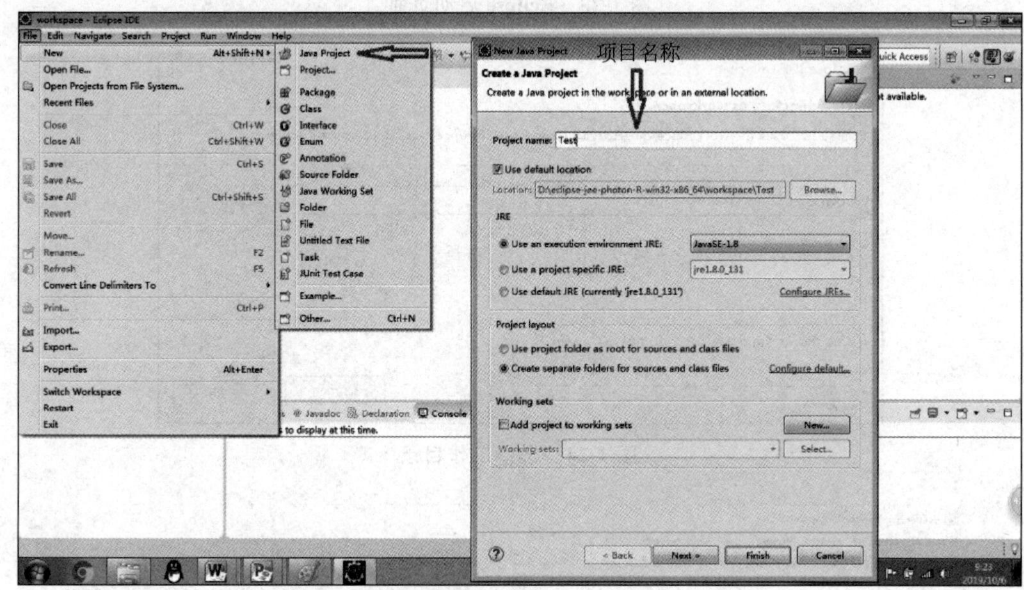

图 1-26　创建 Java 项目

2. 创建包

Java 中的包是对 Java 源代码的组织和管理的一种方式，例如，当操作系统某个目录的文件非常多时，一般建立子目录分类管理。Java 中的包跟文件目录的作用类似。

创建项目之后，需要创建包。在项目管理区找到创建的项目并将其展开，右击 src 目录，选择 New→Package 命令，会出现 New Java Package 对话框，一般只需要输入包的名字即可成功创建一个包，如图 1-27 所示。

3. 创建类

创建包之后，还需要创建一个类。Java 中所有的代码都是写在类里面。在项目管理区找到刚才创建的包并右击，选择 New→Class 命令，会出现 New Java Class 对话框，输入类名就能创建一个类，如图 1-28 所示。

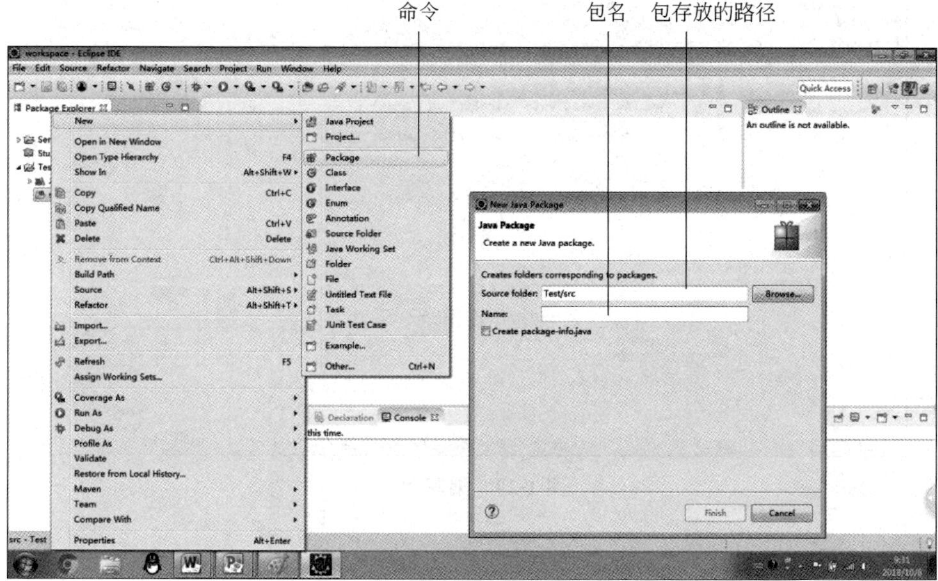

图 1-27　创建包

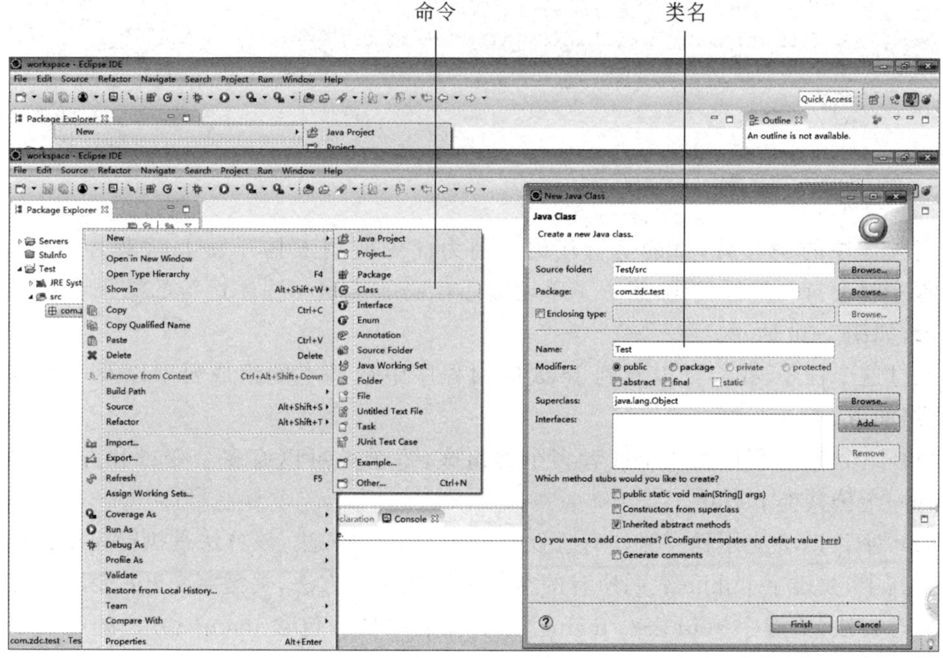

图 1-28　创建类

4. 编写程序

创建完类后，在项目管理区双击创建的类，在工作区可编写代码，输入的程序代码如图 1-29 所示。

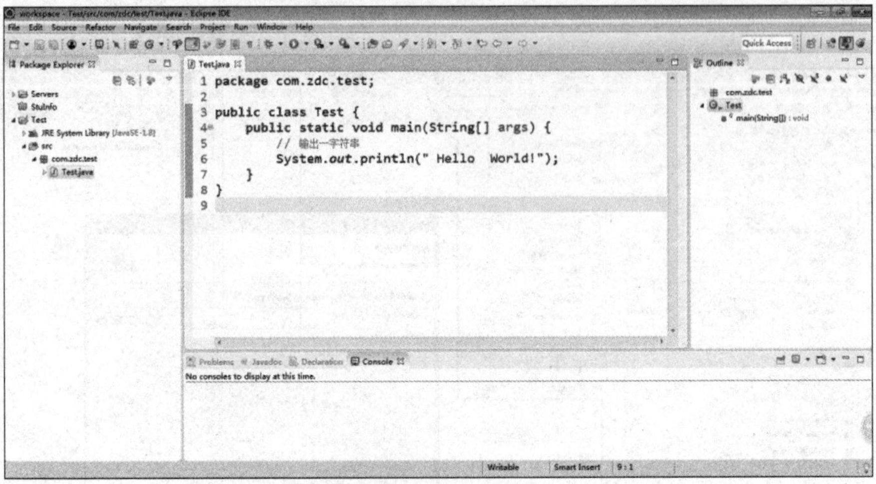

图 1-29　编写程序

程序代码如下:

```
public class HelloWorld{
    public static void main(String[] args){
        //输出字符串“Hello World!”
        System.out.println(" Hello World!");
    }
}
```

5. 编译运行程序

完成程序的编写后,就能运行代码。因为此处使用工具开发 Java 程序,这样运行 Java 程序时会自动编译代码,省去了手动编译代码的步骤。程序运行的结果会在控制台中显示,如图 1-30 所示。

通过这个程序,我们可以看到 Java 应用程序中最基本的组成要素以及一些基本规定,总结如下。

(1) 一个 Java 程序由一个或者多个类组成,每个类可以有多个变量和方法,但是最多只有一个公共类 public。

(2) 对于 Java 应用程序必须有且仅有一个 main()方法,该方法是执行应用程序时的入口。其中,关键字 public 表明所有的类都可以调用该方法,关键字 static 表明该方法是一个静态方法,关键字 void 表示 main()方法无返回值。包含 main()方法的类为该应用程序的主类。

(3) 在 Java 语言中字母是严格区分大小写的。

(4) 文件名必须与主类的类名保持一致,且两者的大小写要保持一致。

(5) System.out.println 语句用来在屏幕上输出字符串,功能与 C 语言中的 printf()函数相同。

(6) Java 程序中的每条语句都要以分号“;”结束(包括以后程序中出现的类型说明等)。

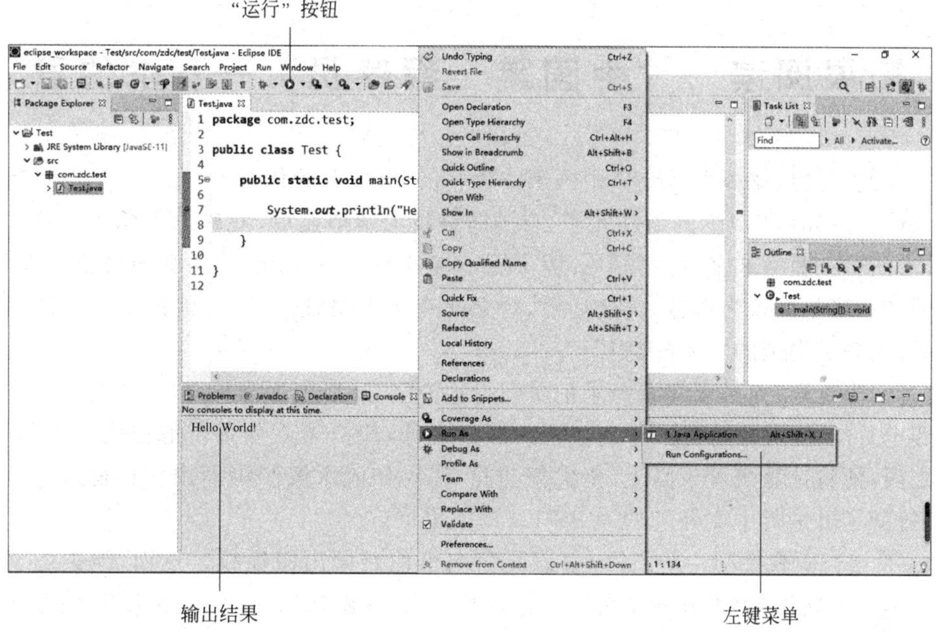

图 1-30　运行程序

(7) 为了增加程序的可读性,程序中可以加入一些注释行,例如,用"//"开头的行。

6. Eclipse 字体设置

我们会发现 Eclipse 默认的字体偏小,可以根据自己的需求适当调整字体大小。具体设置如下:在菜单栏中选择 Window→Preferences 命令,在弹出的对话框的左侧窗格中依次选择 General→Appearance→Colors and Fonts 选项,再打开"字体"设置页面进行字体大小的设置,如图 1-31 所示。

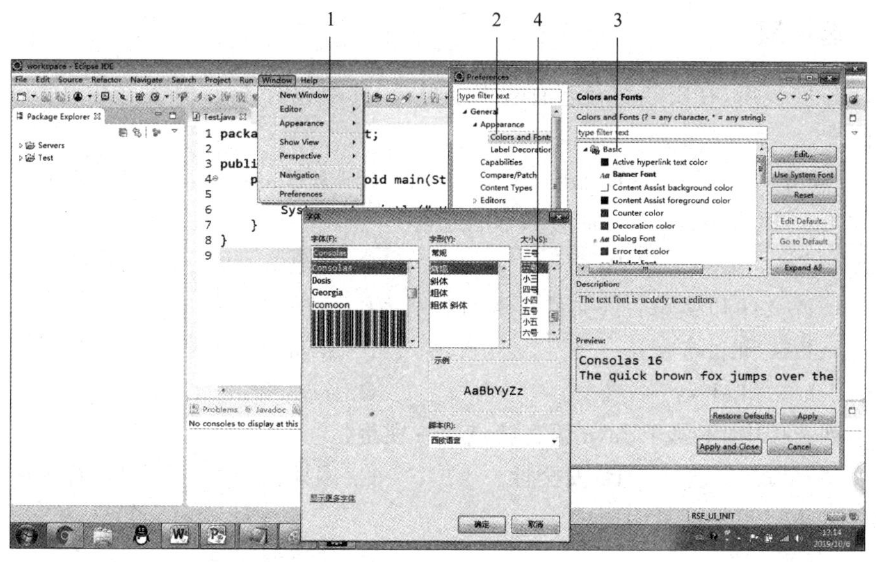

图 1-31　设置字体大小

拓展阅读　“中国第一程序员”——求伯君

让我们一同拓宽视野,领略“中国第一程序员”求伯君的传奇人生。

求伯君,1964 年诞生的浙江才子,自国防科技大学毕业后,便踏上了编程之路。遥想当年,求伯君在短暂 3 个月内凭借一股不屈不挠的精神,设计出了一套图书馆管理系统。这一创举在当年被誉为奇迹,美名远播,登上北京各大报纸。彼时,他恰如一颗熠熠生辉的新星,照亮了中国的“编程天空”。

“青云当自致,何必求知音。”求伯君在孤独中坚守,以泡面为伴,以代码为伍。在长达一年四个月的“闭关修炼”中,他历经三次肝病之苦,却依然不分昼夜地奋战在编程一线。病房之内,他将计算机置于膝上,指尖舞动间,代码如流水般倾泻而出。正是这份执着与坚韧,铸就了可进行中文处理的 WPS 1.0 横空出世。

1993 年当微软挥师中国之际,曾以高薪向求伯君抛出橄榄枝。然而,他矢志于打造属于中国人的软件,不为五斗米折腰。他孤身一人,带着几箱泡面,奋战数月,终于用汇编语言编织出十几万行的代码,WPS 1.0 应运而生。在病房中,他依然笔耕不辍,以一己之力与微软的 Office 抗衡,这种精神令人肃然起敬。

求伯君的传奇人生,正如古人所言:“路漫漫其修远兮,吾将上下而求索。”他的故事激励着我们不断追求知识,勇攀科技高峰,为民族的繁荣昌盛贡献自己的力量。让我们以他为榜样,共同书写新时代的传奇篇章!

自　测　题

一、选择题

1. JDK 安装后,在安装路径下有若干子目录,其中包含 Java 开发包中开发工具的是(　　)目录。

A. \bin　　B. \demo　　C. \include　　D. \jre

2. 在 Java 语言中,(　　)是最基本的元素。

A. 方法　　B. 包　　C. 对象　　D. 接口

3. Java 源文件和编译后的文件扩展名分别为(　　)。

A. .class 和.java　　B. .java 和.class

C. .class 和.class　　D. .java 和.java

4. 下列选项中,不属于 Java 语言特点的一项是(　　)。

A. 分布式　　B. 安全性　　C. 编译执行　　D. 面向对象

5. Java 语言不是(　　)。

A. 高级语言　　B. 编译型语言

C. 结构化设计语言　　　　　　　　　　　　D. 面向对象设计语言

二、填空题

1. Java 源程序编译的命令是________,运行程序的命令是________。

2. Java 虚拟机缩写是________。

3. 在 Java 语言中,将后缀名为________的源代码编译后形成后缀名为________的字节码文件。

4. JDK 表示________,JRE 表示________。

三、编程题

编写程序,输出以下内容。

```
这是 Java 程序!
这是 Java 编程的练习!
这是 Java 学习历程的开始!
```

项目 2　处理课程考试系统中的学生成绩

学习目标

本项目主要学习 Java 编程知识中的编程基础，包括标识符、关键字、基本数据类型与数据类型转换、运算符与表达式、数组、方法等知识。学习要点如下：

- 关键字、标识符相关知识。
- 基本数据类型及其转换表示等相关知识。
- 常量、变量、运算符和表达式的概念和运算规则。
- 数组、方法的定义和使用。
- 自主探究意识及了解编写代码规范等职业素养。

2.1　相关知识

2.1.1　Java 注释

在 Java 程序的编写过程中我们需要对一些代码进行注释。注释除了方便自己阅读，也是为了让别人更好地理解自己的程序，注释可以写编程思路或者是程序的作用。Java 的注释主要分三种：单行注释、多行注释和文档注释。下面只说明前两种。

Java 程序基本结构与注释

1. 单行注释

单行注释以双斜杠“//”标识，只能注释一行内容，用在注释信息内容少的地方。

【例 2-1】 单行注释演示。(源程序：SingleCommentDemo.java)

```
public class SingleCommentDemo{
    public static void main(String[] args){
      //单行注释
      System.out.println(1);
      System.out.println(2);
      //System.out.println(3);
    }
}
```

程序运行结果如图 2-1 所示。

2. 多行注释

多行注释以“/ * ”开始，以“ * /”结束，包含在“/ * ”和“ * /”的内容都能被注释。多行注释能注释很多行的内容。

【例 2-2】 多行注释演示。（源程序：MultilineCommentDemo.java）

```
public class MultilineCommentDemo{
    public static void main(String[] args){
        /*
         * 这是多行注释,可以注释很多行
         */
        System.out.println(1);
        /*
         * System.out.println(2); System.out.println(3);
         */
    }
}
```

程序运行结果如图 2-2 所示。

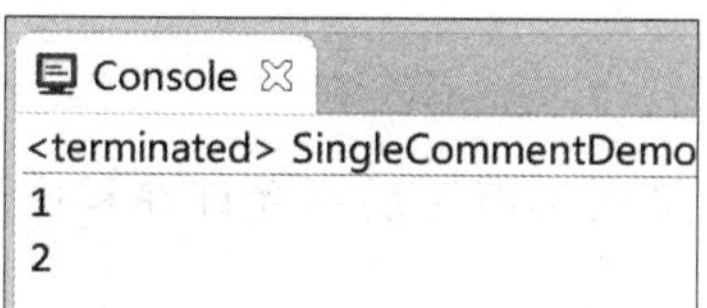

图 2-1　例 2-1 的程序运行结果

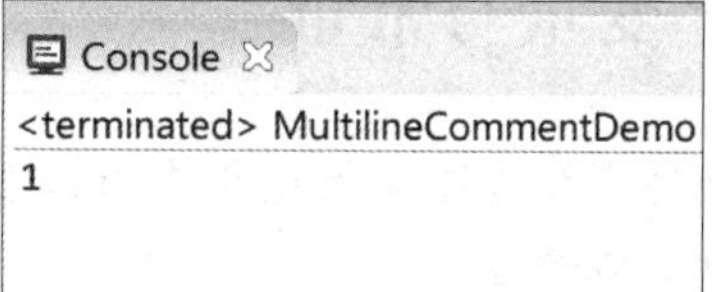

图 2-2　例 2-2 的程序运行结果

2.1.2　标识符与关键字

1. 标识符

任何一个变量、方法、对象和类都需要有一个名称标志它的存在，这个名称就是标识符。下面介绍 Java 程序标识符的一般命名规则和约定。

(1) 由字母、数字、下画线(_)或美元符号($)组成，但不能以数字为开头。

(2) 区分大小写字母，长度没有限制。

(3) 不能将关键字用作普通标识符。

例如，sys_id、$ name、_bt2 为合法的标识符，Sys-id、name * 、bt、class 为不合法的标识符。

2. 关键字

关键字也叫保留字，是 Java 语言保留下来用作专门用途的字符串。在大多数的编辑软件中,关键字会以不同的方式醒目显示。

Java 语言常用关键字如表 2-1 所示。

表 2-1 Java 语言常用关键字

类　别	关键字名称
基本数据类型	boolean、byte、int、char、long、float、double
访问控制符	private、public、protected
与类相关的关键字	abstract、class、interface、extends、implements
与对象相关的关键字	new、instanceof、this、super、null
与方法相关的关键字	void、return
控制语句	if、else、switch、case、default、or、do、while、break、continue
逻辑值	true、false
异常处理	try、catch、finally、throw、throws
其他	package、import、synchronized、native、final、static
停用的关键字	goto、const

提示:goto 和 const 虽然在 Java 语言中不被使用,但仍属于 Java 语言中的关键字。

2.1.3 变量与常量

变量是指在程序运行过程中可以改变的量;常量则是声明后不允许在程序运行过程中重新赋值或改变。

变量声明格式如下:

```
[访问控制符] 数据类型 变量名 1[ [=变量初值],变量名 2 [=变量初值],...];
```

例如:

```
int abc=2;          //定义一个整型变量名为 abc,值为 2
```

常量在程序中可以是具体的值,例如,10、15.7、'B'。也可以用符号表示使用的常量,称为符号常量。符号常量声明的基本格式如下:

```
final  数据类型  常量名 1[[=常量值], 常量名 2  [=常量初值],...];
```

例如:

```
final double PI=3.14159;          //定义一个双精度类型常量 PI
```

2.1.4　数据类型与转换

数据类型之数值型

1. 基本数据类型

Java 语言中的数据类型可以分为基本数据类型和复合数据类型，如图 2-3 所示。基本数据类型又称为简单数据类型或原始数据类型，是不可再分割且可以直接使用的类型；复合数据类型又称引用数据类型，是指由若干相关的基本数据组合在一起而形成的复杂的数据类型。下面重点介绍基本数据类型。

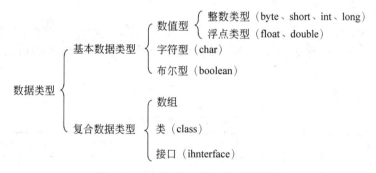

- 数据类型
  - 基本数据类型
    - 数值型
      - 整数类型（byte、short、int、long）
      - 浮点类型（float、double）
    - 字符型（char）
    - 布尔型（boolean）
  - 复合数据类型
    - 数组
    - 类（class）
    - 接口（ihnterface）

图 2-3　Java 语言中的基本数据类型

1）整数类型

Java 定义 4 种整数类型：字节型(byte)、短整型(short)、整型(int)、长整型(long)，与生活中数字中的整数概念一样，如表 2-2 所示。

表 2-2　整数类型

类　　型	占用字节数	取 值 范 围
byte	1	−128～127
short	2	−32768～32767
int	4	$-2^{31}\sim 2^{31}-1$
long	8	$-2^{63}\sim 2^{63}-1$

2）浮点类型

Java 中定义了两种浮点类型：单精度(float)和双精度(double)，与生活中数字中的小数概念一样，如表 2-3 所示。

表 2-3　浮点类型

类　　型	占用字节数	取 值 范 围
float	32	1.4E−45～3.4E+38
double	64	4.9E−324～1.7E+308

注意：Java 的浮点型常量默认是 double 类型。因此在声明 float 型常量时，须在数字末尾加上“f”或“F”，否则编译会提示出错。例如：

```
double sum=12.3          //正确
float sum=12.3           //不正确
float sum=12.3f          //必须加上 f
```

3）字符型

Java 中 char 表示字符型，用来表示 Unicode 编码表中的字符。Unicode 定义的国际化的字符集能表示迄今为止人类语言的所有字符集。字符型常量是用单引号括起来的单个字符。例如，'a'、'A'、'%'、'!'。

除了以上形式的字符常量外，Java 语言还允许使用一种以“\”开头的特殊形式的字符序列，这种字符常量称为转义字符，其含义是表示一些不可显示的或有特殊意义的字符。

常见的转义字符如表 2-4 所示。

表 2-4　常见的转义字符

功　　能	字符形式	功　　能	字符形式
回车	\r	单引号	\'
换行	\n	双引号	\"
水平制表	\t	八进制位	\ddd
退格	\b	十六进制位	\Udddd
换页	\f	反斜线	\\

4）布尔型

布尔型数据类型说明符为 boolean，用来表示逻辑值，占 1 字节内存。

布尔型数据只有两个值：true 和 false。在 Java 语言中，布尔型数据是独立的数据类型，不支持用非 0 和 0 表示的“真”和“假”两种状态。

2. 数据类型转换

数据类型与数据类型转换、常量

Java 程序中，要想使用一个变量，必须先声明这个变量，给变量赋值时需要保证值的类型必须和变量或常量的类型完全一致，参与运算时的数据类型也需要一致。但是在实际的使用中，经常需要在不同类型的值进行操作，这就需要进行数据类型转换。根据转换方式的不同，数据类型转换可分为以下两种。

1）自动类型转换

自动类型转换也叫隐式类型转换，是指两种数据类型在转换的过程中不需要显式地进行声明。要实现自动类型转换，必须同时满足两个条件：一是两种数据类型彼此兼容；二是目标类型的取值范围大于源类型的取值范围。数据的转换是精度从低级到高级，如

图 2-4 所示。

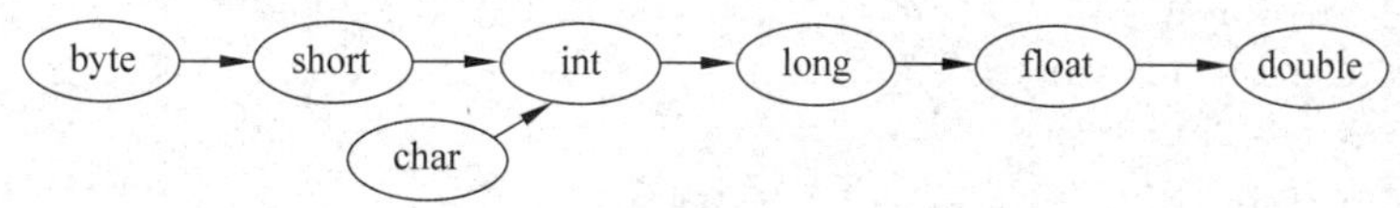

图 2-4 自动转换顺序

【例 2-3】 自动类型转换实例。(源程序：TypeConversionDemo1.java)

```
public class TypeConversionDemo1{
  public static void main(String[] args){
    byte a=1;
    int b=a;
    float c=b;
    char d='1';
    int e=d;
    System.out.println(a);
    System.out.println(b);
    System.out.println(c);
    System.out.println(d);
    System.out.println(e);
  }
}
```

程序运行结果如图 2-5 所示。

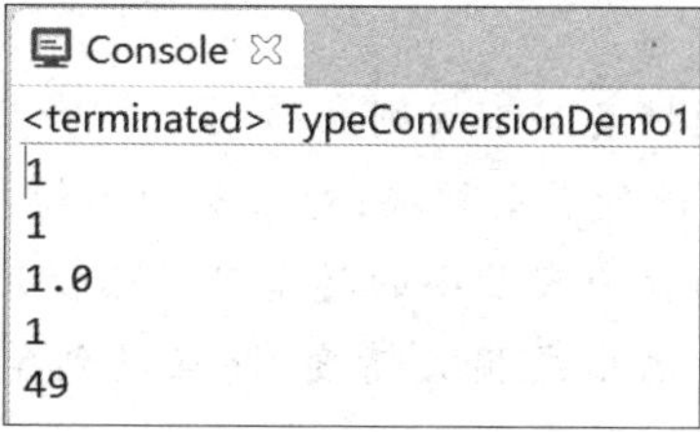

图 2-5 例 2-3 的程序运行结果

2）强制类型转换

强制类型转换也叫显式类型转换，是指两种数据类型的转换需要进行显式地声明。当两种类型彼此不兼容，或者目标类型取值范围小于源类型时，自动类型转换无法进行，这时就需要进行强制类型转换。

强制类型转换语法格式如下：

```
目标类型 变量名=(目标类型)值;
```

【例 2-4】 强制类型转换实例。(源程序：TypeConversionDemo2.java)

```
public class TypeConversionDemo2{

```

```
    public static void main(String[] args){
      double a=3.14;
      float b=(float) a;
      int c=(int) b;
      int d=200;
      byte e=(byte) d;
      int f=97;
      char g=(char) f;
      System.out.println(a);
      System.out.println(b);
      System.out.println(c);
      System.out.println(e);
      System.out.println(g);
      }
}
```

程序运行结果如图 2-6 所示。

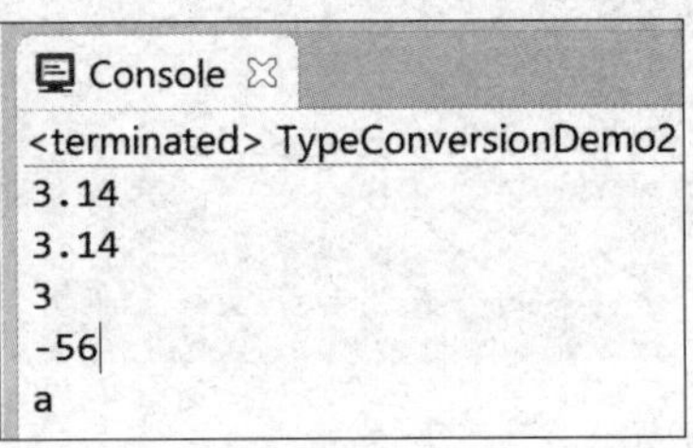

图 2-6　例 2-4 的程序运行结果

注意：数据类型转换必须满足如下规则。

(1) 不能对 boolean 类型进行类型转换;对象类型不能转换成不相关类的对象。

(2) 在把容量大的类型转换为容量小的类型时必须使用强制类型转换。

(3) 转换过程中可能导致溢出或损失精度,浮点数到整数的转换是通过舍弃小数得到,而不是四舍五入。

2.1.5　运算符与表达式

Java 中的运算符按照其功能可分为算术运算、位运算、关系运算、逻辑运算、赋值运算和条件运算 6 类运算符。表达式是由常量、变量、方法调用以及一个或者多个运算符按照一定的规则组合在一起的式子,可用于计算或者对变量进行赋值。下面只介绍部分运算符。

运算符与表达式

1. 算术运算符及表达式

算术运算符主要用于数学表达式中对数值型数据进行运算。算术运算符如表 2-5 所示。

表 2-5 算术运算符

运算符	作 用	运算符	作 用
+	加法	%	模运算
-	减法	++	递增
*	乘法	--	递减
/	除法		

2. 关系运算符及表达式

关系运算是用来对两个操作数做比较运算。关系表达式就是用关系运算符将两个表达式连接起来的式子,其运算结果为布尔逻辑值。运算过程为:如果关系表达式成立则结果为真(true),否则为假(false)。Java 语言中关系运算符如表 2-6 所示。

表 2-6 关系运算符

运算符	作 用	运算符	作 用
==	等于	<	小于
!=	不等于	<=	小于等于
>	大于	>=	大于等于

3. 逻辑运算符及表达式

逻辑运算符的操作数是逻辑型数据,关系表达式的运算结果是布尔逻辑型数据。逻辑表达式是用逻辑运算符将关系表达式连接起来的式子,其运算结果为布尔类型。Java 语言中逻辑运算符如表 2-7 所示。

表 2-7 逻辑运算符

运算符	作 用	运算符	作 用
&	与	&&	短路与
|	或	||	短路或
^	异或	!	逻辑非

逻辑运算的规则如表 2-8 所示。

表 2-8 逻辑运算的规则

表达式 A	表达式 B	A&B	A|B	A^B	!A
false	false	false	false	false	true
false	true	false	true	true	true
true	false	false	true	true	false
true	true	true	true	false	false

运算规则可归纳如下。

与(A&B):值有假(false)则结果为假(false),值全为真(true)则结果为真(true)。

或(A|B):值有真(true)则结果为真(true),值全为假(false)则结果为假(false)。

异或(A^B):值相同则结果为假(false),值不同则结果为真(true)。

非(!A):假(false)变真(true),真(true)变假(false)。

4. 赋值运算符及表达式

赋值运算符"="就是把右边表达式或操作数的值赋给左边操作数。赋值表达式就是用赋值运算符将变量、常量、表达式连接起来的式子。赋值运算符左边操作数必须是一个变量,右边操作数可以是常量、变量、表达式。

在赋值运算符"="前面加上其他运算符,可以组成复合运算符,表 2-9 列出了 Java 语言常用的复合运算符。

表 2-9 赋值复合运算符

运算符	作　用	使用方法	说　明
+=	加法赋值	a+=b	加并赋值,等同于 a=a+b
-=	减法赋值	a-=b	减并赋值,等同于 a=a-b
*=	乘法赋值	a*=b	乘并赋值,等同于 a=a*b
/=	除法赋值	a/=b	除并赋值,等同于 a=a/b
%=	模运算赋值	a%=b	取模并赋值,等同于 a=a%b

5. 条件运算符及表达式

条件运算符的运算符号只有一个"?:",是一个三目运算符,要求有三个操作数,一般形式如下:

```
<表达式 1>?<表达式 2>:<表达式 3>
```

其中,表达式 1 是一个关系表达式或逻辑表达式,其结果为真时,执行表达式 2 的值,否则执行表达式 3 的值。

```
int x=3,y=6;
int z=x<6?x:y;          //z=3
int abs=x>0?x:-x;       //abs=3
```

6. 运算符优先级

当表达式存在多个运算符时,运算符的优先级决定了表达式各部分的计算顺序。优先级高的先运算,在两个相同的优先级的运算符做运算操作时,按从左至右原则运算。

Java 语言中运算符优先级如表 2-10 所示。

表 2-10　Java 语言中运算符优先级

<table>
<tr><th>优先级</th><th>运　算　符</th></tr>
<tr><td>高</td><td>()、[ ]、.</td></tr>
<tr><td></td><td>+(正)、++、-(负)、--、!</td></tr>
<tr><td></td><td>*、/、%</td></tr>
<tr><td></td><td>+(加)、-(减)</td></tr>
<tr><td></td><td><<、>>、>>></td></tr>
<tr><td></td><td><、<=、>、>=</td></tr>
<tr><td></td><td>==、!=</td></tr>
<tr><td></td><td>&</td></tr>
<tr><td></td><td>^</td></tr>
<tr><td></td><td>|</td></tr>
<tr><td></td><td>&&</td></tr>
<tr><td></td><td>||</td></tr>
<tr><td></td><td>?:</td></tr>
<tr><td>低</td><td>=、*=、/=、%=、+=、-=、<<=、>>=、&=、^=、|=</td></tr>
</table>

2.1.6　选择结构语句

选择结构是根据给定条件进行判断并选择不同程序分支执行。Java 语言中提供了两种选择分支语句，即 if 语句和 switch 语句。

1. if 条件语句

if 条件语句是 Java 语言最基本的条件选择语句，是一个“二选一”的控制结构，基本功能是根据判断条件的值，从两个程序块中选择其中一块执行。常见的 if 条件语句主要有三种，分别是 if 语句、if-else 语句和 if-else if-else 语句。

1) if 语句

if 语句是指如果满足某种条件，就进行某种处理。if 语句流程控制如图 2-7 所示，其语法格式如下：

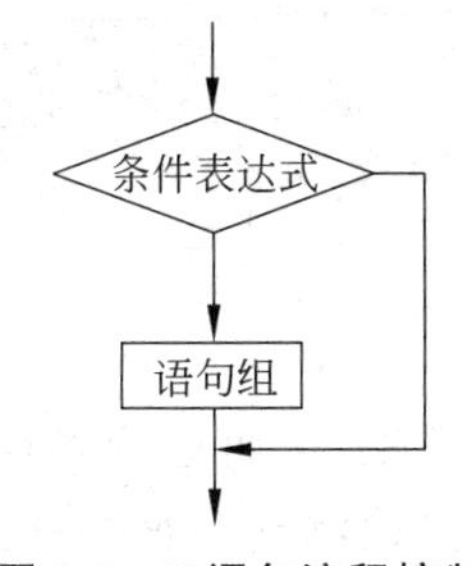

图 2-7　if 语句流程控制

条件语句

```
if(布尔表达){
    //布尔表达式为 true 时将要执行的语句(语句体)
}
```

先计算比较表达式的值，看其返回值是 true 还是 false，如果是 true，就执行语句体；如果是 false，就不执行语句体。

2) if-else 语句

if-else 语句是指如果满足某种条件，就进行某种处理，否则就进行另一种处理。语句流程控制如图 2-8 所示，其语法格式如下：

```
if(布尔表达式){
        //如果布尔表达式的值为 true
}else{
        //如果布尔表达式的值为 false }
```

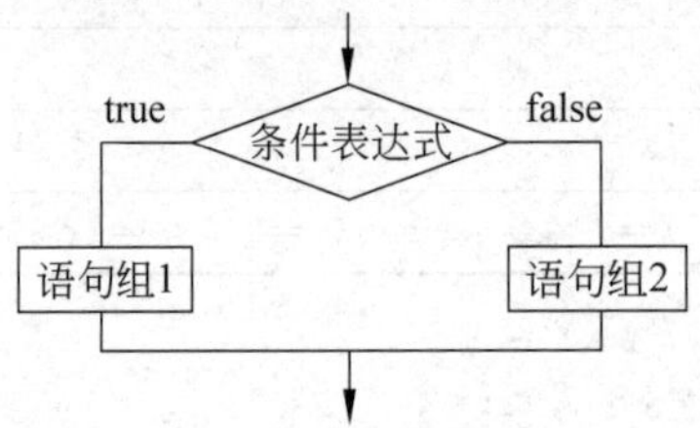

图 2-8　if-else 语句流程控制

先计算比较表达式的值，看其返回值是 true 还是 false，如果是 true，就执行语句组 1；如果是 false，就执行语句组 2。

【例 2-5】　用 if-else 实现成绩评价。(源程序：IfElseDemo.java)

```
public class IfElseDemo{

   public static void main(String[] args){
     int i=65;
     if(i>=60){
       System.out.println("及格");
     }else{
       System.out.println("不及格");
     }
   }
}
```

程序运行结果如图 2-9 所示。

3) if-else if-else 语句

if-else if-else 语句用于对多个条件进行分支判断，从而进行多种不同的处理。if 语句后面可以跟多个 else if-else 语句，这种语句可以检测到多种可能的情况，语句流程如图 2-10 所示，其语法格式如下：

```
Console
<terminated> TypeConversionDemo2
3.14
3.14
3
-56
a
```

图 2-9　例 2-5 的程序运行结果

```
if(布尔表达式 1){
        //如果布尔表达式 1 的值为 true 则执行代码
}else if(布尔表达式 2){
        //如果布尔表达式 2 的值为 true 则执行代码
}else if(布尔表达式 3){
        //如果布尔表达式 3 的值为 true 则执行代码
}else{
        //如果以上布尔表达式都不为 true 则执行代码
}
```

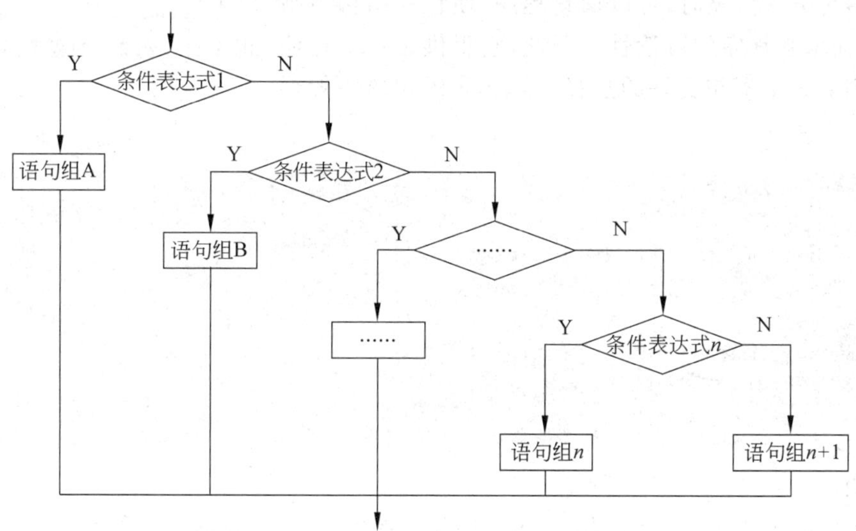

图 2-10　if-else if-else 语句执行流程

if-else if-else 语句最多有 1 个 else 语句，else 语句在所有的 else if 语句之后；一旦其中一个 else if 语句检测为 true，其他的 else if 以及 else 语句都将跳过而不会执行。

【例 2-6】 根据分数来判断优良中差。（源程序：IfElseDemo2.java）

```
public class IfElseDemo2{

  public static void main(String[] args){
    int score=88;
    if(score>90){
```

```
            System.out.println("优秀");
        }else if(score>80){
            System.out.println("良好");
        }else if(score>70){
            System.out.println("中等");
        }else if(score>60){
            System.out.println("及格");
        }else{
            System.out.println("不及格");
        }
    }
}
```

程序运行结果如图 2-11 所示。

2. switch 语句

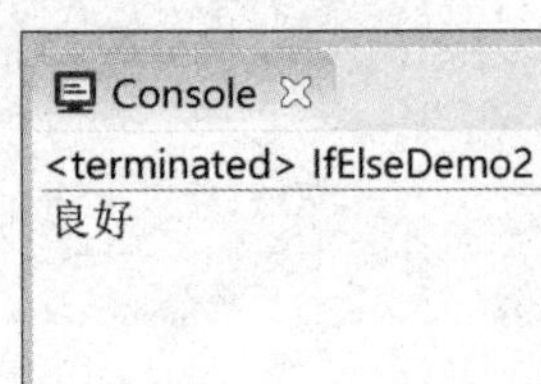

图 2-11　例 2-6 的程序运行结果

switch 语句提供了一种基于一个表达式的值来使程序执行不同部分的简单方法。使用 switch 语句代替 if 语句处理多种分支情况时,可以简化程序,使程序结构清晰明了,从而增强程序的可读性。因此,它提供了一个比使用一系列 if-else 语句更好的选择。switch 语句的一般形式如下：

```
switch(<表达式>)
{
    case <值 1>:<语句块 1>; break;
    case <值 2>:<语句块 2>; break;
    ⋮
    case <值 n>:<语句块 n>; break;
    [default:<默认语句块>;]
}
```

说明：

(1) 表达式必须为 byte、short、int 或 char 类型,表达式的返回值和 case 语句中的常量值(1～n)的类型必须一致。

(2) case 语句中的常量值(1～n)不允许相同,类型必须一致。

(3) 每个分支最后加上 break 语句,表示执行完相应的语句即跳出 switch 语句。

(4) 默认语句块可以省略。

(5) 语句块可以是单条语句,也可以是复合语句。

【例 2-7】 用 switch 实现年龄等级评价。(源程序：SwitchDemo.java)

```
public class SwitchDemo{

    public static void main(String[] args){
```

```
        int score=65;
        int i=score/10;
        switch(i){
          case 6:
          case 7:
          case 8:
          case 9:
          case 10:
              System.out.println("老年");
              break;
          case 4:
          case 5:
              System.out.println("中年");
              break;
          case 3:
          case 2:
              System.out.println("中等");
              break;
          default:
              System.out.println("输入的年龄不在范围内");
        }
    }
}
```

程序运行结果如图 2-12 所示。

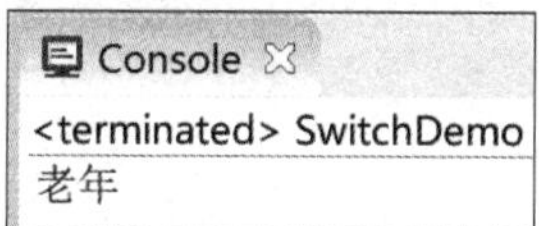

图 2-12　例 2-7 的程序运行结果

2.1.7　循环结构语句

循环语句的作用是反复执行一段代码，直到满足循环终止条件时为止。Java 语言支持 while、do-while 和 for 三种循环语句。所有的循环结构一般应包括 4 个基本部分。

循环语句

(1) 初始化部分：用来设置循环的一些初始条件，如计数器清零等。

(2) 测试条件：通常是一个布尔表达式，每一次循环要对该表达式求值，以验证是否满足循环终止条件。

(3) 循环体：反复循环的一段代码，可以是单一的一条语句，也可以是复合语句。

(4) 迭代部分：在当前循环结束、下一次循环开始执行的语句，经常用来使计数器加 1 或减 1。

1. while 语句

while 语句是 Java 语言中最基本的循环语句，其基本格式如下：

```
while(<条件表达式>)
{
        <循环体>;
}
```

while 语句先是判断条件表达式的结果是否为 true，如果为 true，则一直执行循环体，直到条件表达式为 false 时再结束循环语句。流程控制如图 2-13 所示。

【例 2-8】 while 循环实例。(源程序：WhileDemo.java)

```
public class WhileDemo{

    public static void main(String[] args){
        int i=1, sum=0;
        while(i<=100){
            sum+=i;
            i++;
        }
        System.out.println(sum);
    }
}
```

程序运行结果如图 2-14 所示。

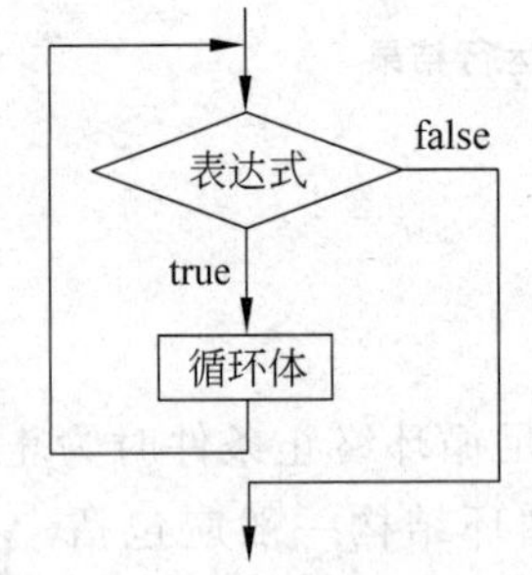

图 2-13　while 循环语句流程控制

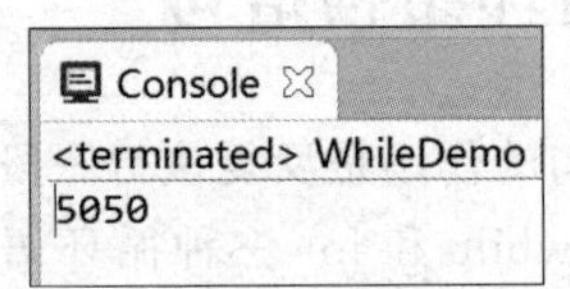

图 2-14　例 2-8 的程序运行结果

2. do-while 语句

do-while 语句与 while 语句非常类似，不同的是 while 语句先判断后执行，而 do-while 语句先执行后判断，循环体至少被执行一次。所以称 while 语句为"当型"循环，而称 do-while 语句为"直到型"循环。do-while 语句格式如下：

```
do{
    <循环体语句>;
}while(<条件表达式>);
```

do-while 语句先是执行循环体语句，再判断条件表达式，表达式如果为 true，则继续一直执行循环体语句，直到条件表达式为 false 时结束执行循环体语句。流程控制如图 2-15 所示。

【例 2-9】 do-while 循环实例。(源程序：WhileDemo2.java)

```
public class WhileDemo2{

    public static void main(String[] args){
        int i=1, sum=0;
        do{
            sum+=i;
            i++;
        }while(i<=100);
        System.out.println("sum="+sum);
    }
}
```

程序运行结果如图 2-16 所示。

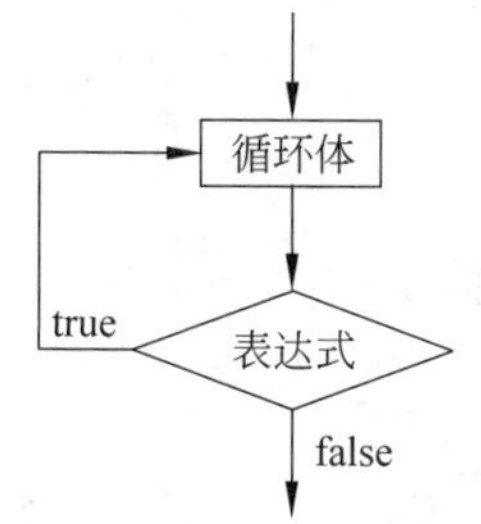

图 2-15　do-while 循环语句

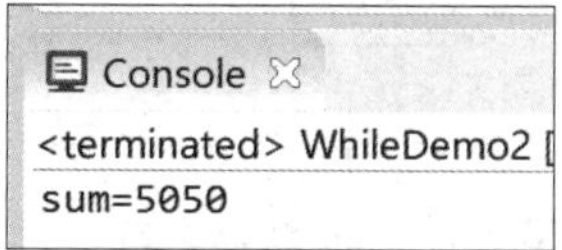

图 2-16　例 2-9 的程序运行结果

3. for 语句

for 语句是 Java 语言中功能最强的循环语句之一，for 语句的一般形式如下：

```
for(<表达式 1>;<表达式 2>;<表达式 3>)
{
    <循环体语句>
}
```

说明：

表达式 1 是设置控制循环的变量的初值。

表达式 2 作为条件判断部分，可以是任何布尔表达式。

表达式 3 是修改控制循环变量递增或递减，从而改变循环条件。

for 语句先是执行表达式 1 来初始化语句；然后判断条件表达式 2，如果为 true，则执行循环体语句；接着执行表达式 3 后，继续判断条件表达式 2，如果为 true，则继续执行循环体和表达式 3，直到判断条件表达式 2 为 false，则结束循环。流程控制如图 2-17 所示。

【例 2-10】 用 for 语句实现 1+2+3+…+100 的和。(源程序：ForSumDemo.java)

```
public class ForSumDemo{

    public static void main(String[] args){
        int sum=0;
        for(int i=1; i<=100; i++){
          sum=sum+i;
        }
        System.out.println("sum="+sum);
    }
}
```

程序运行结果如图 2-18 所示。

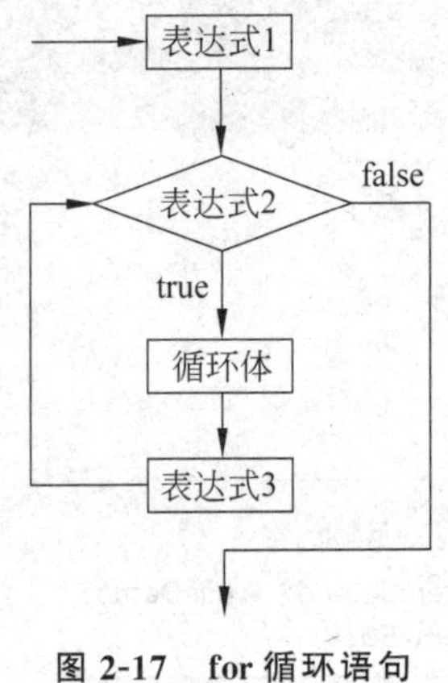

图 2-17 for 循环语句

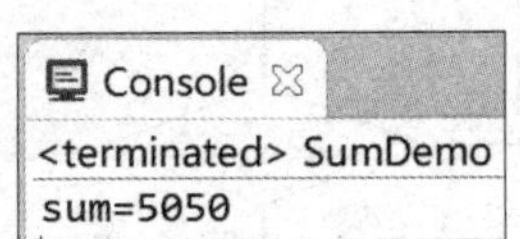

图 2-18 例 2-10 的程序运行结果

2.1.8 跳转语句

跳转语句可以用来直接控制程序的执行流程。Java 语言提供了两个跳转语句：break 语句和 continue 语句。这些语句经常用于简化循环体内部分支比较复杂的语句，使得程序更易于阅读和理解。

1. break 语句

在 Java 语言中，break 语句主要有以下 3 个作用。

(1) 在 switch 语句中，break 语句可以直接中断当前正在执行的语句序列。

(2) 在循环语句中，break 语句可以强迫程序退出循环，使本次循环终止。

(3) 与标号语句配合使用，可以从内层循环或内层程序块中退出。

【例 2-11】 break 语句实例。(源程序：BreakDemo.java)

```
public class BreakDemo{

    public static void main(String[] args){
        int i, sum=0;
        for(i=1; i<=100; i++){
            if(i%15==0)
                break;
            sum+=i;
        }
        System.out.println("sum="+sum);
    }
}
```

程序运行结果如图 2-19 所示。

2. continue 语句

continue 语句主要有两种作用：一是在循环结构中，用来继续本次循环；二是与标号语句配合使用，实现从内循环中退到外循环。无标号的 continue 语句结束本次循环，有标号的 continue 语句可以选择哪一层的循环被继续执行。continue 语句用于 for、while、do-while 等循环体中，常与 if 语句一起使用。

【例 2-12】 continue 语句实例。(源程序：ContinueDemo.java)

```
public class ContinueDemo{

    public static void main(String[] args){
        int i, sum=0;
        for(i=1; i<=100; i++){
            if(i%15==0)
                continue;
            sum+=i;
        }
        System.out.println("sum="+sum);
    }
}
```

程序运行结果如图 2-20 所示。

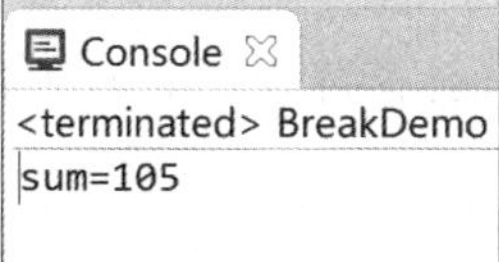

图 2-19　例 2-11 的程序运行结果

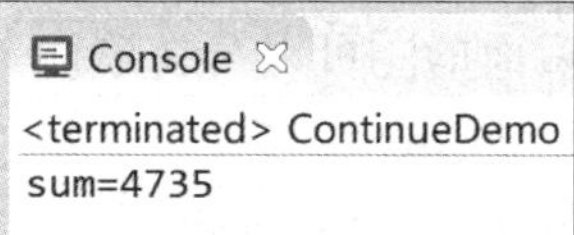

图 2-20　例 2-12 的程序运行结果

continue 语句和 break 语句虽然都用于循环语句中，但存在如下的本质区别：continue 语句只用于结束本次循环，再从循环起始处判断条件；而 break 语句用于终止循环，强迫循环结束，不再去判断条件。

练习：输出九九乘法表。

```
1*1=1
2*1=2  2*2=4
3*1=3  3*2=6  3*3=9
4*1=4  4*2=8  4*3=12 4*4=16
5*1=5  5*2=10 5*3=15 5*4=20 5*5=25
6*1=6  6*2=12 6*3=18 6*4=24 6*5=30 6*6=36
7*1=7  7*2=14 7*3=21 7*4=28 7*5=35 7*6=42 7*7=49
8*1=8  8*2=16 8*3=24 8*4=32 8*5=40 8*6=48 8*7=56 8*8=64
9*1=9  9*2=18 9*3=27 9*4=36 9*5=45 9*6=54 9*7=63 9*8=72 9*9=81
```

2.1.9 数组

数组是 Java 语言中提供的一种简单的复合数据类型，是相同类型变量的集合。数组中的每个元素具有相同的数据类型，可以用一个统一的数组名和下标来唯一地确定数组中的元素，下标从 0 开始。数组有一维数组和多维数组之分。

数组

1. 数组声明

一维数组的声明有下列两种格式。

```
数组的类型[] 数组名;
数组的类型 数组名[]
```

二维数组的声明有下列两种格式。

```
数组的类型[][] 数组名;
数组的类型 数组名[][]
```

说明：

数组的类型可以是任何 Java 语言的数据类型。

数组名可以是任何 Java 语言合法的标识符。

数组名后面的[]可以写在前面，也可以写在后面，前者符合 sun 的命名规则。例如，int[] a，float[][] b。

2. 创建数组

Java 创建数组有两种方法：①通过关键字 new 创建；②进行数组的静态初始化。

数组的声明并不为数组分配内存，因此不能访问数组元素，需要通过 new 关键字为其分配内存。

为一维数组分配内存空间的格式如下：

```
数组名=new 数组元素的类型[数组元素的个数];
```

例如：

```
int a[];
a=new a[10];          //int a=new a[10];
```

数组创建后，系统会给每个数组元素一个默认的值，如表 2-11 所示。

表 2-11　不同类型数组默认值

类　　型	初　值	类　　型	初　值
byte、short、int、long	0	boolean	false
float	0.0f	char	'u0000'
double	0.0		

数组的静态初始化，即声明数组的同时为数组的每一个元素赋初始值。其语法格式如下：

```
数据类型[] 数组变量名={逗号分隔的值列表};
```

例如：

```
int a[]={1,2,3,4};
String stringArray[]={'how','are','you'};
```

数组直接初始化可由花括号"{}"括起的一串有逗号分隔的表达式组成，逗号(,)分隔各数组元素的值。在语句中不必明确指明数组的长度，因为它已经体现在所给出的数据元素个数之中，系统会自动根据所给的元素个数为数组分配一定的内存空间，如上例中数组 a 的长度自动设置为 4。应该注意的是，"{}"里的每一个数组元素的数据类型必须是相同的。

3. 数组引用

一旦数组使用 new 分配了空间之后，数组长度就固定了。这时，我们可以通过下标引用数组元素。

一维数组元素的引用方式如下：

```
数组名[索引号]
```

二维数组元素的引用方式如下：

```
数组名[索引号 1][索引号 2]
```

其中,索引号为数组下标,它可以为整型常数或表达式,从 0 开始。例如,a[0]=1。

每个数组都有一个属性 length 指明它的长度,也即数组元素个数,例如,a.length 就是数组 a 的长度。

【例 2-13】 数组实例。(源程序:ArrayDemo.java)

```
public class ArrayDemo{

    public static void main(String[] args){
        int i;
        int a[]=new int[5];
        for(i=0; i<a.length; i++){
            a[i]=i;
        }
        for(i=a.length-1; i>=0; i--){
             System.out.println("a["+i+"]="+a[i]);
        }
    }
}
```

程序运行结果如图 2-21 所示。

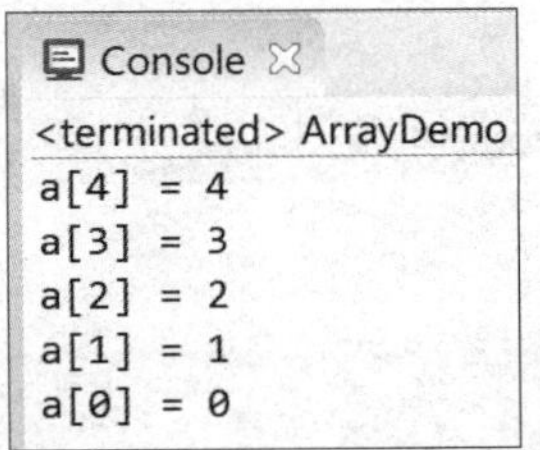

图 2-21 例 2-13 的程序运行结果

4. 数组操作

1) 数组遍历

数组遍历就是将数组中的每个元素分别获取出来,可以利用循环语句进行数组的遍历操作。

【例 2-14】 数组遍历实例。(源程序:ArrayForDemo.java)

```
public class ArrayForDemo{
    public static void main(String[] args){
        int[] arr={ 1, 3, 5, 7, 9 };
        for(int i=0; i<arr.length; i++){
            System.out.println(arr[i]);
        }
    }
}
```

程序运行结果如图 2-22 所示。

Java 5.0 及以上版本提供了 foreach 语句的功能，在遍历数组、集合方面，foreach 为开发人员提供了极大的方便。foreach 并不是关键字，习惯上将这种特殊的 for 语句称为 foreach 语句。

foreach 语句的格式如下：

```
for(元素类型 元素变量 X:遍历对象 obj){
    引用了 x 的 Java 语句;
}
```

【例 2-15】　foreach 数组遍历实例。（源程序：ArrayForeachDemo.java）

```
public class ArrayForeachDemo{

    public static void main(String[] args){
        int[] arr={ 1,3, 5, 7, 9 };
        for(int i : arr){          //进行数组的遍历
            System.out.println(i);
        }
    }
}
```

程序运行结果如图 2-23 所示。

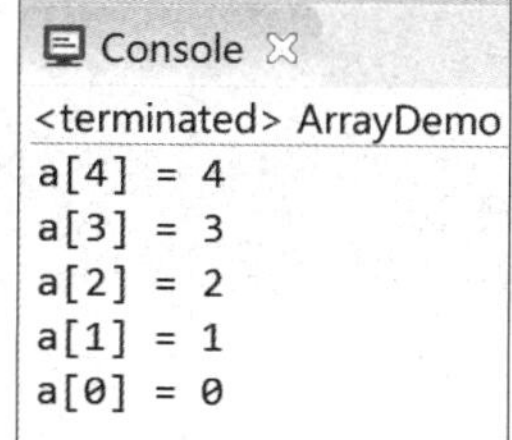

图 2-22　例 2-14 的程序运行结果

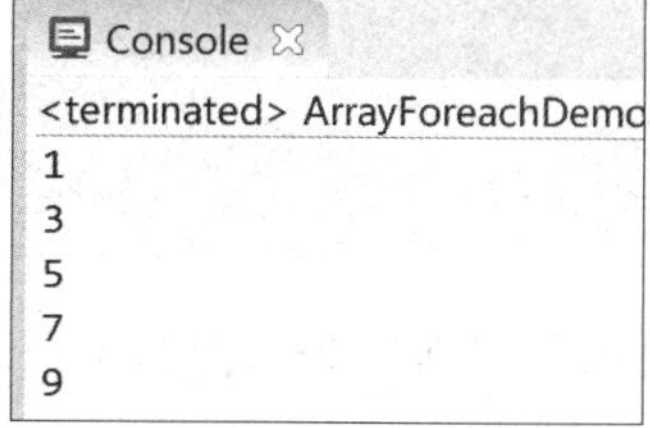

图 2-23　例 2-15 的程序运行结果

2）数组最值

数组最值的获取就是取得数组中的最大值或最小值。

【例 2-16】　获取数组的最值。（源程序：MaxDemo.java）

```
public class MaxDemo{
  public static void main(String[] args){
    int[] arr={ 33, 77, 22, 44, 55 };
    int max=arr[0];
    for(int i=1; i<arr.length; i++){ //从数组的第二个元素开始遍历
        if(max<arr[i]){           //如果 max 变量的值小于数组中的元素
            max=arr[i];           //max 变量保存较大的值
        }
```

```
        }
        System.out.println(max);
    }
}
```

程序运行结果如图 2-24 所示。

首先默认把数组的第一个元素定义为最大值(最小值),其次依次和数组里剩余的每个元素比较。如果比数组里的其他元素大(小),则不交换,否则交换。

3) 数组排序

Java 语言提供了静态方法 sort()可以对数组进行排序,这是利用快速排序的算法思想对数组进行升序排列。其格式如下:

```
sort(数组 a)
```

【例 2-17】 数据排序实例。(源程序:ArraySortDemo.java)

```
import java.util.Arrays;

public class ArraySortDemo{

    public static void main(String[] args){
        int number[]={ 80, 65, 76, 99, 83, 54, 92, 87, 74, 62 };
        Arrays.sort(number);      //进行排序
        for(int i : number){
            System.out.print(i+" ");
        }
    }
}
```

程序运行结果如图 2-25 所示。

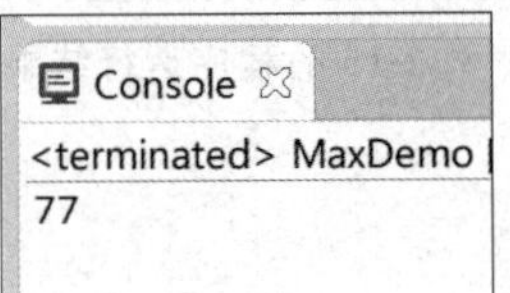

图 2-24 例 2-16 的程序运行结果

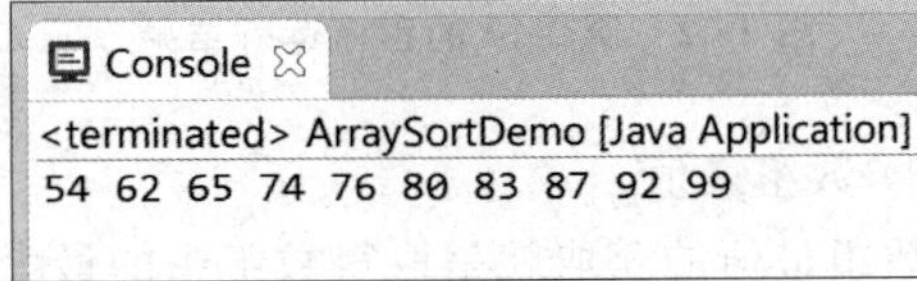

例 2-25 例 2-17 的程序运行结果

除了 Java 提供的 sort()方法外,还有很多排序方法,接下来简单介绍冒泡排序。下面将数组 int arr={2,4,11,0,−4,333,90}通过冒泡法进行排序,并按升序排列进行分析。

思路分析如下。

第 1 次比较:先让数组中的第 1 个元素和第 2 个元素进行比较,如果第 1 个元素的值比第 2 个元素的大,那么就交换位置;接着再让第 2 个元素和第 3 个元素进行比较……直到比到最后一个元素。第 1 次比较完,数组中的最大值就出现在数组最大索引处。

第 2 次比较:因为最大索引处已经放上了数组中的最大值,不需要再进行比较;再次让经过第 1 次比较后，数组中的第 1 个元素和第 2 个元素比较，如果第 1 个元素的值比第 2 个元素的大，那么就交换位置(重复第 1 次比较中的操作)。第 2 次比较完，数组中的第二大的值就出现在数组倒数第二个位置。

第 3～6 次比较都是采用同样的思路。

【例 2-18】 数组冒泡排序实例。(源程序：ArrayBubbleDemo.java)

```
public class ArrayBubbleDemo{

    public static void main(String[] args){
        int[] arr={ 2, 4, 11, 0, -4, 333, 90 };
        for(int i=1; i<arr.length; i++){
            for(int j=0; j<arr.length-i; j++){
                if(arr[j]>arr[j+1]){
                    int temp=arr[j];
                    arr[j]=arr[j+1];
                    arr[j+1]=temp;
                }
            }
        }
        for(int i=0; i<arr.length; i++){
            System.out.print(arr[i]+"  ");
        }
    }
}
```

程序运行结果如图 2-26 所示。

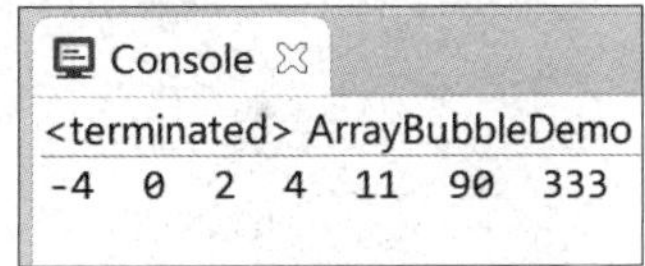

图 2-26　例 2-18 的程序运行结果

数组中一共有 7 个元素，共比较了 6 次，对应着外循环中变量 i 从 1 变化到 6 (即 7－1)；每次比较的次数在逐渐变少，对应着内循环中变量 j 从 0 变化到 arr.length －i(即第 1 次比较了 6 次，第 2 次比较了 5 次，第 3 次比较了 4 次……也就是第 i 次比较的次数是 7－i)。

2.1.10　方法与重载

Java 语言中的“方法”(method)在其他语言当中也可能被称为“函数”(function)。对于一些复杂的代码逻辑，如果希望重复使用这些代码，并且做到“随时任意使用”，那么就可以将这些代码放在一个大括号“{}”当中，并且起一个名字。当需要使用代码的时候，直接找到名字调用即可。

数组与方法

方法的优点如下。

(1) 使程序变得更简短而清晰。

(2) 有利于维护程序。

(3) 可以提高程序开发的效率。

(4) 提高了代码的重用性。

定义一个方法,包含以下语法。

```
修饰符 返回值类型 方法名(参数类型 参数名){
    ...
    方法体
    ...
    return 返回值;
}
```

说明:

修饰符:可选,用来控制方法的访问权限,一般默认为 public,即公有的。

返回值类型:执行完该方法可能会有返回值,如果有,则需要书写返回值的数据类型;如果没有返回值,就写 void(空)。

方法名:方法的名称,可任意书写,但一般要有实际意义,遵循驼峰命名法(混合使用大小写字母),首字母一般为小写。

参数类型:当调用该方法时是否需要传入参数。参数列表是指方法的参数类型、顺序和参数的个数。参数是可选的,方法可以不包含任何参数。

方法体:包含具体的语句,定义该方法的功能。

【例 2-19】 方法的定义与调用。(源程序:MethodDemo.java)

```
public class MethodDemo{

    public static void main(String[] args){
        int i=5;
        int j=2;
        int k=max(i, j);
        System.out.println(i+"和"+j+" 比较,最大值是:"+k);
    }
    /*返回两个整数变量较大的值 */
    public static int max(int num1, int num2){
        int result;
        if(num1>num2){
            result=num1;
        }else{
            result=num2;
        }
        return result;
    }
}
```

程序运行结果如图 2-27 所示。

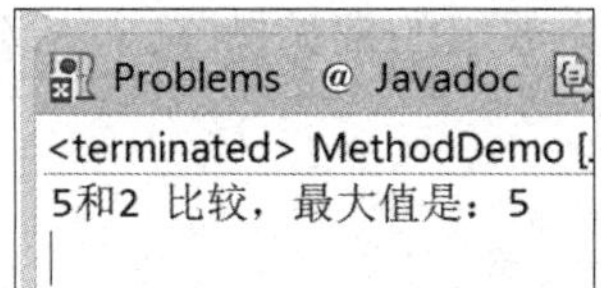

图 2-27　例 2-19 的程序运行结果

下面介绍方法重载的例子。

```
public static int max(int num1, int num2){
  int result;
  if(num1>num2){
      result=num1;
      }else{
          result=num2;
      }
      return result;
}
```

上面使用的 max()方法仅仅适用于 int 型数据。如果想得到两个浮点类型数据的最大值,解决方法是创建另一个有相同名字但参数不同的方法。

```
public static double max(double num1, double num2){
     if(num1>num2){
         return num1;
     }else{
           return num2;
     }
}
public static void main(String[] args){
     double max1=max(3.4,4.4);
     int max1=max(3,6);
  }
```

程序分析：如果你调用 max()方法时传递的是 int 型参数,则 int 型参数的 max()方法就会被调用;如果传递的是 double 型参数,则 double 型的 max()方法体会被调用,这就叫作方法重载。

重载就是一个类的两个方法拥有相同的名字,但是有不同的参数列表。Java 编译器根据方法签名判断哪个方法应该被调用。方法重载可以让程序更清晰易读。执行密切相关任务的方法应该使用相同的名字。

2.2　项目设计与分析

处理学生成绩一般包括查找学生成绩的最高分、最低分、平均分,并对学生成绩进行排序转换等,我们需要知道在程序中存储多个数据类型相同的数据时,我们一般采用数组数据类型；把对分数的处理转换为数组的常见操作，包括数组的遍历、数组的累加求和、数组的排序以及求数组的最值。

2.3 项目实施

任务 2-1 利用数组和选择结构语句实现成绩分数与评价的转换

学生成绩分数转换与评价表见表 2-12。

表 2-12 学生成绩分数转换与评价

成绩分数	评价	成绩分数	评价
90～100 分	A	60～69 分	D
80～89 分	B	59 分及以下	E
70～79 分	C		

程序如下：

```
public class GradeConversionDemo{

    public static void main(String[] args){
        int[] number={ 80, 65, 76, 99, 83, 54, 92, 87, 74, 62 };
        int score;
        for(int i=0; i<number.length; i++){
            score=number[i]/10;
            switch(score){
              case 10:
              case 9:{
                  System.out.print("优秀"+" ");
                  break;
              }
              case 8:{
                  System.out.print("良好"+" ");
                  break;
              }
              case 7:{
                  System.out.print("中等"+" ");
                  break;
              }
              case 6:{
                  System.out.print("及格"+" ");
                  break;
              }
              default:{
                  System.out.print("不及格"+" ");
              }
            }
```

```
        }
    }
}
```

程序运行结果如图 2-28 所示。

图 2-28　成绩转换程序运行结果

任务 2-2　利用数组和循环结构语句实现分数的排序

我们需要对全班同学的考试成绩按高到低进行排序。

程序如下：

```
public class GradeSortDemo{

    public static void main(String[] args){
        int number[]={ 80, 65, 76, 99, 83, 54, 92, 87, 74, 62 };
        for(int i=0; i<number.length; i++){
            for(int j=i+1; j<number.length; j++){
                if(number[i]<number[j]){
                    int temp=number[i];
                    number[i]=number[j];
                    number[j]=temp;
                }
            }
        }
        for(int i=0; i<number.length; i++){
            System.out.println(number[i]+" ");
        }
    }
}
```

程序运行结果如图 2-29 所示。

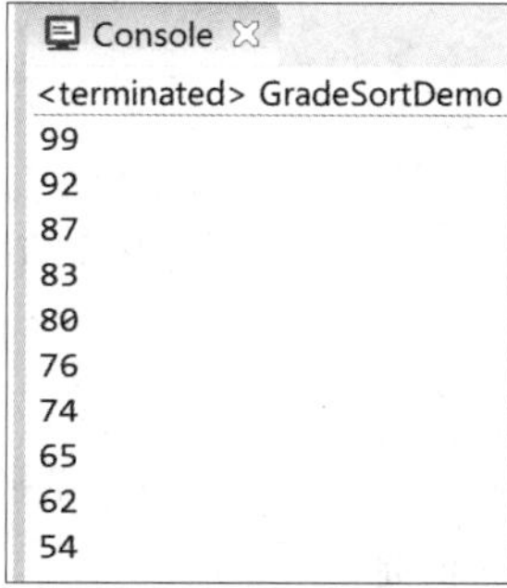

图 2-29　分数排序结果

拓展阅读　圆周率计算，中国作出巨大贡献

圆周率，这一神秘的数学常数，如同璀璨的星辰，在数学的夜空中熠熠生辉。它不仅是圆的周长与直径的比值，更是人类智慧的结晶，见证了数学与物理的奇妙交融。

曾经，在古老的巴比伦石匾上，圆周率的数值被镌刻下来，如同历史的印记，诉说着人类对科学的探索与追求。而后，伟大的古希腊数学家阿基米德，以他的智慧与才华，开创了圆周率近似值的计算先河。

然而，在圆周率的计算历程中，我国也留下了浓墨重彩的一笔。张衡，这位古代的杰出科学家，虽然他的圆周率数值 3.162 并非精确无误，但却为人类理解这一常数迈出了重要的一步。正如古人所言："千里之行，始于足下。"张衡的探索精神，激励着后人不断前行。

三国时期的刘徽，以他的"割圆术"独步天下，逐步逼近圆周率的真实值。他的智慧与毅力如同"细水长流，终汇成海"，最终求得圆周率 3.1410 的近似值，跨入了近代数学的"极限方法"门槛。

而祖冲之，这位伟大的数学家，更是将圆周率的计算推向了新的高度。他孜孜不倦地切割、计算，如同"千磨万击还坚劲，任尔东西南北风"，在无数次的尝试与修正中，终于得到了精确的圆周率值。他的"约率"与"密率"，不仅比外国科学家早提出了千余年，更是我国数学史上的瑰宝。

在圆周率的探索历程中，我们看到了人类对科学的无限追求与渴望。这些伟大的数学家，以他们的智慧与才华，为我们揭示了圆周率的奥秘。而他们的精神与毅力，也激励着我们不断前行，在科学的道路上勇往直前。

如今，我们站在巨人的肩膀上，更应该珍惜这份来之不易的知识瑰宝。让我们以他们为榜样，努力学习、勇于探索，为科学的进步与人类的未来贡献自己的力量。

自　测　题

一、选择题

1. 以下不合法的标识符是(　　)。

A. BigMeaninglessName　　B. $int

C. 2Name　　D. _THElist$

2. 下列不是 Java 保留字的是(　　)。

A. if　　B. sizeof　　C. private　　D. null

3. 设 a=8，则表达式 a>>>2 的值是(　　)。

A. 1　　B. 2　　C. 3　　D. 4

4. 设 x=5,则 y=x-- 和 y=--x 的结果,使 y 分别为(　　)。

A. 5,5　　B. 5,3　　C. 5,4　　D. 4,4

二、编程题

1. 利用程序求解：1!+2!+3!+4!+5!。
2. 求 100 以内所有素数,并计算它们的和。
3. 利用循环语句输出以下 8 行杨辉三角。

```
1
1  1
1  2   1
1  3   3   1
1  4   6   4   1
1  5   10  10  5   1
1  6   15  20  15  6   1
1  7   21  35  35  21  7  1
```

4. 求数组 a[]={2,5,8,31,6,8,14}和数组 b[]={4,12,10,9,21,6}所有元素之和。

项目3　定义使用课程考试系统中相关的类

学习目标

本项目主要学习Java编程知识中的面向对象编程的内容，包括面向对象编程思想、类与对象的创建和使用与类的封装、继承、多态三大特性，以及抽象类与接口的使用等知识。学习要点如下：

- 面向对象编程的思想。
- 类与对象的创建和使用。
- 类的封装、继承、多态。
- 抽象类与接口。
- 正确理解项目需求及信息收集的方法，具备分析和解决问题的能力。

3.1　相关知识

3.1.1　面向对象编程的思想

面向对象编程（object oriented programming，OOP）是当今最流行的程序设计技术，它具有代码易于维护、扩展性好和代码可重用等优点。面向对象的设计方法的基本原理是按照人们习惯的思维方式建立问题的模型，模拟客观世界，从现实世界中客观存在的事物出发，并且尽可能运用人类的自然思维方式来构造软件系统。Java是一种面向对象的程序设计语言。

面向对象概念

1. 面向对象编程思想

面向对象程序设计是把复杂的问题按照现实中存在的形式分解成很多对象，这些对象以一定的形式进行交互来实现整个系统。如图3-1所示，威海的同学A通过网络给在上海的同学B订购一束花。同学A只需将同学B的地址、花的品种告知订购平台，订购平台再将相关信息转给对应的销售鲜花商家；商家根据信息采购鲜花及包装礼盒，之后通过同城配送物流，送至同学B手中。其中，同学A、同学B、订购平台、销售鲜花商家、物流公司可以被看作对象。对象相互通信并发送消息，请求其他对象执行动作来完成送花这项任务。同学A和同学B则不必关心整个过程的细节。

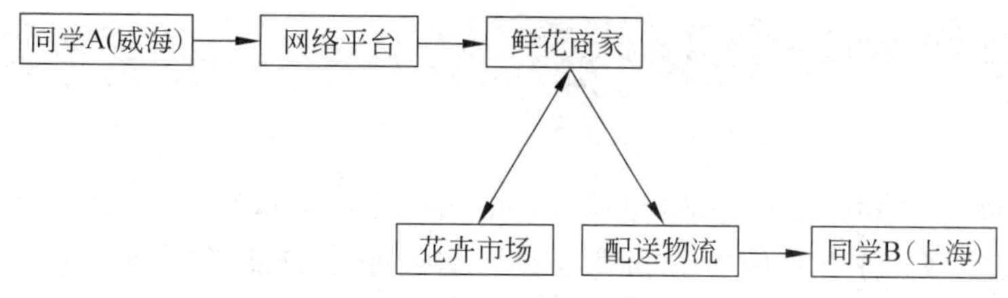

图3-1　面向对象程序设计

2. 面向对象编程的基本概念

（1）对象。对象是系统中用来描述客观事物的一个实体，它是构成系统的一个基本单位。在面向对象的程序中，对象就是一组变量和相关方法的集合，其中变量表明对象的属性，方法表明对象所具有的行为。

（2）类。类是具有相同属性和行为的一组的集合，它为属于该类的所有对象提供了统一抽象描述，其内部包括属性和行为两个主要部分。可以说类是对象的抽象化表示，对象是类的一个实例。

（3）消息。对象相互联系和相互作用的方式称为消息。一个消息由5个部分组成：发送消息的对象、接收消息的对象、传递消息的方法、消息的内容及反馈信息。对象提供的服务是由对象的方法来实现的，因为发送消息实际上就是调用对象的方法。通常，一个对象调用另一个对象的方法，即完成了一次消息传递。

3.1.2　类与对象的创建和使用

类与对象的创建和使用

1. 类的定义

类通过关键字class来定义，一般形式如下：

```
[类定义修饰符] class <类名>
{   //类体
        [成员变量声明]
        [成员方法]
}
```

说明：

（1）类的定义通过关键字class来实现，所定义的类名应符合标识符的规定，一般类名的第一个字母大写。

（2）类的修饰符用于说明类的性质和访问权限，包括public、private、abstract、final。其中，public表示可以被任何其他代码访问，abstract表示抽象类，final表示最终类。类体部分定义了该类所包括的所有成员变量和成员方法。

1）成员变量

成员变量是类的属性，声明的一般格式如下：

```
[变量修饰符]<成员变量类型><成员变量名>
```

说明：

变量修饰符：public、protected、private 和 frieddlly(默认)。

成员变量类型：分为实例变量和类变量。实例变量记录了某个特定对象的属性，在对象创建时可以对它赋值，只适用于该对象本身。变量之前用 static 进行修饰，则该变量成为类变量。类变量是一种静态变量，它的值对于这个类的所有对象是共享的，因此它可以在同一个类的不同对象进行信息的传递。

2）成员方法

成员方法定义类的操作和行为，一般形式如下：

```
[方法修饰符]<方法返回值类型><方法名>([<参数列表>])
{
    //方法体
}
```

成员方法修饰符主要有 public、private、protected、final、static、abstract 和 synchronized，前三种的访问权限、说明形式和含义与成员变量一致。与成员变量类似，成员方法也分为实例方法和类方法。如果方法定义中使用了 static，则该方法为类方法。public static void main(String [] args)就是一个典型的类方法。

【例 3-1】 各变量实例。(源程序：PersonDemo.java)

```
public class PersonDemo{
    public static void main(String[] args){
        //TODO Auto-generated method stub
    }

    static class Person{
        String name;                //实例变量
        static int age;             //类变量
        void move(){
                //实例方法
            System.out.println("Person move");
        }

        static void eat(){          //类变量
            System.out.println("Person eat");
        }
    }
}
```

2. 对象的创建

对象的创建分为以下 3 步。

(1) 进行对象的声明,即定义一个对象变量的引用。一般形式如下:

```
<类名><对象名>
```

例如,下面的代码声明 Person 类的一个对象 a。

```
Person a;
```

(2) 实例化对象,为声明的对象分配内存。这是通过运算符 new 实现的。一般形式如下:

```
<类名><对象名>=new<类名>
```

new 运算符为对象动态分配(即在运行时分配)实际的内存空间,用来保存对象的数据和代码,并返回对它的引用。该引用就是 new 分配给对象的内存地址。

(3) 对象引用。对象创建之后,通过“.”运算符访问对象中的成员变量和成员方法。一般形式如下:

```
<对象名>.<成员>
```

由于类变量和类方法不属于某个具体的对象,因此我们直接使用类型替代对象名访问类变量或类方法。

例如,访问 Person 类中的类变量和类方法的语句如下:

```
Person.age=3;
Person.eat();
```

【例 3-2】 Person 类的创建与使用。(源程序:PersonUseDemo.java)

```
public class PersonUseDemo{
    public static void main(String[] args){
        Person a=new Person();
        Person b=new Person();
        Person c=null;
        a.name="张三";
        Person.age=18;
        b.name="李四";
        c=b;
        System.out.println(a.name+" is "+Person.age+" years old");
        System.out.println(b.name+" is "+Person.age+" years old");
        System.out.println(c.name+" is "+Person.age+" years old");
        a.move();
```

```
        Person.eat();
    }
}

class Person{               //人物类
    String name;            //实例变量
    static int age;         //类变量
    void move(){            //实例方法
      System.out.println("Person move");
    }
    static void eat(){ //类方法
      System.out.println("Person eat");
    }
}
```

程序运行结果如图 3-2 所示。

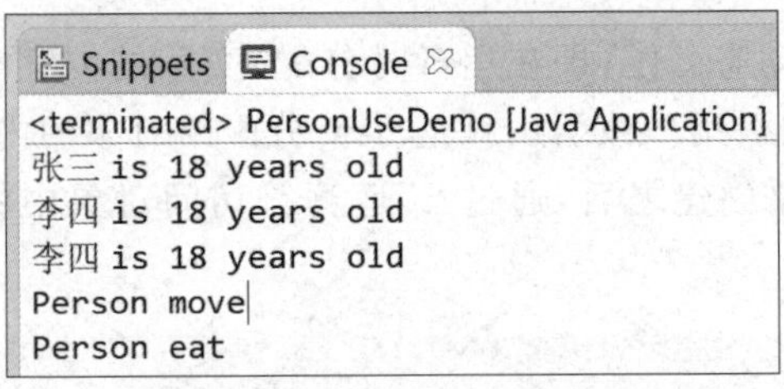

图 3-2　例 3-2 的程序运行结果

3. 构造方法

构造方法是定义在类中的一种特殊的方法,在创建对象时被系统自动调用,主要完成对象的初始化,即为对象的成员变量赋初值。对于 Java 语言中每个类,系统将提供默认的不带任何参数的构造方法。如果程序中没有显式地定义类的构造方法,则创建对象时系统会调用默认的构造方法,一旦程序中定义了构造方法,系统将不再提供默认的构造方法。

类的构造方法与包访问权限

构造方法具有以下特点。

(1) 构造方法名必须和类名完全相同,类中其他成员方法不能和类名相同。

(2) 构造方法没有返回值类型,也不能返回 void 类型。其修饰符只能是访问控制修饰符,即 public、private、protected 中的任一个。

(3) 构造方法不能直接通过方法名调用,必须通过 new 运算符在创建对象时自动调用。

(4) 一个类可以有多个构造方法,不同的构造方法根据参数个数的不同或参数类型的不同进行区分,称为构造方法的重载。

【例 3-3】 构造方法的使用。(源程序: PersonConstructorDemo.java)

```
public class PersonConstructorDemo{

  public static void main(String[] args){

      Person a=new Person();
      Person b=new Person();
      Person c=new Person("王五", 21);
      System.out.println(a.getName()+" is "+a.getAge()+"years old");
      System.out.println(b.getName()+" is "+b.getAge()+"years old");
      System.out.println(c.getName()+" is "+c.getAge()+"years old");
  }
}

class Person{
    String name;
    int age;

    public Person(){
        this.name="张三";
        this.age=18;
    }

    public Person(int age){
        this.age=age;
    }

    public Person(String name, int age){
        this.name=name;
        this.age=age;
    }

    public String getName(){
        return name;
    }

    public void setName(String name){
        this.name=name;
    }

    public int getAge(){
        return age;
    }

    public void setAge(int age){
        this.age=age;
    }
}
```

程序运行结果如图3-3所示。

```
Snippets  Console
<terminated> Demo [Java Application]
张三 is 18years old
张三 is 18years old
王五 is 21years old
```

图3-3　例3-3的程序运行结果

3.1.3　类的封装

在面向对象程序设计方法中,封装是指隐藏对象的属性和实现细节,仅对外提供public这种公共访问方式。不允许外部程序直接访问对象的内部信息,而是通过该类所提供的方法来实现对内部信息的操作访问。

类的封装

【例3-4】　修改对象属性实例。(源程序:PeopleDemo.java)

```
public class PeopleDemo{

    public static void main(String[] args){
        People p=new People();
        p.name="张三";
        p.age=-18;
        p.say();

    }

}

class People{
    String name;
    int age;

    public void say(){
        System.out.println("我叫"+name+",今年"+age+"岁。");
    }
}
```

程序运行结果如图3-4所示。

```
<terminated> PeopleDemo [Java Application]
我叫张三,今年-18岁。
```

图3-4　例3-4的程序运行结果

上述示例将年龄赋值为－18，在语法上不会有任何问题，因此程序可以正常运行，但在现实生活中明显是不合理的。为了避免出现上述不合理的问题，在设计一个 Java 类时，应该对成员变量的访问做出一些限定，不允许外界随意访问，这就需要实现类的封装。

1. 封装的使用

实现 Java 封装的步骤如下。

(1) 修改属性的可见性来限制对属性的访问(一般限制为 private)，例如：

```
public class Person{
   private String name;
   private int age;
}
```

这段代码中，将 name 和 age 属性设置为私有的，只能本类才能访问，其他类都访问不了，如此就对信息进行了隐藏。

面向对象的编程语言主要通过访问控制机制来实现封装。Java 语言中提供了四种访问控制级别，见表 3-1。

表 3-1　访问控制级别

访问范围	private	default	protected	public
同一类中	√	√	√	√
同一包中		√	√	√
子类中				√
全局范围				√

表 3-1 中英文说明如下。

private：不对外公开，只能在对象内部访问，访问级别最低。

default：只对同一个包中的类公开。

potected：只对同一个包中的类或子类公开。

public：对外公开，访问级别最高。

(2) 对类中的属性设为私有后，其他类不能访问，需要对每个值属性提供对外的公共方法访问，也就是创建一对赋取值方法，用于对私有属性的访问。

【例 3-5】 类中属性私有化实例。(源程序：People.java)

```
public class People{
    private String name;
    private int age;

    public int getAge(){
        return age;
    }

```

```
    public String getName(){
        return name;
    }

    public void setAge(int age){
        this.age=age;
    }

    public void setName(String name){
        this.name=name;
    }

    public void say(){
        System.out.println("我叫"+name+",今年"+age+"岁。");
    }
}
```

属性私有化后,则不能直接访问属性,但可以通过程序公有的赋值取值方法对属性进行赋值和取值。有了方法后,就能对属性进行一定的设置。例如,对年龄的输入进行了限制,不能输入负数;如果年龄是负数,就显示年龄为 0 岁。

【例 3-6】 类中属性私有化数据修改实例。(源程序:PeopleDemo.java)

```
public class PeopleDemo{

    public static void main(String[] args){
        People p=new People();
        p.setName("李四");
        p.setAge(12);
        p.say();
        People p1=new People();
        p1.setName("张三");
        p1.setAge(-18);
        p1.say();

    }

}

class People{
    private String name;
    private int age;

    public int getAge(){
        return age;
    }

    public String getName(){
```

```
            return name;
        }

        public void setAge(int age){
            if(age>0){
                this.age=age;
            }else{
                this.age=0;
            }
        }

        public void setName(String name){
            this.name=name;
        }

        public void say(){
            System.out.println("我叫"+name+",今年"+age+"岁。");
        }
}
```

程序运行结果如图 3-5 所示。

图 3-5　例 3-6 的程序运行结果

封装的优点如下。

(1) 良好的封装能够减少耦合。

(2) 类内部的结构可以自由修改。

(3) 可以对成员变量进行更精确的控制。

(4) 隐藏信息,实现细节。

类的封装就是对属性变量进行私有化,再对外提供公有的赋值和取值的方法,这些方法是外部类访问该类成员变量的入口。通常情况下,这些方法被称为 getter()和 setter()方法,任何要访问类中私有成员变量的类都要通过这些 getter()和 setter()方法。

2. this 关键字

this 关键字是 Java 常用的关键字,可用于任何实例方法内指向当前对象,也可指向对其调用当前方法的对象,或者在需要当前类型对象引用时使用。采用 this 关键字是为了解决实例变量(private String name)和局部变量[setName(String name)中的 name 变量]发生的同名冲突。

假设有一个教师类 Teacher 的定义如下:

```
public class Teacher
{
    private String name;            //教师名称
    private double salary;          //工资
    private int age;                //年龄
}
```

在上述代码中,name、salary 和 age 的作用域是 private,因此在类外部无法对它们的值进行设置。为了解决这个问题,我们需要针对这几个变量提供公有(public)赋值和取值的方法。

【例 3-7】 私有属性提供公有赋值和取值方法。(源代码:TeacherDemo.java)

```
public class TeacherDemo{
    private String name;            //教师名称
    private double salary;          //工资
    private int age;                //年龄

    public String getName(){
        return name;
    }

    public void setName(String name){
        this.name=name;
    }

    public double getSalary(){
        return salary;
    }

    public void setSalary(double salary){
        this.salary=salary;
    }

    public int getAge(){
        return age;
    }

    public void setAge(int age){
        this.age=age;
    }

    public static void main(String[] args){
        //TODO Auto-generated method stub
    }
}
```

在 Teacher 类的赋值取值方法中使用了 this 关键字对属性 name、salary 和 age 赋值,this 表示当前对象,this.name=name 语句表示一个赋值语句,等号左边的 this.name

是指当前对象具有的变量 name，等号右边的 name 表示参数传递过来的数值。

3.1.4　类的继承

代码复用是面向对象程序设计的目标之一，通过继承可以实现代码复用。Java 中所有的类都是通过直接或间接地继承 java.lang.Object 类而创建的。子类不能继承父类中访问权限为 private 的成员变量和方法。子类可以重写父类的方法，并可以命名与父亲同名的成员变量。

类的继承

1. 子类的创建

Java 中的继承通过 extends 关键字实现，创建子类一般形式如下：

```
class 类名 extends 父类名{
    子类体
}
```

子类可以继承父类的所有特性，但其可见性由父类成员变量、方法的修饰符决定。对于被 private 修饰的类成员变量或方法，其子类是不可见的，即不可访问；对于定义为默认访问(没有修饰符修饰)的类成员变量或方法，只有与父类同处于一个包中的子类可以访问；对于定义为 public 或 protected 的类成员变量或方法，所有子类都可以访问。

2. 成员变量的隐藏和方法的覆盖

子类中可以声明与父类同名的成员变量，这时父类的成员变量就被隐藏起来了，在子类中直接访问到的是子类中定义的成员变量。

子类中也可以声明与父类相同的成员方法，包括返回值类型、方法名、形式参数都应保持一致，称为方法的覆盖。

如果在子类中需要访问父类中定义的同名成员变量或方法，需要用关键字 super。Java 中通过 super 来实现对被隐藏或被覆盖的父类成员的访问。super 的使用有以下三种情况。

访问父类被隐藏的成员变量和成员方法，例如：

```
super.成员变量名;
```

调用父类中被覆盖的方法，例如：

```
super.成员方法名([参数列]);
```

调用父类的构造方法，例如：

```
super([参数列表]);
```

super()只能在子类的构造方法中出现，并且永远都是位于子类构造方法中的第一条语句。

【例 3-8】 继承的使用。(源代码:PersonExtendsDemo.java)

```
public class PersonExtendsDemo{

  public static void main(String[] args){
      Student stu=new Student();
      stu.setAge(18);
      stu.setName("张三");
      stu.setWeight(85);
      System.out.print(stu.getName()+" is "+stu.getAge()+" years old");
      System.out.print("; weight: "+stu.getWeight());
      stu.move();

  }

}

class Person{
    private String name;
    private int age;

    public int getAge(){
        return age;
    }

    public void setAge(int age){
        this.age=age;
    }

    public String getName(){
        return name;
    }

    public void setName(String name){
        this.name=name;
    }

    public void move(){
        System.out.println(" Person move");
    }
}

class Student extends Person{
    private float weight;          //子类新增成员

    public float getWeight(){
        return weight;
    }

    public void setWeight(float weight){
```

```
        this.weight=weight;
    }

    public void move() {            //覆盖了父类的方法 move()
        super.move();               //用 super 调用父类的方法
        System.out.println("Student Move");
    }
}
```

程序运行结果如图 3-6 所示。

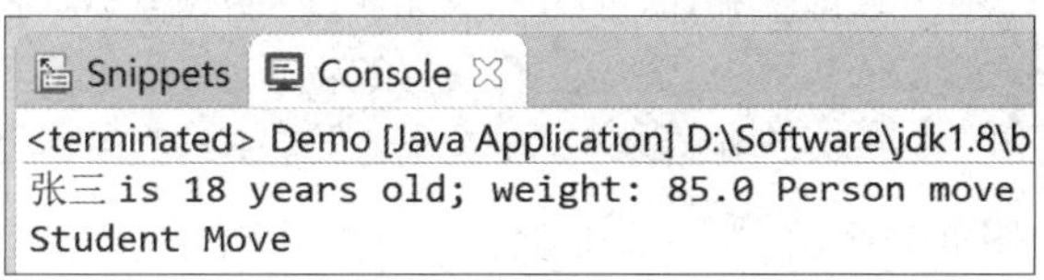

图 3-6　例 3-8 的程序运行结果

3. 构造方法的继承

子类对于父类的构造方法的继承遵循以下的原则。

(1) 子类无条件地继承父类中的无参构造方法。

(2) 若子类的构造方法中没有显式地调用父类的构造方法,则系统默认调用父类无参构造方法。

(3) 若子类构造方法中没有显式地调用父类的构造方法,父类中也没有无参构造方法的定义,则编译出错。

(4) 对于父类的有参构造方法,子类可以在自己的构造方法中使用 super 关键字来调用它,但必须位于子类构造方法的第一条语句。子类可以使用 this(参数列表)调用当前子类中的其他构造方法。

【例 3-9】 构造方法的继承。(源代码:PersonConExtendsDemo.java)

```
public class PersonConExtendsDemo{

    public static void main(String[] args){
        SubClass s1=new SubClass();
        SubClass s2=new SubClass(100);
    }
}

class SuperClass{
    SuperClass(){
        System.out.println("调用父类无参构造方法");
    }

    SuperClass(int n){
```

```
            System.out.println("调用父类有参构造方法:"+n);
        }
}

class SubClass extends SuperClass{
    SubClass(int n){
        System.out.println("调用子类有参构造方法:"+n);
    }

    SubClass(){
        super(200);
        System.out.println("调用子类无参构造方法");
    }
}
```

程序运行结果如图 3-7 所示。

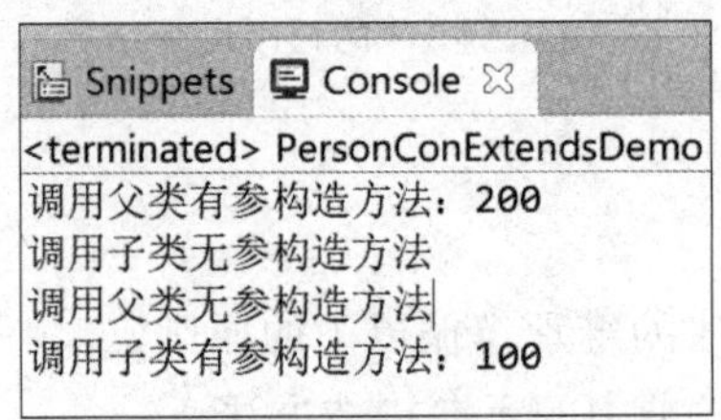

图 3-7　例 3-9 的程序运行结果

3.1.5　类的多态

Java 中的多态性体现在方法的重载与覆盖以及对象的多态性上。对象的多态性包括向上转型和向下转型。向上转型程序会自动完成，而向下转型则必须明确指出转型的子类类型。

类的多态

多态的实现必须具备以下 3 个条件。

(1) 必须存在继承。

(2) 必须有方法的覆盖。

(3) 必须存在父类对象的引用指向子类的对象。

当使用父类对象的引用指向子类的对象，Java 的多态机制根据引用的对象类型来选择要调用的方法。由于父类对象引用变量可以引用其所有的子类对象，因此 Java 虚拟机直到运行时才知道引用对象的类型，所要执行的方法需要在运行的时候才能确定，而无法在编译的时候确定。

【例 3-10】 向上转型。(源代码：A.java)

```
class A{
    void aMthod(){
        System.out.println("Superclass->aMthod");
```

```
    }
}

class B extends A{
    public void aMthod(){
        System.out.println("Childrenclass->aMthod");        //覆盖父类方法
    }

    void bMethod(){
        System.out.println("Childrenclass->bmethod");
    }                                  //B类定义了自己的新方法
}

public class UpCastingDemo{
    public static void main(String[] args){
        A a=new B();                 //向上转型
        a.aMthod();
    }
}
```

程序运行结果如图 3-8 所示。

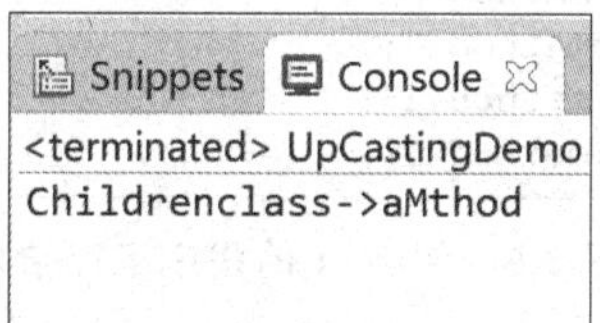

图 3-8　例 3-10 的程序运行结果

【例 3-11】　向下转型。(源代码：DownCastingDemo.java)

```
class A{
    void aMthod(){
        System.out.println("A method");
    }
}

class B extends A{
    void bMethod1(){
        System.out.println("B method 1");
    }

    void bMethod2(){
        System.out.println("B method 2");
    }
}

public class DownCastingDemo{
```

```
    public static void main(String[] args){
        A a1=new B();                  //向上转型
        a1.aMthod();        //调用父类 aMthod,a1 遗失 B 类方法 bMethod1、bMethod2
        B b1=(B) a1;                   //向下转型,编译无错误,运行时无错误
        b1.aMthod();                   //调用父类方法
        b1.bMethod1();                 //调用子类方法
        b1.bMethod2();                 //调用子类方法
        A a2=new A();
        if(a2 instanceof B)            //规避异常
        {
            B b2=(B) a2;
            b2.aMthod();
            b2.bMethod1();
            b2.bMethod2();
        }
    }
}
```

程序运行结果如图 3-9 所示。

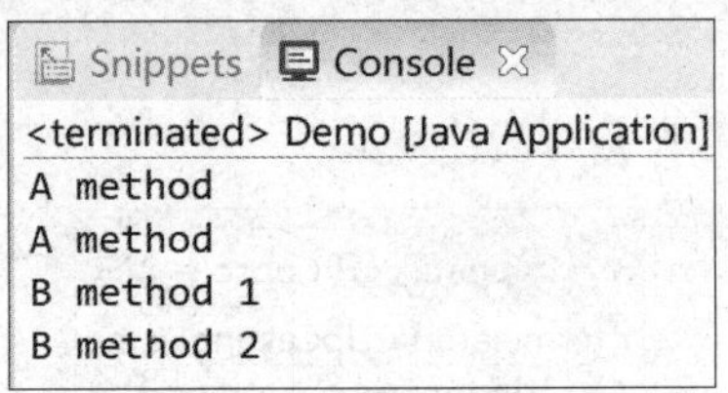

图 3-9　例 3-11 的程序运行结果

3.1.6　抽象类与接口

抽象类与接口体现了面向对象技术中对类的抽象定义的支持。因此,抽象类与接口存在着一定的联系,同时又存在着区别。

抽象类与接口

1. 抽象类

定义抽象类的目的是建立抽象模型,即为所有的子类定义一个统一的接口。在 Java 中用修饰符 abstract 将类说明为抽象类,一般格式如下:

```
abstract class 类名{
    类体
}
```

抽象类不能直接实例化,即不能用 new 运算符创建对象。

2. 接口

Java 语言中不支持多重继承,而是采用接口技术代替。一个类可以同时实现多个接口。

Java 中使用 interface 来定义一个接口。接口定义同类的定义类似，也是分为接口的声明和接口体，其中接口体由常量定义和方法定义两部分组成。定义接口的基本格式如下：

```
[修饰符] interface 接口名 [extends 父接口名列表]{
    [public][abstract] 方法;
}
```

当继承一个父类或者实现一个接口时，可以使用关键字 extends 和 implements。其基本格式如下：

```
[修饰符] class<类名>[extends 父类名][implements 接口列表]{
    //方法体
}
```

说明：

extends 父类名：可选参数，用于指定要定义的类继承自哪个父类。

implements 接口列表：可选参数，用于指定该类实现的是哪些接口。

【例 3-12】 接口实例。（源代码：InterfaceDemo.java）

```
interface Flyanimal{
    void fly();
}

class Insect{
    int legnum=6;
}

class Bird{
    int legnum=2;

    void egg(){
    }
}

class Ant extends Insect implements Flyanimal{
    public void fly(){
        System.out.println("Ant can fly");
    }
}

class Pigeon extends Bird implements Flyanimal{
    public void fly(){
        System.out.println("Pigeon can fly");
    }

    public void egg(){
        System.out.println("Pigeon can lay eggs ");
```

```
    }
}

public class InterfaceDemo{
    public static void main(String args[]){
        Ant a=new Ant();
        a.fly();
        System.out.println("Ant's legs are "+a.legnum);
        Pigeon p=new Pigeon();
        p.fly();
        p.egg();
    }
}
```

程序运行结果如图 3-10 所示。

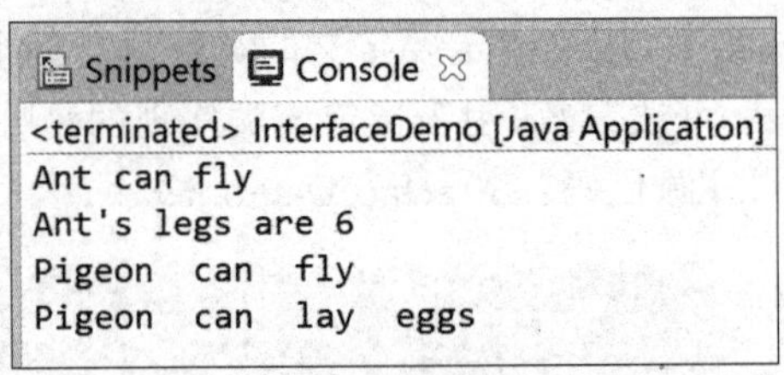

图 3-10　例 3-12 的程序运行结果

3.2　项目设计与分析

面向对象的编程主要有以下三大特性。

1. 封装

面向对象编程的核心思想之一就是封装性。封装性就是把对象的属性和行为结合成一个独立的单元,并且尽可能隐蔽对象的内部细节,对外形成一个边界,只保留有限的对外接口使之与外部发生联系。封装的特性使得对象以外的部分不能随意存取对象的内部数据,保证了程序和数据不受外部干扰且不被误用。

2. 继承

继承是一个类获得另一个类的属性和方法的过程。在 Java 语言中,通常我们把具有继承关系的类称为父类(superclass,也称超类)和子类(subclass)。子类可以继承父类的属性和方法,同时又可以增加子类的新属性和新方法。如图 3-11 所示,汽车的基本属性和方法在奔驰和法拉利中都有,而奔驰又有自己特殊的属性和方法(如品牌、工艺等)。

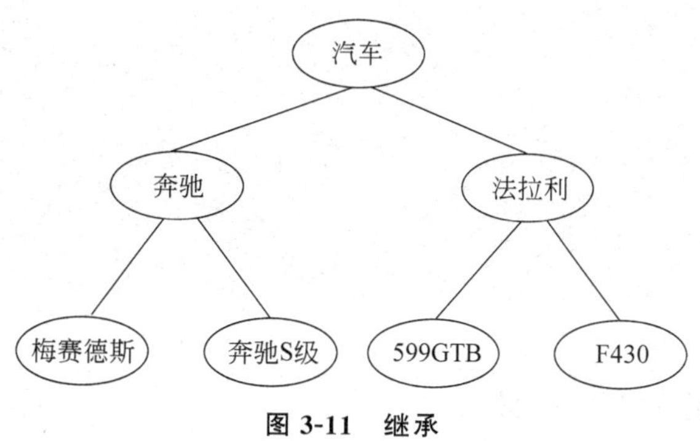

图 3-11　继承

3. 多态性

多态性是指在继承关系的父类中定义的属性或方法被子类继承之后,可以具有不同的数据类型或表现出不同的行为。这使得同一个属性或方法在父类及其各子类中具有不同的含义。例如,哺乳动物有很多叫声,狗和猫是哺乳动物的子类,它们的叫声分别是“汪汪”和“喵喵”。

课程考试系统中涉及的主要类包括学生类、问题类、老师类等,而学生类又包含姓名、密码等字段。因考虑到安全性,对属性字段进行私有化封装,需要对外提供公有的设值和取值方法。

3.3　项目实施

任务 3-1　学生类的定义

程序如下:(源代码:Student.java)

```
class Student implements Serializable{
    private String name;
    private String password;

    public String getName(){
        return name;
    }

    public void setName(String name){
        this.name=name;
    }

    public String getPassword(){
```

```
        return password;
    }

    public void setPassword(String password){
        this.password=password;
    }
}
```

任务3-2　问题类的定义

程序如下:(源代码:Question.java)

```
class Question{
    private String detail="";
    private String standardAnswer;
    private String selectedAnswer;

    public String getDetail(){
        return detail;
    }

    public String getStandardAnswer(){
        return standardAnswer;
    }

    public String getSelectedAnswer(){
        return selectedAnswer;
    }

    public void setDetail(String s){
        detail=s;
    }

    public void setStandardAnswer(String s){
        standardAnswer=s;
    }

    public void setSelectedAnswer(String s){
        selectedAnswer=s;
    }

    public boolean checkAnswer(){
        if(standardAnswer.equals(selectedAnswer))
            return true;
```

```
            return false;
        }

    public String toString(){
        return(standardAnswer+"\t"+selectedAnswer);
    }
}
```

拓展阅读　"文心一言"横空出世，百度领跑人工智能浪潮

在科技的风起云涌中，2022 年 11 月末，一款名为 ChatGPT 的自然语言处理工具如新星般崛起，由美国人工智能研究实验室 OpenAI 精心打造。它能言善道，会写论文，也能编写代码，功能之强大令人瞩目。它的出现，如同"忽如一夜春风来，千树万树梨花开"，在全球范围内引发了激烈的讨论和关注。

与此同时，中国的科技巨头百度也不甘示弱，凭借其深厚的 AI 技术积累，推出了基于文心大模型技术的生成式 AI 产品——文心一言。百度在人工智能领域的深耕已逾十余载，其产业级知识增强文心大模型 ERNIE，不仅具备跨模态、跨语言的深度语义理解与生成能力，更在搜索问答、内容创作生成、智能办公等领域展现出广阔的想象空间。

文心一言全面接入百度智能云，意味着未来企业可通过百度智能云轻松调用其服务，将人工智能产品逐步融入生产实际场景中。百度不仅拥有开发人工智能所需的算力、算法和数据，更是国内唯一一家拥有全栈自研 AI 技术的公司。从昆仑芯到飞桨深度学习框架，再到文心预训练大模型，每一层技术线都闪耀着自研的光芒。

"长风破浪会有时，直挂云帆济沧海"，文心一言的推出，为百度搜索注入了新的活力。其全新的交互和聊天体验，以及独特的生成内容，预计将大幅提升百度搜索的月活跃用户数量。而这种新的搜索形态，也将在互联网、金融、媒体、汽车等多个行业领域大放异彩。它不仅能优化用户体验，更能增强数据性能，从根本上提高云上能力。

爱奇艺已宣布全面接入文心一言，双方将共同探索 AIGC 等技术对影视内容的赋能。而集度汽车有限公司和长城汽车股份有限公司等多家车企也将借助百度 Apollo 与文心一言的融合，加速语言大模型技术在智能驾驶场景的落地。这一系列合作与创新不仅彰显了百度在人工智能领域的领先地位，也为我国科技产业的发展注入了强大的动力。

在这个科技日新月异的时代，我们应为祖国的科技进步而自豪，更应珍惜来之不易的科技成果。让我们携手共进，以科技为引擎，推动祖国的繁荣昌盛！

自 测 题

一、选择题

1. 在 Java 中,能实现多重继承效果的方式是(　　)。

A. 内部类　　B. 适配器　　C. 接口　　D. 同步

2. int 型 public 成员变量 MAX_LENGTH 的值保持为常数 100,则定义这个变量的语句是(　　)。

A. public int MAX_LENGTH＝100

B. final int MAX_LENGTH＝100

C. public const int MAX_LENGTH＝100

D. public final int MAX_LENGTH＝100

3. 下列叙述中,错误的是(　　)。

A. 父类不能替代子类　　B. 子类能够替代父类

C. 子类继承父类　　D. 父类包含子类

4. 下列关于继承叙述正确的是(　　)。

A. 在 Java 中允许多重继承

B. 在 Java 中一个类只能实现一个接口

C. 在 Java 中一个类不能同时继承一个类和实现一个接口

D. Java 的单一继承使代码更可靠

5. 下列关于内部类的说法,不正确的是(　　)。

A. 内部类的类名只能在定义它的类或程序段中或在表达式内部匿名使用

B. 内部类可以使用它所在类的静态成员变量和实例成员变量

C. 内部类不可以用 abstract 修饰符定义为抽象类

D. 内部类可作为其他类的成员,而且可访问它所在类的成员

二、编程题

1. 猜数字游戏:一个类 A 有一个成员变量 v,有一个初值 100。定义一个类,对 A 类的成员变量 v 的值进行猜测。如果猜的值大于 v 的值,则提示大了;如果猜的值小于 v 的值,则提示小了;如果猜的值等于 v 的值,则提示猜测成功。

2. 请定义一个交通工具的类 Vehicle,属性和方法如下。

属性:speed、size 等。

方法:move()、setSpeed(int speed)、speedUp()、speedDown()等。

最后在 Vehicle 类的 main()方法中实例化一个交通工具对象,通过方法初始化 speed、size 属性的值,并且打印出来。另外,调用 speedUp()和 speedDown()方法对速度进行调整。

3. 在程序中，经常要对时间进行操作，但是并没有时间类型的数据，所以可以自己实现一个时间类来满足程序中的需要。

定义名为 MyTime 的类，其中应有 3 个整型成员：hour、minute、second。为了保证数据的安全性，这 3 个成员变量应声明为私有。再为 MyTime 类定义构造方法，以方便创建对象时初始化成员变量。再定义 display()方法，用于将时间信息打印出来。

项目 4　捕获课程考试系统中的异常

学习目标

本项目主要学习 Java 编程知识中异常相关的知识，包括什么是异常类、异常的处理、自定义异常等。学习要点如下：

- 了解 Java 的异常处理机制。
- 能够捕获处理异常。
- 掌握异常的声明和抛出。
- 自定义异常。
- 具备精益求精的工匠精神和安全意识。

4.1　相关知识

在进行程序设计时，产生错误是不可避免的，错误主要包括语法错误和运行错误。语法错误是指编译过程中被检测出来的错误，这种错误一旦产生，程序将不再运行，只有在修改正确之后才能继续运行。但是并非所有的错误都能在编译期间检测到，有些错误有可能会在程序运行时才暴露出来。例如，想打开的文件不存在，网络连接中断，操作数超出预定范围，等等，这类在程序运行时产生的出错情况称为运行错误。这类运行错误如果没有及时处理，可能会造成程序中断、数据遗失乃至系统崩溃等问题。

在 Java 语言中，把这种在程序执行期间发生的错误事件，从而影响了程序正常运行的错误称为异常。在不支持异常处理机制的传统程序设计语言中，需要包含很长的代码来识别潜在的运行错误的条件，利用设置为真或假的变量来对错误进行捕获，若相似的错误条件必须在每个程序中分别处理，这显然既麻烦又低效。在 Java 语言中提供了系统化的异常处理功能，利用这种功能能够开发用于重复利用的稳定程序。

【例 4-1】 异常实例。（源程序：ExceptionDemo.java）

```
public class ExceptionDemo{

    public static void main(String[] args){
        int a=8, b=0;
        int c=a/b;      //除数为 0,出现异常
        System.out.print(c);
    }
}
```

程序运行结果如图 4-1 所示。

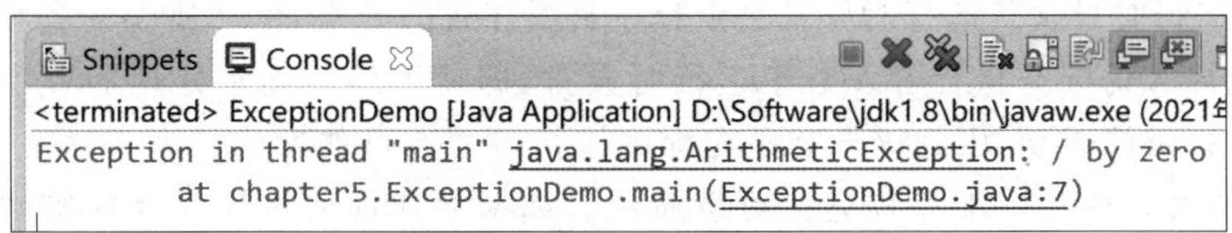

图 4-1 例 4-1 的程序运行结果

程序出现错误是因为除数为零。Java 发现了这个错误之后，便由系统抛出 ArithmeticException 异常，用来说明错误的原因以及出错的位置，并停止程序运行。因此，如果程序没有编写处理异常的程序代码，则 Java 的默认异常处理机制会抛出异常，然后终止程序的运行。

4.1.1 什么是异常

异常处理

在 Java 语言中，对很多可能出现的异常都进行了标准化，将它们封装成了各种类，并统一称为异常类。当程序在运行过程中出现异常时，Java 虚拟机就会自动地创建一个相应的异常对象类，并将该对象作为参数抛给处理异常的方法。

从图 4-2 中可以看到，Java 中的所有异常都派生自 Throwable 类或其子类。Throwable 类有两个子类：Exception 和 Error 类。

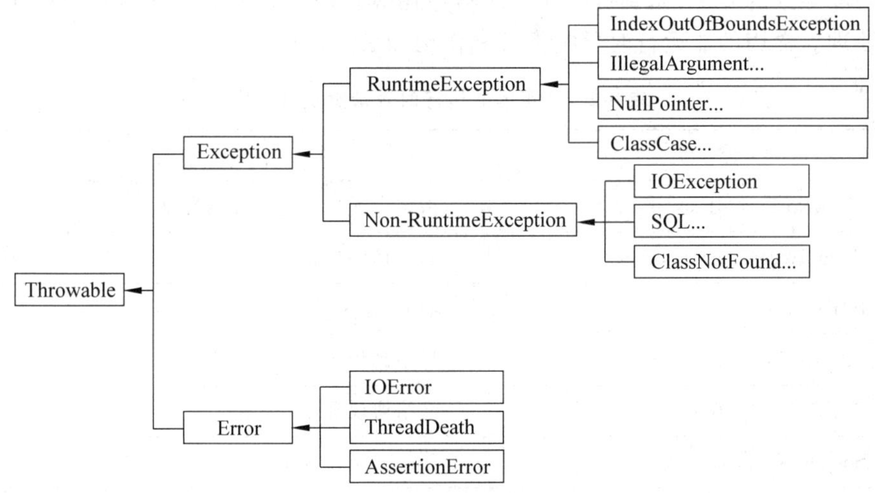

图 4-2 Java 中异常类的层次结构

1. Exception 类

Exception 类异常是指程序有可能恢复的异常情况。这些异常通常在捕获之后可以做一些处理，可以确保程序继续运行。

Exception类又分为以下两种。

(1) 运行时异常。运行时异常是由程序错误导致的异常,例如错误的类型转换、数组访问越界和访问空指针等。对于运行时异常,即使不编写异常处理的程序代码,程序依然可以编译成功,因为该异常是在程序运行时才有可能发生。由于这类异常产生比较频繁,并且通过仔细编程完全可以避免。如果显式地通过异常处理机制去处理,则会影响整个程序的运行效率。因此,对于运行时异常,一般由系统自动检测,并将它们交给默认的异常程序处理。常见的运行时异常子类及其作用如表4-1所示。

表4-1 常见的运行时异常子类及其作用

异常子类	作用
ArithmeticException	除数为零的异常
IndexOutOfBoundsException	下标越界异常
ArrayIndexOutOfBoundsException	访问数组元素的下标越界异常
StringIndexOutOfBoundsException	字符串下标越界异常
ClassCaseException	类强制转换异常
NullpointerException	当程序试图访问一个空数组中的元素,以及访问一个空对象中的方法或变量时产生的异常

(2) 非运行时异常。该类异常是由程序外部问题引起的,也就是由于程序运行时某些外部问题导致的异常,如要访问的文件不存在等。该类异常要求在编程时必须捕获并做相应处理。常用的非运行时异常类及其作用如表4-2所示。

表4-2 常用的非运行时异常类及其作用

异常类	作用
ClassNotFoundException	指定类或接口不存在的异常
IllegalAccessException	非法访问异常
IOException	输入/输出异常
FileNotFoundException	找不到指定文件的异常
ProtocolException	网络协议异常
SocketException	Socket操作异常
MalformedURLException	统一资源定位器(URL)的格式不正确的异常

2. Error类

Error类错误代表了程序无法恢复的异常情况。这类错误不需要程序处理,常见的Error类错误如内存溢出、虚拟机错误和动态链接失败等。

4.1.2　异常的捕获和处理

当异常发生时如果不去处理，程序就很难继续执行下去，因而高质量的程序应该在运行时及时捕获所有可能会出现的异常。所谓捕获异常，是指某个负责处理异常的代码块捕获或截获被抛出的异常对象的过程。如果某个异常发生时没有及时捕获，程序就会在发生异常的地方终止执行，并在控制台(命令行)上打印出异常信息，其中包括异常的类型和堆栈信息。捕获异常后，应用程序虽然终止了当前的流程，但会转而执行专门处理异常的过程，或者有效地结束程序的执行。

要想正确捕获异常，可以使用 try-catch 语句来实现，其格式如下：

```
try{
    正常程序段，可能抛出异常;
}
catch(异常类 1  异常变量){
    捕获与异常类 1 有关的处理程序段;
}
catch(异常类 2  异常变量){
    捕获与异常类 2 有关的处理程序段;
}
...
finally{
    一定会运行的程序代码
}
```

1. try 块捕获异常

try 用于监控正常但可能发生异常的程序代码块。如果发生异常，try 部分将抛出异常类所产生的异常类对象并立刻结束执行，转向执行处理异常代码 catch 块。

2. catch 块处理异常

抛出的异常对象如果属于 catch 后的括号内欲捕获的异常类，则 catch 会捕获此异常，然后进入到 catch 块里继续运行。catch 包括两个参数：一个是捕获的异常类；另一个是参数名，用来引用被捕获的对象。catch 块所捕获的对象并不需要与它的参数类型精确匹配，它可以捕获参数中指出的异常类的对象及其所有子类的对象。

在 catch 块中对异常的处理会根据异常的不同而执行不同的操作，例如，可以进行错误恢复或者退出系统；可以打印异常的相关信息，包括异常的名称、产生异常的方法名、方法调用完整的执行栈轨迹等。

表 4-3 列出了异常类的常用方法。

表 4-3　异常类的常用方法

常 用 方 法	作　用
void String getMessage()	返回异常对象的一个简短描述
void String toString()	获取异常对象的详细信息
void pringStackTrace()	在追踪信息控制台上打印异常对象和它的追踪信息

【例 4-2】 异常的捕获和处理实例。(源程序:TryCatchDemo.java)

```
public class TryCatchDemo{

    public static void main(String[] args){
        try{
            int a=8, b=0;
            int c=a/b;
            System.out.print(c);
        }catch(ArithmeticException e){
            System.out.println("发生的异常简短描述是:"+e.getMessage());
            System.out.println("发生的异常详细信息是:"+e.toString());
        }
    }
}
```

程序运行结果如图 4-3 所示。

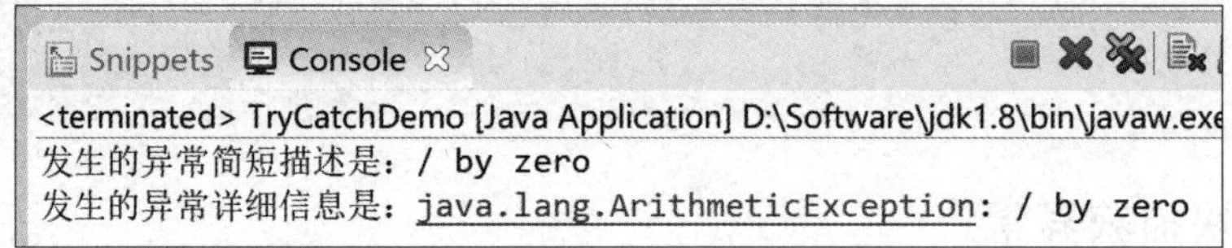

图 4-3　例 4-2 的程序运行结果

3. 用 finally 代码块进行清除工作

finally 代码块是可选的,通过 finally 代码块可以为异常处理提供一个统一的出口,使得在控制流转到程序的其他部分以前,能够对程序的状态作统一处理。不论在 try 代码块中是否发生了异常,finally 代码块中的语句都会被执行。通常 finally 代码块中可以进行资源的清除工作,例如,关闭打开的文件或删除临时文件等。

【例 4-3】 finally 代码块实例。(源程序:TryCatchFinallyDemo.java)

```
public class TryCatchFinallyDemo{

    public static void main(String[] args){
        try{
            int arr[]=new int[5];
```

```
            arr[5]=100;
        }catch(ArrayIndexOutOfBoundsException e){
            System.out.println("数组越界!");
        }catch(Exception e){
            System.out.println("捕获所有其他 Exception 类异常!");
        }finally{
            System.out.println("程序无条件执行该语句!");
        }
    }
}
```

程序运行结果如图 4-4 所示。

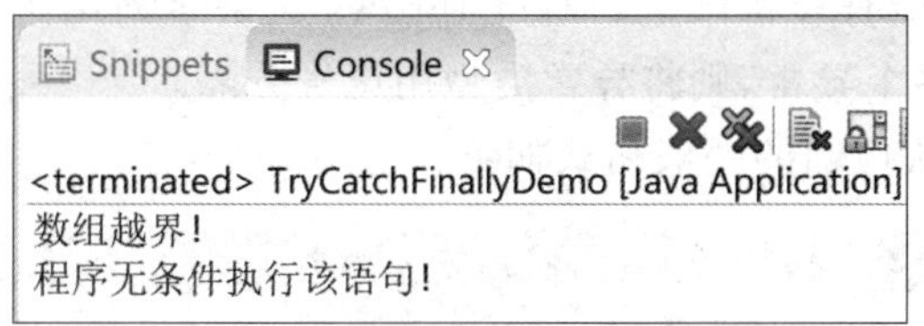

图 4-4　例 4-3 的程序运行结果

当程序中可能出现多种异常时,可以分别用多个 catch 语句捕获,往往将最后一个 catch 子句的异常类指定为所有异常类的父类 Exception。若发生的异常不能和 catch 子句中所提供的异常类型匹配,则全部交由 catch(Exception e)对应的程序代码来处理。但要注意,异常子类必须在其任何父类之前使用,若将 catch(Exception e)作为第一条 catch 子句,则所有异常将被其捕获,而不能执行到其后的 catch 子句。

4.1.3　异常的抛出与声明

1. 异常抛出

异常抛出是指当一个方法可能生成某种异常,但是不能确定如何处理这种异常时,可以声明抛出异常,用 throw 关键字表明该方法将不处理异常,而由该方法的调用者负责处理。

异常抛出的语法如下:

```
throw new 异常类();
```

其中,异常类必须是继承自 Throwable 的子类。

【例 4-4】　异常抛出实例。(源程序:ExceptionThrowDemo.java)

```
public class ExceptionThrowDemo{

    public static void main(String[] args){
```

```
        int i=0;
        if(i==0){
            throw new ClassNotFoundException();
        }
    }
}
```

2. 异常声明

如果程序中定义的方法可能产生异常,可以直接在 throws()方法中捕获并处理该异常;也可以向上传递,由调用它的方法来处理异常,这时需要在该方法名后面进行异常的声明,表示该方法中可能有异常产生。通过 throws 关键字列出了可能抛出的异常类型。若该方法中可能抛出多个异常,则将异常类型用逗号分隔。

throws 子句中方法声明的一般格式如下:

```
<类型说明>方法名(参数列表) throws<异常类型列表>
{
    方法体;
}
```

【例 4-5】 异常声明实例。(源程序:ExceptionThrowsDemo.java)

```
public class ExceptionThrowsDemo{

    public static void main(String[] args) throws Exception{
        int a=8/0;
        System.out.println(a);
    }
}
```

程序运行结果如图 4-5 所示。

```
Snippets  Console
<terminated> ExceptionThrowsDemo [Java Application] D:\Software\jdk1.8\bin\javaw.exe (202
Exception in thread "main" java.lang.ArithmeticException: / by zero
        at chapter5.ExceptionThrowsDemo.main(ExceptionThrowsDemo.java:6)
```

图 4-5 例 4-5 的程序运行结果

4.1.4 自定义异常

系统定义了有限的异常,用于处理可以预见的较为常见的运行错误。对于某个应用程序所特有的运行错误,有时则需要创建自己的异常类来处理特定的情况。用户自定义的异常类只需继承一个已有的异常类就可以了,包括继承 Exception 类及其子类,或者继承已定义好的异常类。如果没有特别说明，可以直接用 Exception 类作为父类。自定义类的语法格式如下：

```
class 异常类名 extends Exception
{
    ...
}
```

由于 Exception 类并没有定义它自己的任何方法，它继承了 Throwable 类提供的方法，所以，任何异常都继承了 Throwable 类定义的方法，也可以在自定义的异常类中覆盖这些方法中的一个或多个。

自定义异常不能由系统自动抛出，只能在方法中通过 throw 关键字显式地抛出异常对象。使用自定义异常的步骤如下。

(1) 通过继承 java.lang.Exception 类声明自定义的异常类。

(2) 在方法的声明部分用 throws 语句声明该方法可能抛出的异常。

(3) 在方法体的适当位置创建自定义异常类对象，并用 throw 语句抛出异常。

(4) 调用该方法时对可能产生的异常进行捕获，并处理异常。

【例 4-6】 自定义异常。(源程序：MyExceptionDemo.java)

```
public class MyExceptionDemo{

    static void compute(int a) throws MyException{
        System.out.println("调用 compute("+a+")");
        if(a>10)
            throw new MyException(a);
        System.out.println("正常退出 ");
    }
    public static void main(String[] args){
         try{
             compute(1);
             compute(20);
         }catch(MyException e){
             System.out.println("捕获 "+e);
         }
    }

}

class MyException extends Exception{       //继承了 Exception 这个父类
    private int detail;

    MyException(int a){
        detail=a;
    }
    public String toString(){
```

```
            return "MyException["+detail+"]";
        }
}
```

程序运行结果如图 4-6 所示。

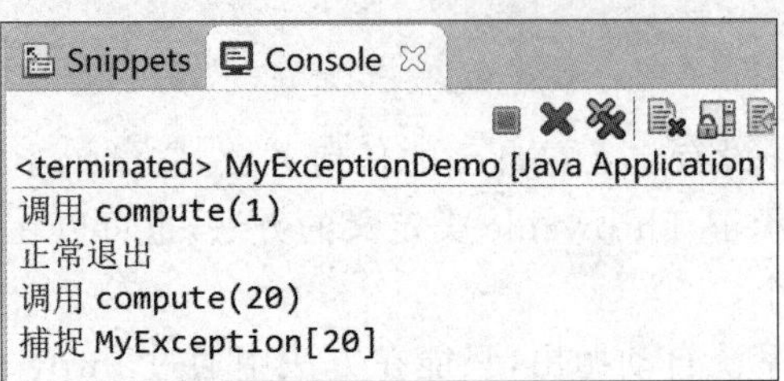

图 4-6 例 4-6 的程序运行结果

4.2 项目设计与分析

Java 中异常分为编译异常和运行异常。编译异常在程序运行前由开发工具就能检测出异常，而运行异常则只能在运行时才被发现。对于可能出现的异常，我们可以进行捕获、抛出或者自定义异常进行处理。

考试系统中的异常主要有分数计算异常(一个正确的分数应该为 0～100、一般分数不能为空)、学生年龄异常(大学生的年龄一般为 18～25 岁)等。

4.3 项目实施

任务 4-1 自定义考试系统中学生年龄异常的处理

考试系统中，大学生的年龄一般为 18～25 岁，自定义年龄异常，当输入的年龄大于 25 或小于 18 岁，抛出异常。

程序如下：(源程序：AgeExceptionDemo.java)

```
public class AgeExceptionDemo{

    public static void main(String args[]){
        User 张三=new User("张三");
        User 李四=new User("李四");
        try{
            张三.setAge(-20);
            System.out.println("张三的年龄是："+张三.getAge());
        }catch(AgeException e){
            System.out.println(e.toString());
```

```
        }
        try{
            李四.setAge(19);
            System.out.println("李四的年龄是："+李四.getAge());
        }catch(AgeException e){
            System.out.println(e.toString());
        }
    }

}

class AgeException extends Exception{
    String message;
    AgeException(String name, int m){
        message=name+"的年龄"+m+"不正确";
    }
    public String toString(){
        return message;
    }
}

class User{
    private int age=1;
    private String name;
    User(String name){
        this.name=name;
    }
    public void setAge(int age) throws AgeException{
        if(age>=50 || age<=18)
            throw new AgeException(name, age);
        else
            this.age=age;
    }
    public int getAge(){
        System.out.println("年龄"+age+": 输入正确");
        return age;
    }
}
```

程序运行结果如图 4-7 所示。

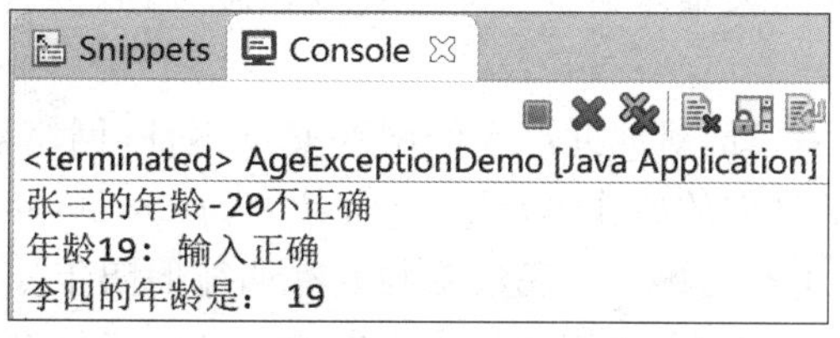

图 4-7　任务 4-1 的程序运行结果

任务4-2　捕获考试系统中计算平均分的算术异常

一般考试系统中需要计算学生的平均成绩或者班级的平均成绩。我们知道,除法运算中的除数不能为0。

源程序如下:

```
public class Test{
    public static void main(String[] args){
        int score1=85;
        int score2=86;
        int score3=87;
        int score4=88;
        int score5=89;
        int avg;
        int n=0;
         try{
             avg=(score1+score2+score3+score4+score5)/n;
             System.out.println("平均分为:"+avg);
         }catch(Exception e){
             System.out.println("发生了除数为0的错误!");
         }
    }
}
```

拓展阅读　"熊猫烧香"网络安全事件

2006年与2007年之交,网络上掀起了一场轩然大波。一时间,最引人瞩目的不是犬马之谈,亦非猪猪侠影,而是一只手持三炷高香的国宝熊猫。这只"熊猫烧香"的计算机病毒如同狂风骤雨般席卷了整个互联网。

自2006年11月悄然出现,至2007年1月短短两月余,此病毒已如野火燎原,迅速蔓延全国,受害者数以百万计,反病毒公司的热线电话响个不停,网络上充斥着受害者的无奈、怨恨与咒骂。计算机屏幕上,熊猫烧香的图标层出不穷,重要文件被肆意破坏,局域网陷入瘫痪,病毒所造成的损失难以估量。那只看似憨态可掬、颔首敬香的"熊猫",却成为人们挥之不去的噩梦。

"天网恢恢,疏而不漏。"面对如此严重的网络安全事件,网络监察机构与公安部门联手立案侦查,迅速锁定了事件的始作俑者。2007年9月24日,年仅25岁的李俊因破坏计算机信息系统罪被湖北省仙桃市人民法院判处有期徒刑四年。

李俊,出身于寻常百姓家,自幼便对计算机痴迷不已。每每有空,他总会奔向网吧,沉浸在网络的世界里。其父母为了引导儿子走向正途,特意为他购置了一台计算机,以期他能在家中安心探索计算机的奥秘。由此，李俊获得了更多与计算机亲密接触的机会。他在计算机领域颇具天赋，且愿意投入大量时间学习编程。

然而，“理想很丰满，现实很骨感。”李俊的学业成绩并不理想，中专毕业后便踏入了社会。在他的内心深处，他渴望成为互联网上的霸主，但现实生活中的屡屡碰壁却让他倍感失落。他怀揣着对互联网的热情与向往，却因缺乏学历背景而屡屡被拒之门外。为了证明自己的能力，他决定利用自己的网络技术干出一番轰动的大事。

然而，“过犹不及”，李俊的行为终究越过了法律的底线。他的故事警示我们：才华与技能应用之道需以正道为先。在追求梦想与证明自己的道路上，切莫迷失方向、触犯法律。愿我们每个人都能在法律与道德的框架内发挥自己的才华与技能，为社会的进步贡献自己的力量。

自　测　题

一、选择题

1. (　　)可以抛出异常。

A. transient　　B. finally　　C. throw　　D. static

2. 给出下面的代码：

```
class test{
    public static void main(String args[]){
        int a[]=new int[10];
        System.out.println(a[10]);
    }
}
```

下面正确的说法是(　　)。

A. 编译时将产生错误　　B. 编译时正确，运行时将产生异常

C. 编译时将产生异常　　D. 输出空值

3. 对于已经被定义过可能抛出异常的语句，在编程时(　　)。

A. 必须使用 try-catch 语句处理异常，或用 throw 将其抛出

B. 如果程序错误，必须使用 try-catch 语句处理异常

C. 可以置之不理

D. 只能使用 try-catch 语句处理

4. 如果一个程序段中有多个 catch 块，程序会(　　)。

A. 每个 catch 块都执行一次

B. 把每个符合条件的 catch 块都执行一次

C. 找到适合的异常类型后就不再执行其他 catch 块

D. 找到适合的异常类型后继续执行后面的 catch 块

5. 下列描述了 Java 语言通过面向对象的方法进行异常处理的好处,不在这些好处范围之内的一项是(　　)。

A. 把各种不同的异常事件进行分类,体现了良好的继承性

B. 把错误处理代码从常规代码中分离出来

C. 可以利用异常处理机制代替传统的控制流程

D. 这种机制对具有动态运行特性的复杂程序提供了强有力的支持

6. 下面关于捕获异常顺序,说法正确的是(　　)。

A. 应先捕获父类异常,再捕获子类异常

B. 应先捕获子类异常,再捕获父类异常

C. 有继承关系的异常不能在同一个 try 块中被捕获

D. 如果先匹配到父类异常,后面的子类异常仍然可以被匹配到

7. 以下按照异常应该被捕获的顺序排列的是(　　)。

A. Exception、IOException、FileNotFoundException

B. FileNotFoundException、Exception、IOException

C. IOException、FileNotFoundException、Exception

D. FileNotFoundException、IOException、Exception

8. 下列错误不属于 Error 的是(　　)。

A. 动态链接失败　　B. 虚拟机错误

C. 线程死锁　　D. 被零除

二、填空题

1. 异常可分为两大类:________与________。

2. 异常的抛出处理是由________、________和________ 3 个关键字所组成的程序块。

三、程序题

修改以下程序,使其能正确捕获异常并处理。

```
public class EX5_1{
    public static void main(String[] args){
        try{
            int num[]=new int[10];
            System.out.println("num[10] is"+num[10]);
        }catch(Exception ex){
            System.out.println("Exception");
        }catch(RuntimeException ex){
            System.out.println("RuntimeException");
        }catch(ArithmeticException ex){
            System.out.println("ArithmeticException");
        }
    }
}
```

第二篇

开发课程考试系统

项目 5　设计课程考试系统的用户登录界面
项目 6　处理课程考试系统中的用户登录事件
项目 7　实现课程考试系统中的用户注册功能
项目 8　读/写考试系统中的文件
项目 9　实现课程考试系统的倒计时功能
项目 10　实现课程考试系统界面
项目 11　安装并使用课程考试系统的数据库

项目5　设计课程考试系统的用户登录界面

学习目标

本项目主要学习 Java 编程中的图形界面编程，包括 Swing 容器、常用组件、布局管理等知识。学习要点如下：

- 掌握框架窗口、面板容器的使用方法。
- 掌握常用组件 JButton、JRadioButton、JCheckBox、JLabel、JTextField、JTextArea、JPasswordField 的构造方法和常用方法。
- 掌握常用布局管理器 FlowLayout、BorderLayout、GridLayout、CardLayout 的使用方法。
- 具备严密的逻辑思维能力，以及严谨求实、专注执着的职业态度。

5.1　相关知识

早期，计算机向用户提供的是单调、枯燥、纯字符状态的命令行界面(CLI)。就是到现在，我们还可以依稀看到它们的身影：在 Windows 中开个 DOS 窗口，就可看到命令行界面历史的足迹。后来，Apple 公司率先在计算机的操作系统中实现了图形化的用户界面(graphical user interface，GUI)。在图形用户界面十分普及的今天，一个应用软件没有良好的 GUI 是无法让用户接受的。在 Java 语言中，为了方便 GUI 的开发，设计了专门的类库来生成各种标准图形界面元素和处理图形用户界的各种事件，这个用来生成 GUI 的类库就是 java.awt 包和 java.swing 包。

5.1.1　Swing 概述

Swing 组件为实现图形用户界面提供了很多基础类库，多数位于 java.awt、javax.swing 包及其子包下，在这些包下提供了实现图形用户界面的主要类。其中在 java.awt 包及其子包下的一些类属于原有 AWT 组件的底层实现，而在 javax.swing 包及其子包下的一些类则属于 Swing 后期扩展的，这也从侧面反映出 Swing 组件对 AWT 组件的依赖性，接下来通过图 5-1 来描述 Swing 组件的主要类。

从图 5-1 可以看出，Swing 组件的所有类都继承自 Container 类，然后根据 GUI 开发

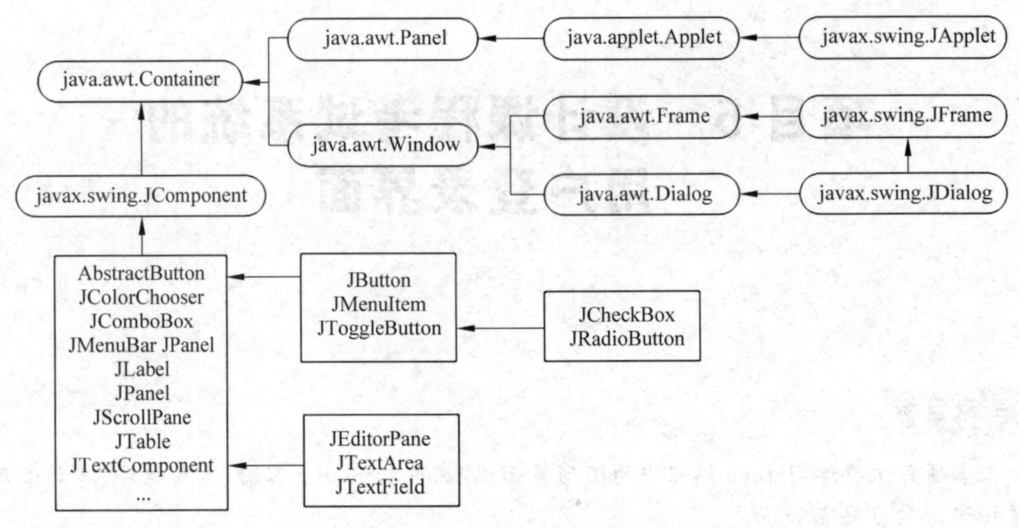

图 5-1　Swing 提供的 GUI 组件类

的功能扩展了两个主要分支：容器分支(包括 Window 和 Panel)和组件分支。其中，容器分支就是为了实现图形用户界面窗口容器而设计的，而组件分支则是为了实现向容器中填充数据、元素以及人机交互组件等功能。

组件是图形用户界面的基本组成部分，是可视化图形显示在屏幕上与用户进行交流的对象。Java 中包含许多基本组件，如按钮、标签、滚动条、列表、单选/复选框等。

容器是用来放置各种组件的，它自身也是一个组件。容器是 Component 类的子类，所有组件的超类都是 Component 类，把组件的共有操作都定义在 Component 类中。同样，为所有容器类定义超类 Container 类，把容器的共有操作都定义在 Container 类中。由 Container 类的子类和间接子类创建的对象均称为容器，容器本身也是一种组件，可以通过 add()方法向容器中添加组件，也可以把一个容器添加到另一个容器中以实现容器的嵌套，容器具有组件的所有性质。

5.1.2　Swing 容器

创建图形用户界面程序的第一步是创建一个容器类，以容纳其他组件。容器是一种特定的组件，用于组织、管理和显示其他组件。容器类可以分为两种：顶级容器和面板类容器。顶级容器是不依赖于其他组件而直接显示在屏幕上的容器组件。在 Swing 中，有三种可以使用的顶层容器类：JFrame、JDialog 和 JApplet。其中，JApplet 用来设计可以嵌入网页中的 Java 小程序。

在 Java 程序中可以作为容器的类是继承 Container 类的，AWT 和 Swing 包继承 Container 类的继承关系如图 5-2 所示。

Container 类用于对组件进行归类，是所有组件的容器。框架、面板和 Applet 都是容器的子类。JComponent 是所有轻量级 Swing 组件的父类。JFrame 是不包含在其他窗口内的框架窗口。JDialog 是下拉列表框或者消息框，通常作为接收来自用户的附加信息

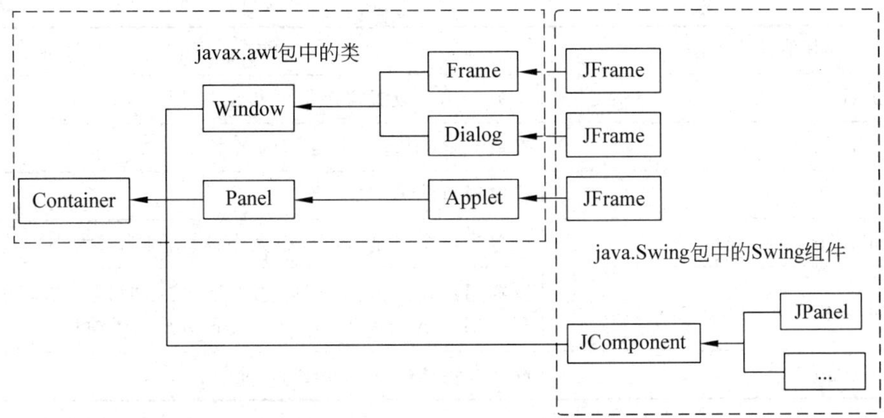

图 5-2　AWT 和 Swing 包继承 Container 类的继承关系

或者提供事件产生通告的临时对话框。JPanel 是承载用户界面组件的不可见容器。面板可以嵌套，也可以将面板放入其他面板以及 Java 应用程序或 Java Applet 程序的框架中。

1. 框架窗口

框架窗口(JFrame)用来设计类似于 Windows 中窗口形式的界面。有标题栏以及最小化、最大化和关闭按钮。用 Swing 中的 JFrame 类或它的子类创建的对象就是 JFrame 窗口。下面是创建一个 JFrame 窗口的代码，使用该方法创建的 JFrame 类默认是不可见的。

```
JFrame jfr=new JFrame();
```

JFrame 类的构造方法如表 5-1 所示。

表 5-1　JFrame 类的构造方法

构 造 方 法	作　　用
JFrame()	创建无标题的不可见窗口对象
JFrame(String title)	创建一个新的、初始不可见的、具有指定标题的 JFrame

JFrame 类的其他常用方法如表 5-2 所示。

表 5-2　JFrame 类的其他常用方法

其他常用方法	作　　用
setBounds(int x, int y, int width, int height)	参数 x 和 y 指定窗口出现在屏幕的位置，参数 width 和 height 指定窗口的宽度和高度，单位是像素
setSize(int width,int height)	设置窗口的大小，参数 width 和 height 指定窗口的宽度和高度，单位是像素
setBackground(Color c)	参数 c 用于设置窗口的背景颜色

续表

其他常用方法	作　用
setVisible(Boolean b)	参数 b 用于设置窗口是可见或不可见
setTitle(String name)	参数 name 用于设置窗口的名字
getTitle()	获取窗口的名字
setResizable(Boolean m)	设置当前窗口是否可调整大小(默认可调整大小)
setDefaultCloseOperation(int operation)	设置用户在此窗体上单击“关闭”按钮时默认执行的操作。其中 JFrame.EXIT_ON_CLOSE 值是关闭窗口
getContentPane()	返回此窗体的 contentPane 对象

JFrame 类使用 Swing GUI 方案把一个框架分成包含分层面板的特殊面板、菜单栏、内容面板和透镜面板等。向 JFrame 对角中添加组件时，不能直接添加组件，而首先应该获得该 JFrame 对象内容面板的引用，然后向该面板添加组件。

下面通过一个实例来具体说明创建 JFrame 类。

【例 5-1】 用 JFrame 类创建窗口，窗口位于左上角，大小为 300×300 像素，窗口背景色为蓝色。(源代码：JFrameDemo.java)

```
1. import java.awt.Color;
2. import java.awt.Container;
3. import javax.swing.JFrame;
4.
5. public class JFrameDemo{
6.     public static void main(String[] args){
7.
8.         JFrame myBasicJFrame=new JFrame();
9.         myBasicJFrame.setTitle("第一个 JFrame 窗口");
10.         myBasicJFrame.setBounds(0, 0, 300, 300);
11.         Container contentPane=myBasicJFrame.getContentPane();
12.         contentPane.setBackground(Color.blue);
13.         myBasicJFrame.setDefaultCloseOperation(JFrame.EXIT_ON_CLOSE);
14.         myBasicJFrame.setVisible(true);
15.     }
16. }
```

程序运行结果如图 5-3 所示。

程序分析如下。

- 第 8 行语句用来声明一个 JFrame 对象。
- 第 9 行语句用于设置窗口的标题。
- 第 10 行语句用于设置 JFrame 对象的位置和大小。
- 第 11 行语句获得窗口的内容面板 contentPane。
- 第 12 行语句是设置内容面板的背景颜色为蓝色。
- 第 13 行语句是设置单击“关闭”按钮时退出该程序。

- 第 14 行语句用于窗口显示，默认情况下 JFrame 对象不会显示出来。

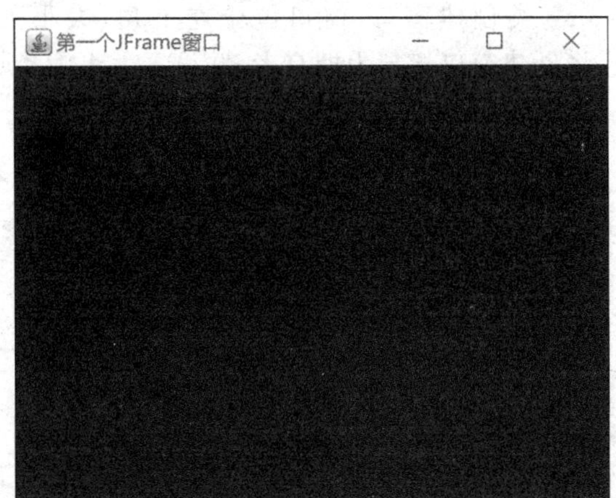

图 5-3 例 5-1 的程序运行结果

2. 对话框窗口

对话框窗口(JDialog)是 Swing 的另外一个顶级容器，通常用来表示对话框窗口。JDialog 对话框可分为两种：模态对话框和非模态对话框。模态对话框是指用户需要等到处理完对话框后才能继续与其他窗口交互，而非模态对话框允许用户在处理对话框的同时与其他窗口交互。

对话框是模态或者非模态，可以在创建 JDialog 对象时为构造方法传入参数来设置，也可以在创建 JDialog 对象后调用它的 setModal()方法来进行设置。JDialog 常用的构造方法如表 5-3 所示。

表 5-3 JDialog 常用的构造方法

构造方法	作用
JDialog()	创建一个没有标题和副窗体的对话框
JDialog(Frame owner)	创建一个非模态的对话框，owner 为对话框所有者(顶级窗口 JFrame)
JDialog(Frame owner,String title)	创建一个具有指定标题的非模态对话框
JDialog(Frame owner,boolean modal)	创建一个有指定模式的无标题对话框
JDialog(Frame owner,String title,boolean modal)	创建一个指定标题，父窗体和模式的对话框

表 5-3 中，列举了 JDialog 的 5 个常用的构造方法，在这 5 个构造方法中都需要接收一个 Frame 类型的对象，表示对话框所有者。第 4 个和第 5 个构造方法中，参数 modal 用来指定 JDialog 窗口是模态还是非模态，如果 modal 值设置为 true，对话框就是模态对话框，反之则是非模态对话框。如果不设置 modal 的值，默认值为 false，也就是是非模态对话框。

接下来通过一个实例来学习如何使用 JDialog 对话框。

【例 5-2】 用 JFrame 类创建窗口,窗口位于左上角,大小为 800×500 像素。用 JDialog 类创建对话框,将创建窗口指定为拥有者,并设置大小为 400×200 像素。对话框的模式设置为模态模式。(源代码：JDialogDemo.java)

```
1.  import javax.swing.JDialog;
2.  import javax.swing.JFrame;
3.
4.  public class JDialogDemo{
5.      public static void main(String[] args){
6.          JFrame frame=new JFrame("JFrame 父窗体");
7.          frame.setDefaultCloseOperation(JFrame.EXIT_ON_CLOSE);
8.          frame.setBounds(0, 0, 800, 500);
9.          frame.setVisible(true);
10.         JDialog dialog=new JDialog(frame, "JDialog 对话框", true);
11.         dialog.setDefaultCloseOperation(JDialog.HIDE_ON_CLOSE);
12.         dialog.setBounds(0, 0, 400, 200);
13.         dialog.setVisible(true);
14.     }
15. }
```

程序运行结果如图 5-4 所示。

图 5-4 例 5-2 的程序运行结果

程序分析如下。

- 第 6 行用来声明一个 JFrame 对象并设置窗口的标题。
- 第 7 行设置单击"关闭"按钮时退出该程序。
- 第 8 行用于设置 JFrame 对象的位置和大小。
- 第 9 行用于显示 JFrame 窗口,默认 JFrame 对象不会显示出来。
- 第 10 行用来声明一个 JDialog 对象并指定窗体所有者和模态。
- 第 11 行设置单击"关闭"按钮时退出该程序。
- 第 12 行用于设置 JDialog 对象的位置和大小。
- 第 13 行用于 JDialog 窗口显示,默认 JDialog 对象不会显示出来。

3. 面板

面板(JPanel)是一种通用容器组件。容器组件是包含其他组件的特殊组件,可以在JPanel中放置按钮、文本框等非容器组件。JPanel的默认布局为FlowLayout。

JPanel类常用构造方法如表5-4所示。

表 5-4　JPanel 类常用构造方法

构造方法	作　用
JPanel()	创建一个JPanel对象
JPanel(LayoutManager layout)	创建JPanel对象时指定布局layout
void add(Component comp)	将组件添加到JPanel面板上
void setBackground(Color c)	设置JPanel的背景色
void setLayout(LayoutManager layout)	设置JPanel的布局管理器

【例 5-3】 在窗口中添加2个JPanel,分别设置不同的背景颜色。(源代码:JPanelDemo.java)

```
import java.awt.Color;
import javax.swing.JFrame;
import javax.swing.JPanel;
@SuppressWarnings("serial")
public class JPanelDemo extends JFrame{
    public JPanelDemo(String title){
        super(title);
    }
    public static void main(String args[]){
        JPanelDemo fr=new JPanelDemo("Two Panel 测试");
        JPanel pan1=new JPanel();
        JPanel pan2=new JPanel();
        fr.setLayout(null);
        fr.getContentPane().setBackground(Color.green);
        fr.setSize(250, 250);
        pan1.setLayout(null);
        pan1.setBackground(Color.red);
        pan1.setSize(150, 150);
        pan2.setBackground(Color.yellow);
        pan2.setSize(50, 50);
        pan1.add(pan2);
        fr.getContentPane().add(pan1);
        fr.setVisible(true);
    }
}
```

程序运行结果如图 5-5 所示。

程序分析如下。

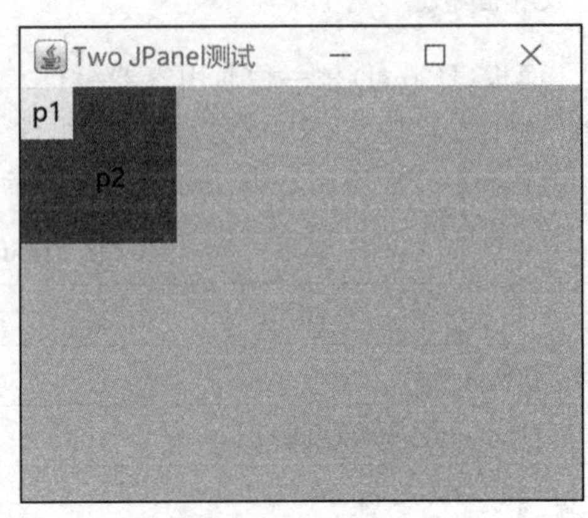

图 5-5　例 5-3 的程序运行结果

- 第 10 行用于声明一个 JFrame 窗口,并设置窗口标题。
- 第 11 行和第 12 行声明两个 JPanel 对象。
- 第 13 行是将窗口的布局设置为空。
- 第 14 行用于设置窗口的背景颜色为绿色。
- 第 15 行设置窗口的大小。
- 第 16 行将面板 1 的布局设置为空。
- 第 18 行和第 20 行分别设置面板 1 和面板 2 的大小。
- 第 21 行将面板 2 加入面板 1 中。
- 第 22 行则是将面板 1 加入窗体中。
- 第 23 行用于显示 JFrame 窗口,默认 JFrame 对象不会显示出来。

4. 滚动面板

当一个容器内放置了许多组件,而容器的显示区域不足以同时显示所有组件时,如果让容器带滚动条,通过移动滚动条的滑块,容器中其他位置上的组件就能看到。滚动面板(JScrollPane)就能实现这样的要求,JScrollPane 是带有滚动条的面板。JScrollPane 是 Container 类的子类,也是一种容器,但是只能添加一个组件。如果有多个组件需添加,首先应该把这些组件添加到一个 JPanel 中,然后把这个 JPanel 添加到 JScrollPane 中。在 Swing 中,像 JTextArea、JList、JTable 等组件都没有自带滚动条,都需要将它们放置于滚动面板,利用滚动面板的滚动条浏览组件中的内容。JScrollPane 类的构造方法和其他常用方法如表 5-5 所示。

表 5-5　JScrollPane 类的构造方法和其他常用方法

构造方法和其他常用方法	作　用
JScrollPane()	创建一个滚动面板,再用 setViewPortView(Component com)为滚动面板对象放置组件对象
JScrollPane(Component com)	创建一个指定了显示对象的滚动面板,之后再用 add( )方法将 JScrollPane 对象放置于窗口中
setHorizontalScrollBarPolicy (int policy)	设置水平滚动条,有 3 个值: JScrollPane.HORIZONTAL_SCROLLBAR_ALWAYS 表示水平滚动条总是可见;JScrollPane.HORIZONTAL_SCROLLBAR_AS_NEEDED 表示水平滚动条需要时才显示;JScrollPane.HORIZONTAL_SCROLLBAR_NEVEN 表示水平滚动条总是不可见

续表

构造方法和其他常用方法	作　用
setVerticalScrollBarPolicy (int policy)	设置垂直滚动条，有 3 个值：JScrollPane. VERTICAL_SCROLLBAR_ALWAYS 表示垂直滚动条总是可见；JScrollPane. VERTICAL _SCROLLBAR_ AS _ NEEDED 表示垂直滚动条需要时才显示；JScrollPane. VERTICAL _SCROLLBAR_NEVEN 表示垂直滚动条总是不可见

【例 5-4】 创建一个窗口和文本区域的组件，然后创建滚动面板，指定滚动显示的视图组件(textArea)，垂直滚动条一直显示，水平滚动条从不显示。

程序如下：(源代码：JScrollPaneDemo.java)

```
1. import javax.swing.*;
2. import java.awt.*;
3.
4. public class JScrollPaneDemo{
5.     public static void main(String[] args){
6.         JFrame jf=new JFrame("滚动条测试窗口");
7.         jf.setSize(250, 250);
8.         jf.setLocationRelativeTo(null);
9.         jf.setDefaultCloseOperation(WindowConstants.EXIT_ON_CLOSE);
10.         JTextArea textArea=new JTextArea();
11.         textArea.setLineWrap(true);
12.         textArea.setFont(new Font(null, Font.PLAIN, 18));
13.         JScrollPane scrollPane=new JScrollPane(textArea,
            ScrollPaneConstants.VERTICAL_SCROLLBAR_ALWAYS,
14.                 ScrollPaneConstants.HORIZONTAL_SCROLLBAR_NEVER);
15.         jf.setContentPane(scrollPane);
16.         jf.setVisible(true);
17.     }
18. }
```

程序运行结果如图 5-6 所示。

程序分析如下。

- 第 6 行用于声明一个 JFrame 窗口，并设置窗口标题。
- 第 7 行设置窗口的大小。
- 第 8 行将窗口置于屏幕的中央。
- 第 9 行设置单击“关闭”按钮时退出该程序。
- 第 10 行用于声明一个 JTextArea 文本区域。
- 第 11 行设置自动换行。
- 第 12 行设置字体。
- 第 14 行创建滚动面板，指定滚动显示的视图组件(textArea)，垂直滚动条一直显示，水平滚动条从不显示。

图 5-6　例 5-4 的程序运行结果

- 第 15 行是将滚动条加入窗体中。
- 第 16 行用于 JFrame 窗口显示，默认 JFrame 对象不会显示出来。

5.1.3　常用组件

1. 按钮类组件

在图形用户界面系统中，使用最广泛的组件就是按钮类组件。Swing 中的按钮类有按钮(JButton)、单选按钮(JRadioButton)和复选框(JCheckBox)。下面只介绍按钮的使用方法。

JButton 类的常用构造方法和其他常用方法如表 5-6 所示。

表 5-6　JButton 类的常用构造方法和其他常用方法

构造方法和其他常用方法	作　用
JButton()	创建不带有设置文本或图标的按钮
JButton(Icon icon)	创建一个带图标的按钮
JButton(String text)	创建一个带文本的按钮
JButton(String text,Icon icon)	创建一个带初始文本和图标的按钮
void setText(String text)	设置按钮所显示的文本
String getText()	获得按钮所显示的文本
setToolTipText(String s)	设置提示文字

【例 5-5】 使用 JFrame 组件创建一个窗口，然后创建 4 个不同类型的按钮，再分别添加到窗口上显示。

程序如下：(源代码：JButtonDemo.java)

```
import java.awt.Color;
import java.awt.Dimension;
import javax.swing.JButton;
import javax.swing.JFrame;
```

```
import javax.swing.JPanel;
import javax.swing.SwingConstants;

public class JButtonDemo{

    public static void main(String[] args){
        JFrame frame=new JFrame("Java 按钮组件示例");      //创建 Frame 窗口
        frame.setSize(400, 200);
        JPanel jp=new JPanel();                            //创建 JPanel 对象
        JButton btn1=new JButton("我是普通按钮");           //创建 JButton 对象
        JButton btn2=new JButton("我是带背景颜色按钮");
        JButton btn3=new JButton("我是不可用按钮");
        JButton btn4=new JButton("我是底部对齐按钮");
        jp.add(btn1);
        btn2.setBackground(Color.YELLOW);                  //设置按钮背景色
        jp.add(btn2);
        btn3.setEnabled(false);                            //设置按钮不可用
        jp.add(btn3);
        Dimension preferredSize=new Dimension(160, 60);         //设置尺寸
        btn4.setPreferredSize(preferredSize);              //设置按钮大小
        btn4.setVerticalAlignment(SwingConstants.BOTTOM);
                                                       //设置按钮垂直对齐方式
        jp.add(btn4);
        frame.add(jp);
        frame.setBounds(300, 200, 600, 300);
        frame.setVisible(true);
        frame.setDefaultCloseOperation(JFrame.EXIT_ON_CLOSE);
    }
}
```

程序运行结果如图 5-7 所示。

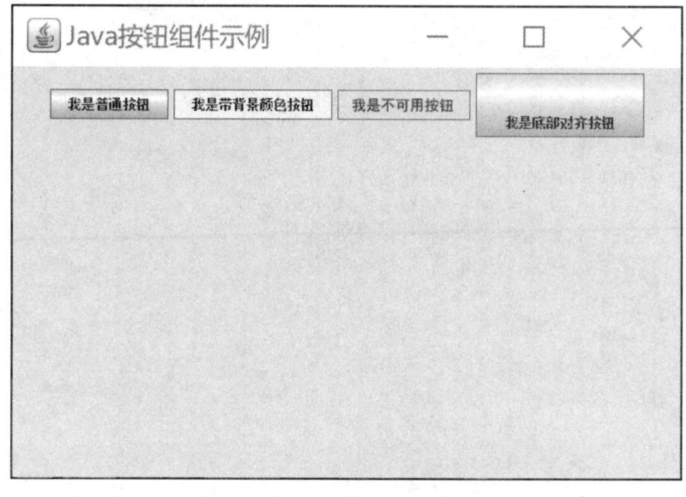

图 5-7　例 5-5 的程序运行结果

2. 标签类组件

标签(JLabel)是最简单的 Swing 组件。标签对象的作用是对位于其后的界面组件作声明。可以设置标签的属性,即其前景颜色、背景颜色和字体等,但不能动态地编辑标签中的文本。JLabel 类的构造方法和其他常用方法如表 5-7 所示。

表 5-7　JLabel 类的构造方法和其他常用方法

构造方法和其他常用方法	作　用
JLabel()	创建一个不显示文字的标签
JLabel(String s)	创建一个显示文字为 s 的标签
JLabel(String s,int align)	创建一个显示文字为 s 的标签,并设置其对齐方式。JLabel.LEFT、JLabel.CENTER、JLabel.RIGHT 三种对齐方式分别代表左对齐、居中对齐、右对齐
setText(String s)	设置标签的显示文字
getText()	获取标签的显示文字
setBackground(Color c)	设置标签的背景颜色,标签的默认背景颜色是容器的背景颜色
setForeground(Color c)	设置标签的前景颜色,默认颜色是黑色

【例 5-6】 在窗口中放置一个文本标签和一个命令按钮。

程序如下:(源代码:JlabelDemo.java)

```
import javax.swing.JButton;
import javax.swing.JFrame;
import javax.swing.JLabel;
import javax.swing.JPanel;
public class JlabelDemo extends JFrame{
    private JlabelDemo(){
        super("JLabel 示例");
    }
    public static void main(String[] args){
        JlabelDemo jf=new JlabelDemo();
        JPanel pan=new JPanel();
        JLabel lab1=new JLabel("文本标签");
        JButton btn=new JButton("按钮");
        pan.add(lab1);
        pan.add(btn);
        jf.add(pan);
        jf.setLocation(300, 300);
        jf.setSize(400, 350);
        jf.setResizable(false);
        jf.setVisible(true);
    }
}
```

程序运行结果如图 5-8 所示。

图 5-8　例 5-6 的程序运行结果

3. 文本类组件

文本组件是用来对文本进行编辑的组件。常用的文本类组件有 JTextField、JTextArea 和 JPasswordField。

1) JTextField 类

JTextField 类是一个轻量级组件，它允许编辑单行文本。JTextField 类具有建立字符串的方法，此字符串用作触发操作事件的命令字符串。JTextField 类常用的构造方法如表 5-8 所示。

表 5-8　JTextField 类常用的构造方法

构造方法	作　用
JTextField()	创建一个空的文本框
JTextField(String text)	创建一个初始文本 text 的文本框
JTextField(int columns)	创建一个具有指定列数的空文本框
JTextField(String text,int columns)	创建一个具有指定列数和初始化文本的文本框

使用下面的语句创建一个长度为 11 和初始内容为“Hello World!”的 JTextField 对象。

```
JTextField text=new JTextField("Hello World!",11);
```

JTextField 类的其他常用方法如表 5-9 所示。

表 5-9　JTextField 类的其他常用方法

其他常用方法	作　用
getText()	返回文本框中的输入文本值
getColumns()	返回文本框的列数
setText(string text)	设置文本框中的文本值
setEditable(Boolean b)	设置文本框是否为只读状态
setColumns(int columns)	设置文本框中的列数，然后验证布局
setFont(Font f)	设置当前字体
setHorizontalAligment(int aligment)	设置文本的对齐方式，具体有 JTextField.LEFT、JTextField.CENTER、JTextField.RIGHT

2）JTextArea 类

与 JTextField 类不同,JTextArea 类是一个显示纯文本的多行区域,它的构造方法如表 5-10 所示,它的其他常用方法如表 5-11 所示。

表 5-10　JTextArea 类的构造方法

构造方法	作　用
JTextArea()	创建一个空的文本区域
JTextArea(String text)	创建一个初始文本 text 的文本区域
JTextArea(int columns)	创建一个具有指定列数的空文本区域
JTextArea(String text,int columns)	创建一个具有指定列数和初始化文本的文本区域
JTextArea(int rows,int columns)	创建一个 rows 行、columns 列的文本区域

表 5-11　JTextArea 类的其他常用方法

其他常用方法	作　用
void append(String str)	将指定文本追加到文档末尾
int getColumns()	返回 TextArea 中的列数
Int getRows()	返回文本区域中的行数
Void insert(String str,int pos)	将指定文本插入指定位置
setColumns(int columns)	设置此文本区域中的列数
setFont(Font f)	设置当前字体
setRows(int rows)	设置此文本区域的行数
setLineWrap(Boolean b)	设置自动换行,默认情况,不自动换行

以下代码创建一个文本区,并设置能自动换行。

```
JTextArea textA=new JTextArea("我是一个文本区",10,10);
TextA.setLineWrap(true);
```

当文本区中的内容较多,不能在文本区中全部展示时,可给文本区配上滚动条。给文本区设置滚动条可用以下代码方便地实现:

```
JTextArea ta=new JTextArea();
JScrollPane jsp=new JScrollPane(ta);        //给文本区添加滚动条
```

3）JPasswordField 类

JPasswordField 类继承自 JTextField 类,用于设置密码。它的构造方法和 JTextField 类的构造方法相同。JPasswordField 类的常用方法如表 5-12 所示。

表 5-12 JPasswordField 类的常用方法

常 用 方 法	作 用
getEchochar()	返回用于回显式的字符
getPassword()	返回密码框中所包含的文本
setEchoChar(char c)	设置密码框中的回显字符

【例 5-7】 实现在线考试系统的登录界面。

程序如下：(源代码：Login_GUI.java)

```
import java.awt.Font;
import javax.swing.JButton;
import javax.swing.JFrame;
import javax.swing.JLabel;
import javax.swing.JPanel;
import javax.swing.JPasswordField;
import javax.swing.JTextField;

public class Login_GUI{
    public static void main(String[] args){
        new LoginFrame();
    }
}

@SuppressWarnings("serial")
class LoginFrame extends JFrame{
    private JPanel pan;
    private JLabel namelabel, pwdlabel, titlelabel;
    private JTextField namefield;
    private JPasswordField pwdfield;
    private JButton loginbtn, registerbtn, cancelbtn;

    public LoginFrame(){
        pan=new JPanel();
        titlelabel=new JLabel("欢迎使用考试系统");
        titlelabel.setFont(new Font("隶书", Font.BOLD, 24));
        namelabel=new JLabel("用户名:");
        pwdlabel=new JLabel("密  码:");
        namefield=new JTextField(16);
        pwdfield=new JPasswordField(16);
        pwdfield.setEchoChar('*');
        loginbtn=new JButton("登录");
        registerbtn=new JButton("注册");
        cancelbtn=new JButton("取消");
        pan.add(titlelabel);
        pan.add(namelabel);
        pan.add(namefield);
        pan.add(pwdlabel);
```

```
        pan.add(pwdfield);
        pan.add(loginbtn);
        pan.add(registerbtn);
        pan.add(cancelbtn);
        this.add(pan);
        this.setTitle("用户登录");
        this.setSize(300, 200);
        this.setLocationRelativeTo(null);     //设置窗体居中显示
        this.setVisible(true);
    }
}
```

程序运行结果如图 5-9 所示。

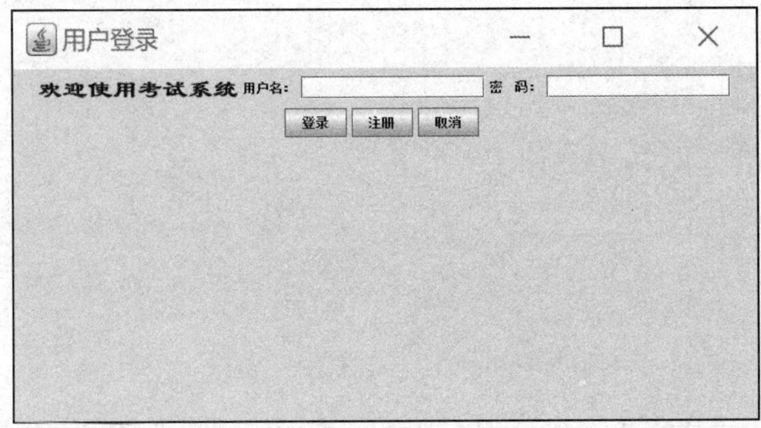

图 5-9　例 5-7 的程序运行结果

此实例中发现窗口中的控件均是按从左向右顺序排列摆放，主要原因是面板的默认布局导致的，那么对于 Java 中的界面设计有几种布局管理方式呢？后面将予以介绍。

知识扩展

Font 类和 Color 类。

1. Font 类

Font 类定义字体的相关信息。其构造方法如下：

```
Font(String name,int style,int size)
```

根据字体名 name、字形 style 和字体大小 size 创建对象。

Font 类提供了一套基本字体和字体类型。因为 Java 不受操作平台的约束，所以一些不常用字体会被转化成本地平台支持的字体。字体是一个字符集。字体通过指定其逻辑字体名、字形和字体大小来实例化。

Font 类用下面的常数来指定字形。

(1) Font.BOLD 表示粗体。

(2) Font.ITALIC 表示斜体。

(3) Font.PLAIN 表示原样显示且不加修饰体。

(4) Font.BOLD+Font.ITALIC 表示粗体加斜体。

2. Color 类

Color 类定义有关颜色的常量和方法。其构造方法说明如下。

(1) 使用指定的组合 RGB 创建 Color 对象。

```
Color(int rgb)
```

RGB 值共 24 位,其中 0～7 位代表颜色,8～15 位代表绿色,16～23 位代表红色。如当红色分量 R 为 0,绿色分量 G 为 255,蓝色分量 B 为 255 时,可以用十六进制 0x00FFFF 表示青蓝 cyan 的 RGB 值。

(2) 使用在 0～255 范围内的整数,指定红、绿和蓝三种颜色的比例来创建 Color 对象。

```
Color(int r,int g,int b)
```

(3) 使用在 0.0～1.0 范围内的浮点数,指定红、绿和蓝三种颜色的比例来创建 Color 对象。

```
Color(float r,float g,float b)
```

无论使用哪种构造方法创建 Color 对象,都需要指定新建颜色中的 R、G、B 三色的比例。Java 提供的 3 个构造方法用不同的方式确定 RGB 的比例。

Color 类的数据成员常量如表 5-13 所示。

表 5-13　Color 类的数据成员常量

颜色数据成员常量	颜色	RGB 值
public final static Color red	红	255,0,0
public final static Color green	绿	0,255,0
public final static Color blue	蓝	0,0,255
public final static Color black	黑	0,0,0
public final static Color white	白	255,255,255
public final static Color yellow	黄	255,255,0
public final static Color orange	橙	255,200,0
public final static Color cyan	青蓝	0,255,255
public final static Color magenta	洋红	255,0,255
public final static Color pink	淡红	255,175,175
public final static Color gray	灰	128,128,128

5.1.4 布局管理器

布局管理器是 Java 中用来控制组件排列位置的一种界面管理 API。Java.awt 中定义了多种布局类，每种布局类对应一种布局的策略。常用的布局管理器有 FlowLayout、BorderLayout、GridLayout、CardLayout 以及 null 布局和 setBounds()方法。

1. 流式布局 FlowLayout 类

流式布局是将其中的组件按照加入的先后顺序从左到右排列，一行排满之后转到下一行继续从左到右排列，每一行中的组件都居中排列。这是一种最简单的布局策略。JPanel 默认布局为 FlowLayout 类。FlowLayout 类的构造方法如表 5-14 所示。FlowLayout 类的其他常用方法如表 5-15 所示。

表 5-14 FlowLayout 类的构造方法

构造方法	作用
FlowLayout()	构造一个默认的 FlowLayout。默认情况下组件居中，间隙为 5pix
FlowLayout(int align)	设定每一行组件的对齐方式，有 3 个取值为 FlowLayout.LEFT、FlowLayout.RIGHT、FlowLayout.CENTER
FlowLayout(int align, int hgap, int vgap)	设定对齐方式，并设定组件的水平间距 hgap 和垂直间距 vgap

表 5-15 FlowLayout 类的其他常用方法

其他常用方法	作用
void setHgap(int hgap)	设置组件的水平方向间距
void setVgap(int vgap)	设置组件的垂直方向间距
void setAlignment(int align)	设置组件的对齐方式

用超类 Container 的 setLayout()方法为容器设定布局。例如，代码 setLayout(new FlowLayout())为容器设定 FlowLayout 布局，将组件加入容器的方法是 add(组件名)。

【例 5-8】 流式布局实例。

程序如下：(源代码：FlowLayoutDemo.java)

```
import java.awt.FlowLayout;
import java.awt.Font;
import javax.swing.JButton;
import javax.swing.JFrame;

@SuppressWarnings("serial")
public class FlowLayoutDemo extends JFrame{
    public FlowLayoutDemo(){
        setLayout(new FlowLayout());
```

```
        setFont(new Font("Helvetica", Font.PLAIN, 14));
        getContentPane().add(new JButton("1"));
        getContentPane().add(new JButton("2"));
        getContentPane().add(new JButton("3"));
        getContentPane().add(new JButton("4"));
        getContentPane().add(new JButton("5"));
        getContentPane().add(new JButton("6"));
        getContentPane().add(new JButton("7"));
        getContentPane().add(new JButton("8"));
        getContentPane().add(new JButton("9"));
    }

    public static void main(String[] args){
        FlowLayoutDemo jf=new FlowLayoutDemo();
        jf.setTitle("流式布局实例");
        jf.setSize(180, 180);
        jf.setVisible(true);
    }
}
```

程序运行结果如图 5-10 所示。

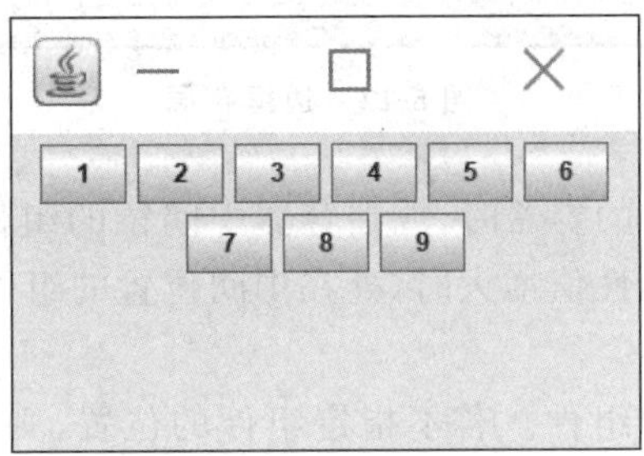

图 5-10　例 5-8 的程序运行结果

当拖动窗口边框改变大小时，窗口中的组件位置也随之发生改变，效果如图 5-11 所示。

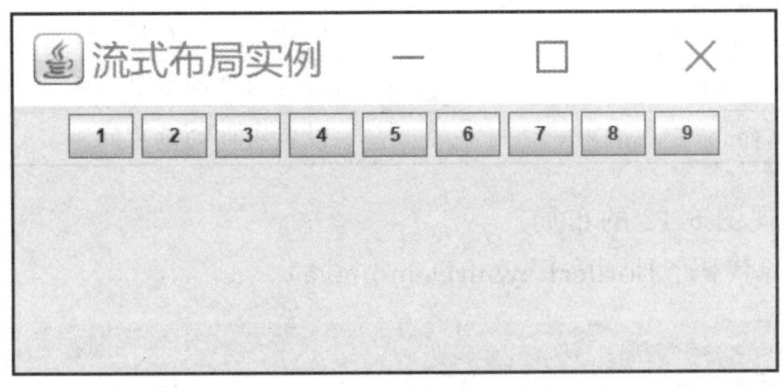

图 5-11　流式布局

2. 边框布局 BorderLayout 类

边框布局将界面分为上、下、左、右及中间共 5 个区域，对应的位置常量分别为 BorderLayout. NORTH、BorderLayout. SOUTH、BorderLayout. EAST、BorderLayout. WEST、BorderLayout.CENTER。每添加一个组件就要指定组件的摆放位置，在上、下、左、右 4 个方向的组件将贴边放置。如果不指定摆放位置，则默认摆放在中间。JFrame 默认使用边框布局，如图 5-12 所示。

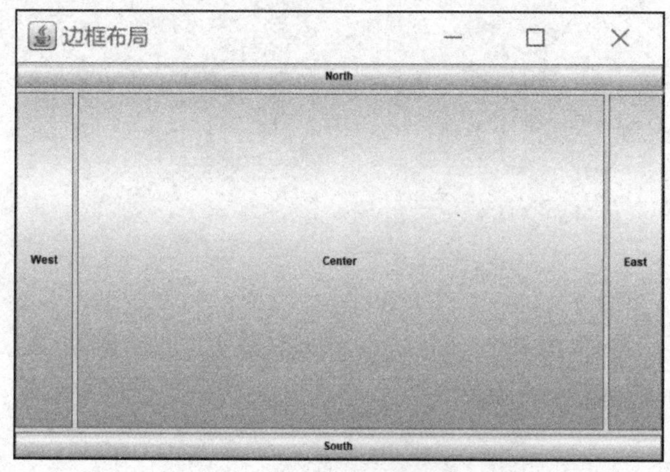

图 5-12　边框布局

当使用边框布局管理器的容器时，放在容器中间位的组件会随着容器 size 属性值的变化而变化。当容器 size 属性值增大时，处在中间位置的组件就不断挤压上、下、左、右 4 个方向的组件。

边框布局只能容纳 5 个组件。若不指定组件的位置，则组件将重叠放在中间位置。BorderLayout 类的构造方法和其他常用方法如表 5-16 所示。

表 5-16　BorderLayout 类的构造方法和其他常用方法

构造方法和其他常用方法	作　用
BorderLayout()	构造一个组件间距为 0 的边框布局
BorderLayout(int hgap,int vgap)	构造一个具有指定组件间距的边框布局
setHgap(int hgap)	设置组件的水平间距
setVgap(int vgap)	设置组件的垂直间距

【例 5-9】 实现图 5-12 的布局。

程序如下：(源代码：BorderLayoutDemo.java)

```
import javax.swing.*;
import java.awt.*;

@SuppressWarnings("serial")
```

```
public class BorderLayoutDemo extends JFrame{
    public BorderLayoutDemo(){
        this.setLayout(new BorderLayout(5, 5));
        this.add(new JButton("North"), BorderLayout.NORTH);
        this.add(new JButton("South"), BorderLayout.SOUTH);
        this.add(new JButton("East"), BorderLayout.EAST);
        this.add(new JButton("West"), BorderLayout.WEST);
        this.add(new JButton("Center"), BorderLayout.CENTER);
    }

    public static void main(String args[]){
        BorderLayoutDemo frm=new BorderLayoutDemo();
        frm.setTitle("BorderLayout 边框布局");
        frm.setSize(400, 300);
        frm.setVisible(true);
    }
}
```

3. 网格布局 GridLayout 类

网格布局是把容器划分成若干行和列的网格，网格的大小相等，行数和列数由程序控制，组件放在网格的小格子中，要求组件的大小应相同。GridLayout 类的构造方法如表 5-17 所示。

表 5-17　GridLayout 类的构造方法

构 造 方 法	作　　用
GridLayout()	创建具有默认值的网格布局，每个组件占据一行一列
GridLayout(int row, int col)	创建具有指定行数和列数的网格布局
GridLayout(int row, int col, int hgap, int vgap)	创建具有指定行数和列数的网格布局，并指定其水平间距和垂直间距

GridLayout 布局以行为基准，当放置的组件个数超额时，自动增加列；反之，组件太少也会自动减少列，组件按行优先顺序排列。GridLayout 布局的每个网格都必须填入组件，如果希望某个网格为空白，可以用一个空白标签顶替。

【例 5-10】　网格布局实例。

程序如下：（源代码：GridLayoutDemo.java）

```
import javax.swing.*;
import java.awt.*;

public class GridLayoutDemo extends JFrame{
    JButton b1, b2;
    JPanel pan;

    public GridLayoutDemo(){
```

```
        b1=new JButton("Button 6");
        b2=new JButton("Button 7");
        pan=new JPanel();
        pan.add(b1);
        pan.add(b2);
        setLayout(new GridLayout(3, 2));
        this.add(new JButton("Button 1"));
        this.add(new JButton("Button 2"));
        this.add(new JButton("Button 3"));
        this.add(new JButton("Button 4"));
        this.add(new JButton("Button 5"));
        this.add(pan);
    }

    public static void main(String args[]){
        GridLayoutDemo frm=new GridLayoutDemo();
        frm.setTitle("网格布局");
        frm.pack();
        frm.setVisible(true);
    }
}
```

程序运行结果如图 5-13 所示。

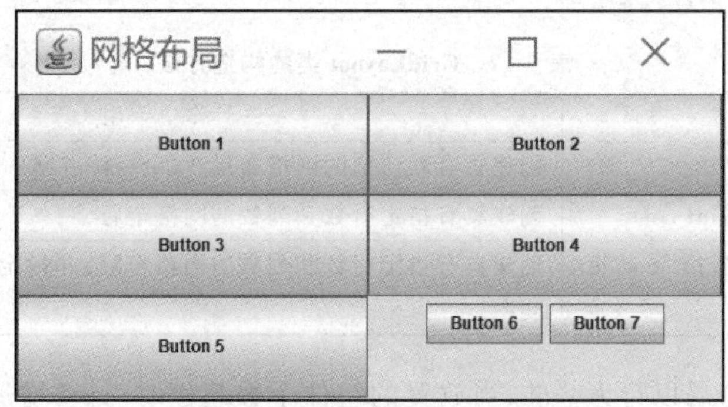

图 5-13　例 5-10 的程序运行结果

例 5-10 中的 pack()方法是设置 frame 窗口的大小为能够容纳所有组件的最小尺寸。Button 6 和 Button 7 组件加入面板上后，再加入窗口中，通过这种方式能够实现复杂界面的布局。

4. 卡片布局 CardLayout 类

CardLayout 对象是容器的布局管理器，它将容器中的每个组件看作一张卡片。一次只能看到一张卡片，这个组件将占据容器的全部空间。当容器第一次显示时，第一个添加到 CardLayout 对象的组件为可见组件。卡片的顺序由组件对象本身在容器内部的顺序决定。CardLayout 类的构造方法和其他常用方法如表 5-18 所示。

表 5-18　CardLayout 类的构造方法和其他常用方法

构造方法和其他常用方法	作　用
CardLayout()	构造一个卡片布局，左、右边界和上、下边界均为 0 个像素
CardLayout(int hgap,int vgap)	构造一个卡片布局、左、右边界为 hgap，上、下边界为 vgap
void first(Container parent)	显示容器的第一张卡片
void next(Container parent)	显示容器的下一张卡片
void previous(Container parent)	显示容器的前一张卡片
void last(Container parent)	显示容器的最后一张卡片
void show(Container parent,String name)	指定卡片

【例 5-11】 使用卡片布局策略实现在单击不同的命令按钮时显示不同的组件(此例不需实现事件监听处理)。

程序如下：(源代码：CardLayoutDemo.java)

```
import java.awt.CardLayout;
import java.awt.GridLayout;

import javax.swing.JButton;
import javax.swing.JFrame;
import javax.swing.JLabel;
import javax.swing.JPanel;
import javax.swing.JTextField;
public class CardLayoutDemo{
    static JFrame frm=new JFrame("卡片式布局");
    static JPanel pan1=new JPanel();    //创建面板对象
    static JPanel pan2=new JPanel();
    public static void main(String[] args)
    {
        frm.setLayout(null);              //取消窗口的页面设置
        pan2.setLayout(new GridLayout(1,4));
                                 //将面板对象 pan2 设置为 1 行 4 列的网格式布局
        CardLayout crd=new CardLayout(5,10);      //创建卡片式布局对象 crd
        pan1.setLayout(crd);               //将面板 pan1 设置为卡片式布局方式
        frm.setSize(750,300);
        frm.setResizable(false);
        pan1.setBounds(10,10,720,200);
        pan2.setBounds(10,220,720, 25);
        frm.add(pan1);     //将面板添加到窗口里
        frm.add(pan2);
        JLabel lab1=new JLabel("我是第一页", JLabel.CENTER);
        JLabel lab2=new JLabel("我是第二页", JLabel.CENTER);
        JTextField tex=new JTextField("卡片式布局策略 CardLayout",18);
        pan1.add(lab1, "c1");   //将标签组件 lab1 命名为 c1 后加入面板 pan1 中
        pan1.add(lab2, "c2");
        pan1.add(tex, "t1");   //将文本框组件 tex 命名为 t1 后加入面板 pan1 中
```

```
        crd.show(pan1, "t1");       //将 pan1 中的 tex 组件显示在容器 pan1 中
        pan2.add(new JButton("第一页"));
        pan2.add(new JButton("上一页"));
        pan2.add(new JButton("下一页"));
        pan2.add(new JButton("最后页"));
        frm.setDefaultCloseOperation(JFrame.EXIT_ON_CLOSE);
        frm.setVisible(true);
    }
}
```

程序运行结果如图 5-14 所示。

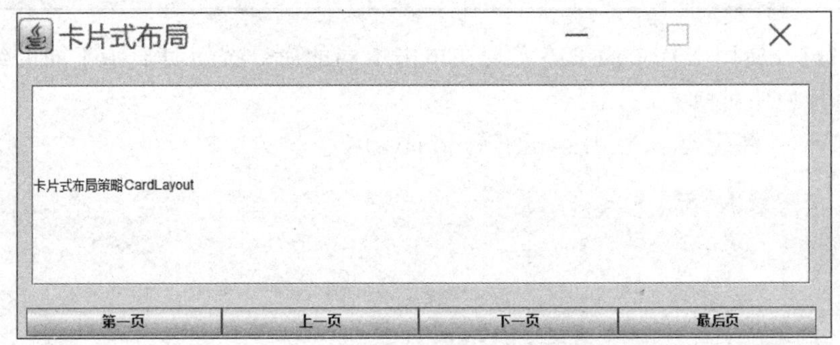

图 5-14　例 5-11 的程序运行结果

在例 5-11 中,利用 add(组件,组件代号)方法将组件加入面板中,显示某个卡片上的组件时,调用 show()方法。crd.show(pan1,"t1")表示显示容器 pan1 的组件代号为 t1 的组件。若想显示"我是第一页",只需改为 crd.show(pan1,"c1")。整个窗口通过 setBounds()方法排列面板 pan1 和面板 pan2。此实例中未用到 first、next、previous 和 last 方法,这 4 个方法一般用于事件监听处理中。

5. null 布局和 setBounds()方法

空布局是将一个容器的布局设置为 null 布局,空布局采用 setBounds()方法设置组件本身的大小和在容器中的位置:

```
setBounds(int x,int y,int width,int height)
```

组件所在区域是一个矩形,参数 x 和 y 是组件的左上角在容器中的位置坐标;参数 width 和 height 是组件的宽和高。

5.2　项目分析与设计

用户登录界面设计整个考试系统的入口,它需要用户进行必要的身份验证,因此包含了最基本的要素——提供用户名和密码输入的编辑区域,引导用户进入相应功能模块的

“登录”“注册”“取消”按钮，如图 5-15 所示。本项目我们将通过学习 AWT 和 Swing 中的组件类和容器类，构建一个用户登录界面，以及创建界面上的相关组件。

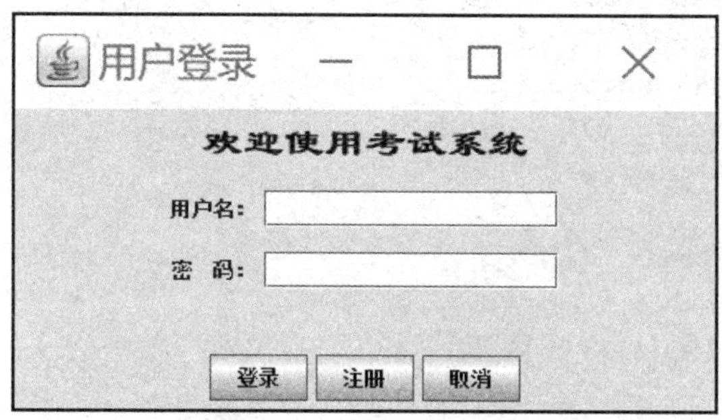

图 5-15　用户登录界面

5.3　项 目 实 施

任务 5-1　设计计算器

设计计算器界面如图 5-16 所示。

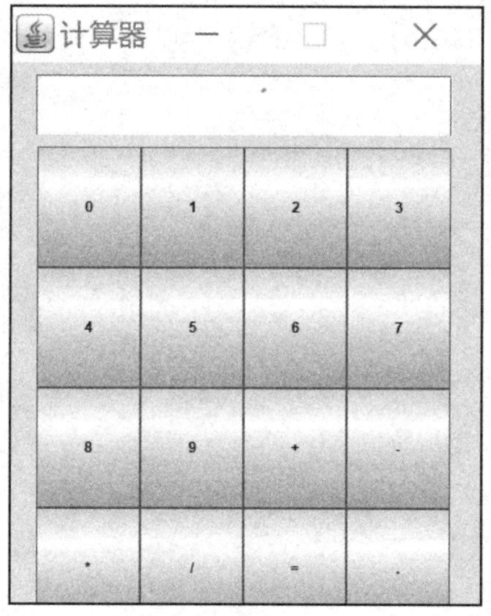

图 5-16　计算器界面

任务 5-2　设计登录页面

登录界面相关代码如下：(源代码：Login_GUI_Finally.java)

```
import java.awt.BorderLayout;
import java.awt.Font;
import javax.swing.JButton;
import javax.swing.JFrame;
import javax.swing.JLabel;
import javax.swing.JPanel;
import javax.swing.JPasswordField;
import javax.swing.JTextField;
public class Login_GUI_Finally{
    public static void main(String[] args){
        new Login_panel("用户登录");
    }
}
class Login_panel extends JFrame{
    private JLabel namelabel,pwdlabel,titlelabel;
    private JTextField namefield;
    private JPasswordField pwdfield;
    private JButton loginbtn,registerbtn,cancelbtn;
    private JPanel panel1,panel2,panel3,panel21,panel22;
    public Login_panel(String title){
      this.setTitle(title);
      titlelabel=new JLabel("欢迎使用考试系统");
      titlelabel.setFont(new Font("隶书",Font.BOLD,24));
      namelabel=new JLabel("用户名:");
      pwdlabel=new JLabel("密  码:");
      namefield=new JTextField(16);
      pwdfield=new JPasswordField(16);
      pwdfield.setEchoChar('*');
      loginbtn=new JButton("登录");
      registerbtn=new JButton("注册");
      cancelbtn=new JButton("取消");
      panel1=new JPanel();
      panel2=new JPanel();
      panel3=new JPanel();
      panel21=new JPanel();
      panel22=new JPanel();
      //添加组件,采用边框布局
      BorderLayout bl=new BorderLayout();
      setLayout(bl);
      panel1.add(titlelabel);
      panel21.add(namelabel);
      panel21.add(namefield);
      panel22.add(pwdlabel);
      panel22.add(pwdfield);
      panel2.add(panel21,BorderLayout.NORTH);
      panel2.add(panel22,BorderLayout.SOUTH);
      panel3.add(loginbtn);
      panel3.add(registerbtn);
```

```
        panel3.add(cancelbtn);
        add(panel1,BorderLayout.NORTH);
        add(panel2,BorderLayout.CENTER);
        add(panel3,BorderLayout.SOUTH);
        this.setBounds(400,200,300, 200);
        this.setVisible(true);
    }
}
```

拓展阅读　科技赋能　活力无限——“智能亚运”

杭州亚运会，不仅是一场体育的狂欢，更是一次科技的饕餮盛宴。正如诗中所言：“江山代有才人出，各领风骚数百年。”而今日之华夏，才子佳人不仅领风骚于文坛，更在科技领域大放异彩。

踏入奥体中心运营大厅，一块名为“大小莲花”的数智管理舱超级大屏赫然在目。它借助“数字孪生”技术，将整个奥体园区的虚拟模型呈现于屏上，真可谓“屏中天地宽，数智掌中间。”

杭州奥体中心游泳馆的水循环系统，恰似那“清泉石上流”的景致，默默守护着池水的清澈；温州体育中心体育场的草坪下，传感器如同“天眼”，恰如“天网恢恢，疏而不漏”，以科技守护绿色；绍兴柯桥羊山攀岩中心场馆的三维可视化管理，使得“一览众山小”成为可能，科技之力，让人叹为观止。

云计算的魔力让赛事成绩发布系统得以高效运转，亚运核心系统 100%“上云”，这真是“白云千载空悠悠，赛事数据云上留”。画面传输更快、更丰富，仿佛“千里眼，顺风耳”，让我们置身于赛事的现场。

借助元宇宙的奇幻之旅，“亚运元宇宙”平台应运而生。真可谓“梦里不知身是客，一晌贪欢在元宇”。观众在虚拟与现实之间自由穿梭，获取亚运知识，感受城市的魅力。

再看那自动驾驶巴士，它如同“长风破浪会有时，直挂云帆济沧海”的航船，在科技的海洋中勇往直前；无人叉车、无人扫地机等设备，则像那“千磨万击还坚劲，任尔东西南北风”的竹石，坚韧不拔地保障着亚运的顺利进行。

智能服务机器人如同“身无彩凤双飞翼，心有灵犀一点通”的知音，为游客提供贴心的服务；钱塘江边的长椅，则“随风潜入夜，润物细无声”地为游客提供便利，手机电量随时“满血复活”。

“大鹏一日同风起，扶摇直上九万里。”科技的力量正如那扶摇直上的大鹏，带着我们飞向更加美好的未来。杭州亚运会，不仅展现了体育的激情与魅力，更让我们见证了科技的无限可能与希望。

自 测 题

1. 请说明 BorderLayout 和 GridLayout 里面的元素分别是如何布局的。

2. 写出下列程序完成的功能。

```
import java.awt.FlowLayout;

import javax.swing.JButton;
import javax.swing.JFrame;

public class Test{
    public static void main(String args[]){
        new FrameOut();
    }
}

class FrameOut extends JFrame{
    JButton btn;

    @SuppressWarnings("deprecation")
    FrameOut(){
        super("按钮");
        btn=new JButton("按下我");
        setLayout(new FlowLayout());
        add(btn);
        setSize(300, 200);
        show();
    }
}
```

3. 定义公司的职员信息类。

成员变量包括 ID(身份证)、name(姓名)、sex(性别)、birthday(生日)、home(籍贯)、address(居住地)和 number(职员号)。

设计一个录入或显示职工信息的程序界面(FlowLayout 布局),如图 5-17 所示。

图 5-17 FlowLayout 布局的效果图

项目 6　处理课程考试系统中的用户登录事件

学习目标

本项目主要学习 Java 编程中图形界面编程的事件处理，包括事件处理机制的原理、动作事件、键盘事件、鼠标事件、窗体事件等。学习要点如下：

- 掌握事件处理机制的原理。
- 掌握动作事件、键盘事件、鼠标事件、窗体事件的监听处理。
- 遵循编码开发的基本原则，培养认真严谨的工作态度和一丝不苟的工作作风。

6.1　相关知识

当用户在 Swing 图形界面上进行一些操作时，例如单击按钮、移动鼠标、输入文字等，将会引发相关事件(event)的发生。在 Java 语言中，事件是以具体的对象来表示的，用户的相关操作会由 JVM 建立相对应的事件，用以描述事件来源、发生了什么事以及相关的消息，通过捕获对应的事件进行对应的操作来完成程序的功能。

6.1.1　Java 事件处理机制

在 Java 事件处理程序中，事件源对象、事件处理者对象都是单独存在的。当事件源被触发了事件后，本身并不做出响应，而是将处理这次事件的权限交给事件处理者，当然这两者要存在注册关系。

如果要理解 Java 的事件处理机制，需要掌握几个概念：事件源、事件和监听器(事件处理者)。

事件源(event source)：GUI 组件，是一个可以生成事件的对象，如按钮、文本框、单选、复选框等。一个事件源可能会生成不同类型的事件，如文本框事件源可以产生内容改变事件和按 Enter 键事件。事件源提供了一组方法，用于为事件注册一个或多个监听器。每种事件的类型都有其自己的注册方法。一般形式如下：

```
public void add<EventType>Listener(TypeListener e)
```

事件：承载事件源状态改变时的信息对象。也可以说事件是事件源向事件监听器传输事件源状态信息的载体。在用户与 GUI 组件进行交互时就会生成事件，如移动光标，改变窗口大小，按下键盘上的键等。在 java.awt.event 和 javax.swing.event 包中定义了各种事件的类型。

监听器(listener)：负责监听事件源所发生的事件，并对各种事件做出响应处理。

事件源、事件对象、监听器在整个事件处理过程中都起着非常重要的作用，它们彼此有着非常紧密的联系。接下来用一个图例来描述事件处理的工作流程，如图 6-1 所示。

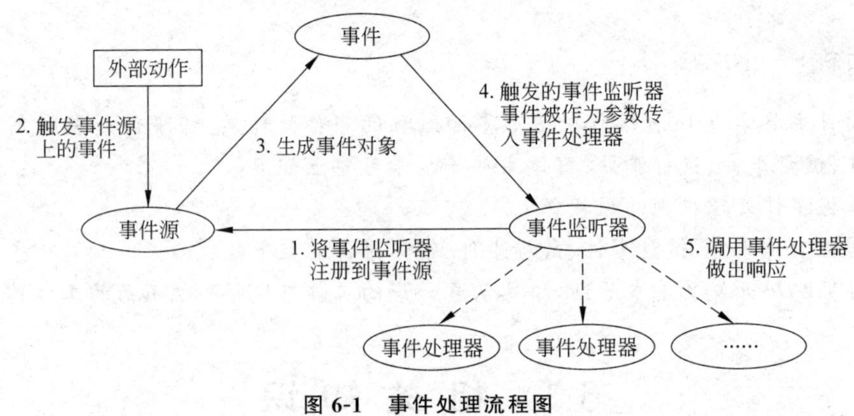

图 6-1 事件处理流程图

在图 6-1 中，事件源是一个组件，当用户进行一些操作时，如按下鼠标或者释放键盘等，都会触发相应的事件。如果事件源注册了监听器，则触发的相应事件将会被处理。

Java 对事件的处理采用授权事件模型，也称为委托事件模型。在这个模型下，每个组件都有相应的事件，如按钮具有单击事件，文本域具有内容改变事件等。当某个组件的事件被触发后，组件就会将事件发送给组件注册的事件监听器，事件监听器中定义了与不同事件相对应的事件处理者，此时事件监听器会根据不同的事件信息调用不同的事件处理者，完成对这次事件的处理，只有向组件注册的事件监听器才会收到事件信息。例如，单击了一个按钮，此时就是一个事件源对象，按钮本身没有权利对这次单击做出反应，它做的就是将信息发送给本身注册的监听器(事件处理者)来处理。

事件发生后，组件本身并不处理，需要交给监听器(另外一个类)来处理。实际上监听器也可以称为事件处理者。监听器对象属于一个类的实例，这个类实现了一个特殊的接口，名为“监听器接口”。监听器这个对象会自动调用一个方法来处理事件。这些方法都集中定义在事件监听器接口中。实现了事件监听器接口中的一些或全部方法的类就是事件监听器。表 6-1 列举了主要的事件源和事件及相应的接口及其方法。

表 6-1 常用事件、监听器接口及其方法

事件名	组件名	描 述	监听器接口名	方 法
ActionEvent	Button TextField List MenuItem	激活组件，如单击按钮	ActionListener	actionPerformed(ActionEvent)
KeyEvent	Component	键盘输入	KeyListener	keyPressed(KeyEvent e) keyReleased(KeyEvent e)
FocusEvent	Component	组件收到或失去焦点	FocusListener	focusGained(FocusEvent e) focusLost(FocusEvent e)
MouseEvent	Component	鼠标事件	MouseListener	mousePressed(MouseEvent e) mouseReleased(MouseEvent e) mouseEntered(MouseEvent e) mouseExited(MouseEvent e) mouseClicked(MouseEvent e)
			MouseMotionListener	mouseDragged(MouseEvent) mouseMoved(MouseEvent)
WindowEvent	Window	窗口级事件	WindowListener	windowClosing(WindowEvent e) windowOpened(WindowEvent e) windowIconified(WindowEvent e) windowDeiconified(WindowEvent e) windowClosed(WindowEvent e) windowActivated(WindowEvent e) windowDeactivated(WindowEvent e)

6.1.2 动作事件

动作事件(action event)的监听器接口 ActionListener 中只包含一个方法，语法格式如下：

```
public void actionPerform(ActionEvent e)
```

重写该方法以便对 ActionEvent 事件进行处理。当 ActionEvent 事件发生时该方法被自动调用。形式参数 e 引用传递过来的动作事件对象。

Java 图形用户界面中处理事件时必需的步骤如下。

(1) 确定接受响应的组件并创建它。

(2) 实现相关事件监听接口。

(3) 注册事件源的动作监听器。

(4) 事件触发时要进行的相关处理。

【例 6-1】 下面创建一个按钮单击事件实例演示动作事件。

程序如下：(源代码：ButtonListenerDemo.java)

```
import java.awt.*;
import java.awt.event.*;
import javax.swing.*;

@SuppressWarnings("serial")
class ButtonListenerDemo extends JFrame{
  private JButton ok, cancel,exit;
  public ButtonListenerDemo(String title){
    super(title);
     this.setLayout(new FlowLayout());
     ok=new JButton("确定");
     cancel=new JButton("返回");
     exit=new JButton("退出");
     ok.addActionListener(new MyListener());
     cancel.addActionListener(new MyListener());
     exit.addActionListener(new MyListener());
     this.add(ok);
     this.add(cancel);
     this.add(exit);
     this.setSize(250,100);
     this.setVisible(true);
  }
  public static void main(String args[]){
    new ButtonListenerDemo("按钮单击事件");
  }
}
class MyListener implements ActionListener{
  public void actionPerformed(ActionEvent e){
      if(e.getActionCommand()=="确定")
          System.out.println("确定");
      if(e.getActionCommand()=="返回")
          System.out.println("返回");
        if(e.getActionCommand()=="退出")
          ystem.exit(0);;
  }
}
```

程序运行结果如图 6-2 所示。

在上述窗口中,单击“确定”按钮,就会触发按钮的单击事件,事件的执行结果是在控制台输出“确定”;单击“返回”按钮,同样触发按钮的单击事件,事件的执行结果是在控制台输出“返回”;单击“退出”按钮时,退出窗口显示,程序现象如图 6-3 所示。

在这个实例中,按钮是一个事件源,MyListener 类是一个监听器,即事件处理者。MyListener 类需要继承按钮事件 ActionEvent 的 ActionListener 监听器接口。当该类获得按钮发送的事件信息后,就执行该类中相应的方法。

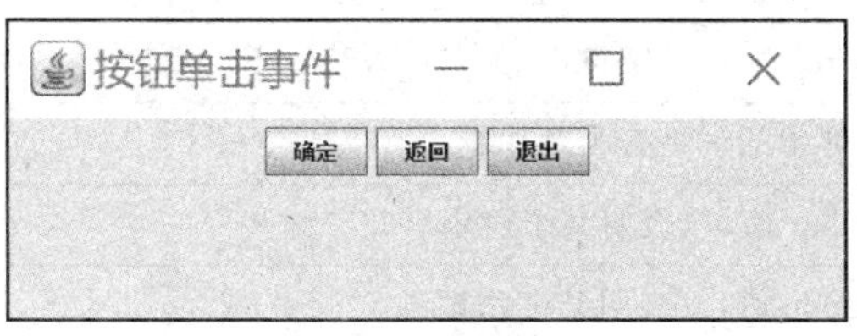

图 6-2　例 6-1 的程序运行结果

图 6-3　例 6-1 的程序现象

按钮是一个独立的对象，是一个事件源；监听器是一个独立的对象，是事件处理者，二者如果要完成按钮发送信息、监听器接收信息后执行的操作，则两者必须要有一个注册关系，即授权关系。就是当按钮被触发后，可以授权监听器完全处理，处理完毕后只要将结果返回即可。也就是说，有了事件监听器和事件类型后，还需要将该监听器对象注册给相应的组件对象。本例中的代码"ok.addActionListener(new MyListener());"实现了对按钮的事件注册，其中的"new MyListener()"是监听器的实例化对象。ActionEvent 类还有两个常用方法，如表 6-2 所示。

表 6-2　ActionEvent 类的常用方法

常用方法	作　　用
public String getActionCommand()	获取触发动作事件的事件源的命令字符
public Object getSource()	获取发生 ActionEvent 事件的事件源对象的引用

6.1.3　键盘事件

当按下、释放或敲击键盘上某一个键时就发生了键盘事件(key event)。在 Java 的事件模式中，必须要有产生事件的事件源。当一个组件处理激活状态时，按下键盘上的一个键就在这个组件上发生了键盘事件。大部分的 Swing 组件都可以触发键盘事件，即充当键盘事件的事件源。

当组件触发一个键盘事件时，KeyEvent 类就会创建一个键盘事件对象。KeyEvent 类常用方法如表 6-3 所示。

表 6-3　KeyEvent 类的常用方法

常用方法	作　　用
getKeyChar()	返回与此事件中的键相关联的字符
getKeyCode()	返回与此事件中的键相关联的整数 keyCode
getKeyLocation()	返回产生此键盘事件的键位置
getKeyModifiersText(int modifiers)	返回描述组合键的 String，如 Shift 或 Ctrl+Shift

续表

常用方法	作　用
getKeyText(int KeyCode)	返回描述 keyCode 的字符串,如"HOME"、"F1"或"A"
isActionKey()	返回此事件中的键是否为动作键
setKeyChar(char keyChar)	设置 keyChar 值,以表明某个逻辑字符
setKeyCode(int keyCode)	设置 keyCode 值,以表明某个物理键

事件源可以使用 addKeyListener()方法获得监听器。监听器是一个对象,创建该对象的类必须继承接口 KeyListener,该接口中有以下 3 个方法。

```
keyPressed(KeyEvent e)
keyReleased(KeyEvent e)
keyTyped(KeyEvent e)
```

当按下键盘上的某个键时,监听器就会监听到,keyPressed()方法会自动执行,并且 KeyEvent 类自动创建一个对象并传递给 keyPressed()方法中的参数 e。keyTyped()方法是 keyPressed()和 keyReleased()方法的组合,当键被按下又释放时,keyTyped()方法被调用。

【例 6-2】 演示键盘事件。

程序如下:(源代码:KeyEventDemo.java)

```
import javax.swing.*;
import java.awt.*;
import java.awt.event.*;

class KeyEventDemo extends JFrame{
    Container content;
    JTextArea jta;
    public KeyEventDemo(){
        content=getContentPane();
        jta=new JTextArea(20,20);
        content.setLayout(new FlowLayout());
        jta.addKeyListener(new MyListener());
        content.add(jta);
        setTitle("键盘事件实例");
        setSize(200,200);
        setVisible(true);
    }
    class MyListener implements KeyListener{
        @SuppressWarnings("static-access")
        public void keyPressed(KeyEvent e){
            int keyCode=e.getKeyCode();
            if(keyCode==e.VK_RIGHT && e.isShiftDown()){
                jta.setBackground(Color.red);
```

```
            }
            jta.setText("键盘输入:"+e.getKeyChar()+";码值为:"+e.
            getKeyCode()+"\n");
        }
        public void keyReleased(KeyEvent e){}
        public void keyTyped(KeyEvent e){}
    }
    public static void main(String args[]){
        new KeyEventDemo();
    }
}
```

程序运行结果如图 6-4 所示。

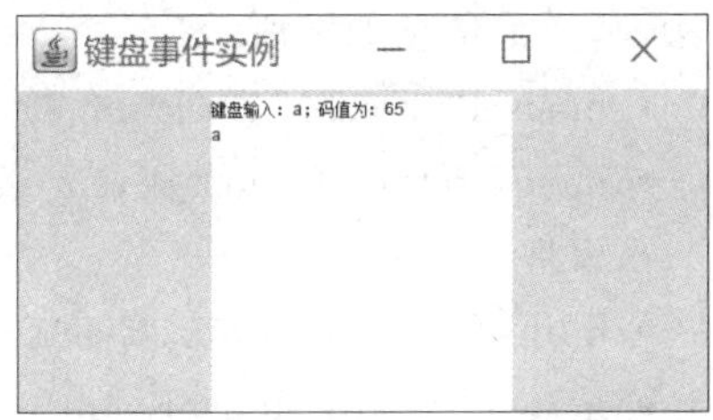

图 6-4　例 6-2 的程序运行结果

在该程序中，按下键盘上的一个键时，会将该键的字符和键码显示在文本区中；如果按 Shift+→组合键，就会改变文本区背景色；如果按 Shift+E 组合键，就会退出当前程序。在 keyPressed()方法中，通过 getKeyCode()方法获取键的键码值，代码"if (keyCode ==e.VK_RIGHT && e.isShiftDown())"表示如果按 Shift+→组合键时会改变文本区背景色。监听器创建完成后，就可以将事件源和监听器进行注册，其代码为"jta.addKeyListener(new MyListener());"。

6.1.4　鼠标事件

在 Swing 体系中，大部分组件都可以产生鼠标事件(mouse event)，如鼠标光标进入组件、退出组件、在组件上方单击等都会产生鼠标事件。

鼠标事件可以分为两种：一种是实现 MouseListener 接口的鼠标事件，即鼠标光标相对应组件的进入、退出和按下等；另一种是实现 MouseMotionListener 接口的高级鼠标事件，即鼠标的移动和拖动。当发生鼠标事件时，MouseEvent 类会自动创建一个事件对象。MouseEvent 类有几个常用的方法，如表 6-4 所示。

表 6-4　MouseEvent 类的常用方法

常用方法	作　用
getX()	获取鼠标光标在事件源坐标系中的 X 坐标
getY()	获取鼠标光标在事件源坐标系中的 Y 坐标
getModifiers()	返回一个描述事件期间所按下的组合键和鼠标按键(如 Shift 或 Ctrl+Shift)的字符串
getClickCount()	返回与此事件关联的单击次数

续表

常用方法	作　用
getSource()	获取发生鼠标事件的事件源
isPopupTrigger()	返回此鼠标事件是否为该平台的弹出菜单触发事件

1. MouseListener 接口

如果要在一个 Swing 图形用户界面中实现一个鼠标事件,需要有事件源和事件处理者。事件源可以是一个 JFrame 窗口、按钮和文本框等,而事件处理者必须继承一个鼠标监听器接口,在这里应当继承 MouseListener 接口。从表 6-1 中可以看到该接口有 5 个方法,其详细信息如下所示。

- mousePressed(MouseEvent e):当鼠标光标在组件上并按下鼠标键时触发该事件。
- mouseReleased(MouseEvent e):当鼠标光标在组件上并释放鼠标按键时触发该事件。
- mouseEntered(MouseEvent e):当鼠标光标进入组件上时触发该事件。
- mouseExited(MouseEvent e):当鼠标光标离开组件时触发该事件。
- mouseClicked(MouseEvent e):当鼠标光标在组件上并单击时触发该事件。

MouseListener 接口中定义了监听器需要继承的方法,实际上这些方法也是不同情况下触发鼠标事件的原因。

【例 6-3】 鼠标事件实例。

程序如下:(源代码:MouseListenerDemo.java)

```
import javax.swing.*;
import java.awt.*;
import java.awt.event.*;

@SuppressWarnings("serial")
class MouseListenerDemo extends JFrame{
    Container content;
    JTextField jtf;
    public MouseListenerDemo(){
        content=getContentPane();
        jtf=new JTextField(15);
        content.setLayout(new FlowLayout());
        content.addMouseListener(new MyMouseListener());
        content.add(jtf);
        setTitle("鼠标事件实例");
        setSize(300,300);
        setVisible(true);
    }
```

```
    class MyMouseListener implements MouseListener{
            public void mousePressed(MouseEvent e){
                jtf.setText("鼠标键被按下时光标在界面中");
            }
            public void mouseReleased(MouseEvent e){
                jtf.setText("鼠标键被释放时光标在界面中");
            }
            public void mouseEntered(MouseEvent e){
                jtf.setText("鼠标光标进入到界面中");
            }
            public void mouseExited(MouseEvent e){
                  jtf.setText("鼠标光标退出当前界面窗口");
            }
            public void mouseClicked(MouseEvent e){
                jtf.setText("单击位置的 X 坐标为"+e.getX()+"Y 坐标为"+
                e.getY());
            }
    }
    public static void main(String args[]){
          new MouseListenerDemo();
    }
}
```

程序运行结果如图 6-5 所示。

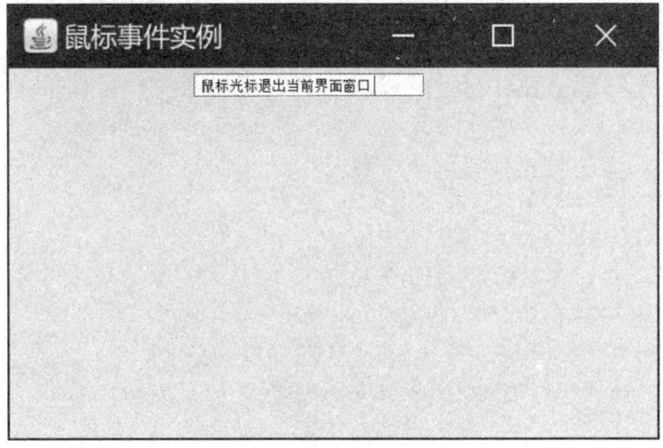

图 6-5 例 6-3 的程序运行结果

在该程序中，文本框负责记录鼠标事件。当鼠标光标进入内容窗格中时，文本框显示“鼠标光标进入界面中”；当光标退出内容窗格、按下鼠标键、释放鼠标键、单击时都会有相应信息在文本框中出现。该例的事件源是 content 对象，即内容窗体组件，事件源的监听方法是 addMouseListener()。

2. 适配器实现鼠标事件

在实现监听器接口中，需要实现接口的 5 个方法，但有时可能只需要一个方法即可满足功能需求，如要实现鼠标的单击事件，这时鼠标事件的处理者就需要实现接口中所有的方法，但只有一个得到实际实用，显然其他方法中的代码是无用的。对于这种现象，在Java中可以使用适配器来代替监听器接口。

Java语言为一些Listener接口提供了适配器类Adapter。可以通过继承事件所对应的Adapter类，重写所需要的方法，而无关方法不用实现。适配器是Java类，使用适配器可以简化事件处理的代码。一般情况下，如果监听器接口存在两个或两个以上的方法，就会有相应的适配器类。形如×××Adapter的类默认为适配器类，如MouseListener接口的适配器类为MouseAdapter。

【例6-4】 通过继承鼠标适配器类，实现鼠标光标进入窗体时更改文本框背景色，当双击鼠标时，在文本框中显示“双击鼠标！”。

程序如下：(源代码：MouseAdapterDemo.java)

```
import javax.swing.*;
import java.awt.*;
import java.awt.event.*;

@SuppressWarnings("serial")
class MouseAdapterDemo extends JFrame{
    Container content;
    JTextField jtf;
    public MouseAdapterDemo(){
        content=getContentPane();
        jtf=new JTextField("这是一个文本区",30);
        content.setLayout(new FlowLayout());
        content.addMouseListener(new MyMouseAdapter());
        content.add(jtf);
        setTitle("鼠标适配器实例");
        setSize(200,200);
        setVisible(true);
    }
    class MyMouseAdapter extends MouseAdapter{
        public void mouseEntered(MouseEvent e){
            jtf.setBackground(Color.red);
        }
        public void mouseClicked(MouseEvent e){
            int clickCount=e.getClickCount();
            if(clickCount==2){
                jtf.setText("双击鼠标!");
            }
        }
    }
    public static void main(String args[]){
        new MouseAdapterDemo();
    }
}
```

程序运行结果如图 6-6 所示。

图 6-6　例 6-4 的程序运行结果

在这个实例中，根据需求只实现了 mouseEntered()和 mouseClicked()方法。

3. MouseMotionListener 接口

MouseListener 接口中的 5 个方法分别是在组件中单击、按下、释放、进入和退出时触发事件。有时我们需要实现拖动鼠标和在事件源上移动光标触发的事件，这时就需要实现 MouseMotionListener 接口，事件源获得监听器的方法是 addMouseMotionListener()。MouseMotionListener 接口中有如下方法。

- mouseDragged(MouseEvent e)：按下鼠标键时光标在组件上并拖动鼠标时调用该方法。
- mouseMoved(MouseEvent e)：鼠标光标移动到组件上但没有按下鼠标键时调用该方法。

【例 6-5】　利用鼠标在窗体中绘制任意形状。

程序如下：(源代码：MouseMotionListenerDemo.java)

```
import javax.swing.*;
import java.awt.*;
import java.awt.event.*;

@SuppressWarnings("serial")
class MouseMotionListenerDemo extends JFrame{
    Container content;
    int x=-1,y=-1;
    public MouseMotionListenerDemo(){
        content=getContentPane();
        content.setLayout(new FlowLayout());
        content.setBackground(Color.green);
        content.addMouseMotionListener(new MyMouseMotionListener());
        setTitle("鼠标高级事件实例");
        setSize(200,200);
        setVisible(true);
    }
    class MyMouseMotionListener implements MouseMotionListener{
        public void mouseDragged(MouseEvent e){
            x=(int)e.getX();
            y=(int)e.getY();
```

```
                if(x!=-1 && y!=-1){
                    Graphics g=getGraphics();
                    g.drawLine(x,y,x,y);
                }
            }
            public void mouseMoved(MouseEvent e){
                x=(int)e.getX();
                y=(int)e.getY();
                Graphics g=getGraphics();
                g.drawString("~", x, y);
            }
    }
    public static void main(String args[]){
        new MouseMotionListenerDemo();
    }
}
```

程序运行结果如图 6-7 所示。

图 6-7　例 6-5 的程序运行结果

在该实例中内部类 MyMouseMotionListener 继承了接口 MouseMotionListener,并实现了接口中的 mouseDragged()和 mouseMoved()方法。在 mouseDragged()方法中使用 getX()和 getY()方法获取鼠标光标所在位置;使用 getGraphics()方法获取画笔对象 g,并使用 g 绘制线条。当移动鼠标时,绘制的图形是通过 mouseMoved()方法实现的;同样使用 getGraphics()方法获取画笔对象 g,并使用字符"~"绘制图形。

6.1.5　窗口事件

JFrame 和 JDialog 容器都是 Window 类的子类,凡是 Window 类的子类创建的对象均可以引发 WindowEvent 事件,即窗口事件(WindowEvent)。当一个 JFrame 窗口被激活、撤销激活、打开、关闭、图标化或者撤销图标化时,就会引发窗口事件,即 WindowEvent

创建一个窗口事件对象。WindowEvent 创建的事件对象可以通过 getWindow()方法获取引发窗口事件的窗口。

JFrame 或 JDialog 窗口可以使用 addWindowListener()方法注册监听器，创建监听器对象的类必须实现 WindowListener 接口，该接口中的 7 个不同方法的具体含义如下。

- windowClosing(WindowEvent e)：用户试图从窗口的系统菜单中关闭窗口时调用该方法。
- windowOpened(WindowEvent e)：窗口首次变为可见时调用该方法。
- windowIconified(WindowEvent e)：窗口从正常状态变为最小化状态时调用该方法。
- windowDeiconified(WindowEvent e)：窗口从最小化状态变为正常状态时调用该方法。
- windowClosed(WindowEvent e)：对窗口调用 dispose()方法而将其关闭时调用该方法。
- windowActivated(WindowEvent e)：窗口从非活动状态到活动状态时调用该方法。
- windowDeactivated(WindowEvent e)：窗口不再是活动状态时调用该方法。

【例 6-6】 窗口事件演示实例。

程序如下：(源代码：WindowEventDemo.java)

```
import javax.swing.*;
import java.awt.*;
import java.awt.event.*;
class WindowEventDemo extends JFrame{
    Container content;
    JTextArea jtf;
    public WindowEventDemo(){
        content=getContentPane();
        jtf=new JTextArea(10,20);
        content.setLayout(new FlowLayout());
        addWindowListener(new MyWindowListener());
        content.add(jtf);
        setTitle("窗口事件实例");
        setSize(300,200);
        setVisible(true);
    }
    class MyWindowListener implements WindowListener{
        public void windowClosing(WindowEvent e){
            jtf.append("\n 窗口正在关闭");
        }
        public void windowOpened(WindowEvent e){
            jtf.append("\n 窗口打开");
        }
```

```
          public void windowIconified(WindowEvent e){
               jtf.append("\n 窗口最小化");
          }
          public void windowDeiconified(WindowEvent e){
               jtf.append("\n 撤销图标化");
          }
          public void windowClosed(WindowEvent e){
               jtf.append("\n 程序结束运行,关闭窗口");
          }
          public void windowActivated(WindowEvent e){
               jtf.append("\n 窗口被激活");
          }
          public void windowDeactivated(WindowEvent e){
               jtf.append("\n 窗口不在激活状态");
          }
     }
     public static void main(String args[]){
          new WindowEventDemo();
     }
}
```

程序运行结果如图 6-8 所示。

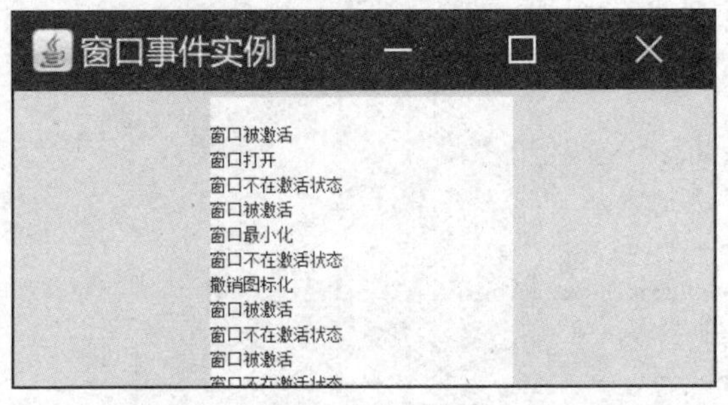

图 6-8　例 6-6 的程序运行结果

在该程序启动后,window Activated()方法被激活,在文本区域中输出"窗口被激活";紧接着是 windowOpended()方法被激活,输出"窗口打开"。当最小化窗口时,windowIconified()方法被激活;窗口不处理活动状态,windowDeactivated()方法被执行;重新激活最小化的窗口,调用 windowDeiconfied()方法,之后会调用 windowActivated()方法。

在该例中,监听器是内部类 MyWindowListener,该类继承自 WindowListener 接口,并实现接口中的方法。事件源是 WindowEventDemo,通过 addWindowListener(new MyWindowListener())语句为窗体注册监听。

6.2　项目分析与设计

本项目所要完成的学习任务是处理登录界面的事件处理,根据用户需求实现用户登录、取消、注册功能,并处理响应事件。登录界面如图 6-9 所示。

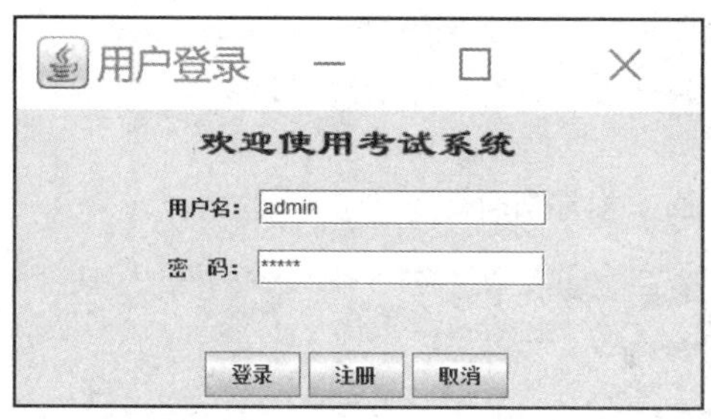

图 6-9　登录界面

6.3　项 目 实 施

任务 6-1　登录功能实现

单击“登录”按钮，判断用户名与密码，如果正确则提示登录成功，否则登录失败。

程序如下：

```
public void actionPerformed(ActionEvent e){
  if(e.getSource()==loginbtn){
        if(namefield.getText().trim().equals("")){
            JOptionPane.showMessageDialog(null,"\t 请输入用户名!","用户名
            空提示",JOptionPane.OK_OPTION);
        }
      else{
            if (new String(pwdfield.getPassword()).equals("")){
               JOptionPane.showMessageDialog(null,"\t 请输入密码!","密码空
               提示",JOptionPane.OK_OPTION);
               }
            else{
           if(namefield.getText().trim().equals("admin") &&(new String
           (pwdfield.getPassword()).equals("123456"))){
           //new Test_GUI(namefield.getText().trim());//进入考试界面
                 JOptionPane.showMessageDialog(null,"\t 欢迎进入课程考试系
                 统!","登录成功",JOptionPane.INFORMATION_MESSAGE);
                     this.dispose();
                 }
             }
         }
    }
}
```

任务 6-2 注册功能实现

单击“注册”按钮,可以跳转到新页面。程序如下:

```
public void actionPerformed(ActionEvent e) {
    if(e.getSource()==registerbtn) {
        new Register_GUI();  //进入注册界面
        this.dispose();
    }

}
```

任务 6-3 取消功能实现

单击“取消”按钮,可以退出页面。

```
public void actionPerformed(ActionEvent e) {
    if(e.getSource()==cancelbtn) {
        System.exit(0);
    }
}
```

登录模块中的事件处理代码对应的程序如下:(源代码: Login.java)

```
import java.awt.BorderLayout;
import java.awt.Font;
import java.awt.event.ActionEvent;
import java.awt.event.ActionListener;
import javax.swing.JButton;
import javax.swing.JFrame;
import javax.swing.JLabel;
import javax.swing.JOptionPane;
import javax.swing.JPanel;
import javax.swing.JPasswordField;
import javax.swing.JTextField;
public class Login{
    public static void main(String[] args) {
        new Login_panel1("用户登录");
    }
}
@SuppressWarnings("serial")
class Login_panel1 extends JFrame implements ActionListener{
    private JLabel namelabel,pwdlabel,titlelabel;
    private JTextField namefield;
```

```
    private JPasswordField pwdfield;
    private JButton loginbtn,registerbtn,cancelbtn;
    private JPanel panel1,panel2,panel3,panel21,panel22;
    public Login_panel1(String title){
      this.setTitle(title);
      titlelabel=new JLabel("欢迎使用考试系统");
      titlelabel.setFont(new Font("隶书",Font.BOLD,24));
      namelabel=new JLabel("用户名:");
      pwdlabel=new JLabel("密  码:");
      namefield=new JTextField(16);
      pwdfield=new JPasswordField(16);
      pwdfield.setEchoChar('*');
      loginbtn=new JButton("登录");
      registerbtn=new JButton("注册");
      cancelbtn=new JButton("取消");
      //监听
      loginbtn.addActionListener(this);
      registerbtn.addActionListener(this);
      cancelbtn.addActionListener(this);
      panel1=new JPanel();
      panel2=new JPanel();
      panel3=new JPanel();
      panel21=new JPanel();
      panel22=new JPanel();
      //添加组件,采用边框布局
      BorderLayout bl=new BorderLayout();
      setLayout(bl);
      panel1.add(titlelabel);
      panel21.add(namelabel);
      panel21.add(namefield);
      panel22.add(pwdlabel);
      panel22.add(pwdfield);
      panel2.add(panel21,BorderLayout.NORTH);
      panel2.add(panel22,BorderLayout.SOUTH);
      panel3.add(loginbtn);
      panel3.add(registerbtn);
      panel3.add(cancelbtn);
      add(panel1,BorderLayout.NORTH);
      add(panel2,BorderLayout.CENTER);
      add(panel3,BorderLayout.SOUTH);
      this.setBounds(400,200,300, 200);
      this.setVisible(true);
  }
@Override
public void actionPerformed(ActionEvent e){
    if(e.getSource()==loginbtn){
        if(namefield.getText().trim().equals("")){
```

```
                JOptionPane.showMessageDialog(null,"\t 请输入用户名!","用户名
                空提示",JOptionPane.OK_OPTION);
            }
            else{
                if(new String(pwdfield.getPassword()).equals("")){
                    JOptionPane.showMessageDialog(null,"\t 请输入密码!","密
                    码空提示",JOptionPane.OK_OPTION);
                }
                else{
                    if(namefield.getText().trim().equals("admin") && (new
                    String(pwdfield.getPassword()).equals("123456"))){
                        //new Test_GUI(namefield.getText().trim());
                                                              //进入考试界面
                            JOptionPane.showMessageDialog(null,"\t 欢迎进入课
                            程考试系统!","登录成功",JOptionPane.INFORMATION_
                            MESSAGE);
                        this.dispose();
                    }
                }
            }
        }
        if(e.getSource()==registerbtn){
        new Register_GUI();  //进入注册界面
            this.dispose();
        }
        if(e.getSource()==cancelbtn){
            System.exit(0);
        }
    }
}
```

拓展阅读　信步“天河”的“超算人”——孟祥飞

孟祥飞，这位信步“天河”的“超算人”，在国家超级计算天津中心的机房中，与 140 个黑色机柜为伴，共同编织着科技的奇迹。这些机柜中闪烁的指示灯，像是星辰点点，照亮了 1400 余个运算任务的进程，也照亮了科研团队们探索未知的道路。

“千磨万击还坚劲，任尔东西南北风。”孟祥飞，这位曾在南开大学攻读理论物理的博士，曾在美国深造时见识到国内外科技创新的差距，心中便埋下了科技报国的种子。回国后，他毅然加入国家超算天津中心，决心以科技之力，为国家的发展贡献力量。

创业之路充满艰辛，然而，孟祥飞与同事们并肩作战，夜以继日地组装、调试超级计算机。他们熬过漫长的夜晚，就地铺上纸箱，以地为床，以天为被，仅用 7 个多月，便完成了机房基础建设，又用 3 个月完成了“天河一号”的安装与调试。这份坚持与努力，终于换来了“中国速度”的响亮名声。

“天河一号”这台千万亿次的超级计算机，如同一个“超级大脑”，为各领域的创新提供着强大的支撑。它运算 1 小时，相当于全国 13 亿人同时计算 340 年以上，这是何等的速度与激情！而孟祥飞，正是这个“超级大脑”的守护者和推动者。

为了让“天河一号”更好地服务于各领域，孟祥飞不断学习，汇总、整理专业文献资料超过 150 万字。他白天与同事们调试机器，晚上则逐行代码排查，经过 20 多个昼夜的上万次测试，终于解决了一个关键的软件部署难题。这份执着与精细，正是科技精神的体现。

“长风破浪会有时，直挂云帆济沧海。”为了让更多高精尖行业了解和使用“天河一号”，孟祥飞不辞辛劳地扮演着“推销员”的角色，每年走访数十座城市。他的努力换来了“天河一号”在航空航天、气候气象、石油勘探、基因研究、先进制造等领域的广泛应用，每天满负荷运行完成近万项计算任务，支撑了国家和地方重大研发创新项目超过 1600 项，成为国际上获得最广泛应用的超算之一。

2018 年 7 月，“天河三号”原型机的研制部署顺利完成，并通过了分项验收。这款完全由我国自主研发的超级计算机将是又一个划时代的作品。孟祥飞和他的团队自主设计了三款芯片，四种计算、存储和服务节点，以及十余种印制电路板。在原型机诞生后的一个多月里，就有 30 余家科研单位对其进行了应用测试，证明了其性能的出众。预计整机研制成功后，其运算能力将比现有的“天河一号”提高 200 倍以上，这是何等的骄傲与期待！

孟祥飞的故事是一首科技报国的赞歌，也是一部砥砺前行的奋斗史。他用自己的智慧和汗水，为祖国的科技发展贡献着力量，也为我们树立了榜样。让我们以他为荣，以科技为翼，展翅高飞！

自　测　题

1. 什么是 Java 事件的委托机制？

2. 事件监听器接口和事件适配器类的区别是什么？

3. GUI 组件如何来处理它自己的事件？

4. 实现进制转换，输入十进制数，转换成二进制、八进制、十六进制，效果如图 6-10 所示。

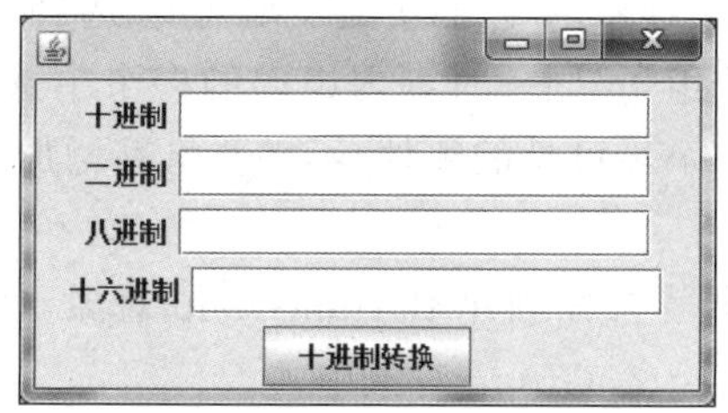

图 6-10　进制转换效果图

项目 7　实现课程考试系统中的用户注册功能

学习目标

本项目主要学习 Java 编程中图形界面编程的高级控件与事件处理，包括 JComboBox、JCheckBoxl、JRadioButton 组件的使用方法及 ItemEvent 事件处理的方法。学习要点如下：

- 掌握 JComboBox、JCheckBoxl、JRadioButton 组件的使用方法及 ItemEvent 事件处理的方法。
- 熟悉盒式布局的使用方法。
- 养成精益求精、追求极致的职业品质。

7.1　相 关 知 识

7.1.1　单选按钮和复选框

单选按钮和复选框都是选择组件，这类选择组件有两种状态：一是选中(on)，二是未被选中(off)。它们提供一种简单的 on/off 功能，让用户在一组选项中做选择。

1. 单选按钮

单选按钮(JRadioButton)是一个圆形的按钮。当在一个容器中放置了多个单选按钮，如果没有 ButtonGroup 对象将它们分组，则可以选择多个单选按钮；如果使用 ButtonGroup 对象将它们分组了，同一时刻内组内的多个单选按钮只允许一个单选按钮被选中。ButtonGroup 是一个不可见的组件，不需要将其增加到容器中显示，只是在逻辑上表示一个单选按钮组。

单选按钮分组的方法是：首先创建 ButtonGroup 对象，然后使用 add()方法将同组的单选按钮加入到同一个 ButtonGroup 对象中去。

单选按钮(JRadioButton 类)的构造方法如表 7-1 所示。

【例 7-1】 在设计用户注册界面时创建了“男”和“女”两个单选按钮，并放到了一个按钮组里，实现了二选一的功能。

表 7-1　JRadioButton 类的构造方法

构造方法	作　用
public JRadioButton()	创建一个未选的空单选按钮
public JRadioButton(String s)	创建一个标题为 s 的未选的单选按钮
public JRadioButton(String s, boolean b)	创建一个标题为 s 的单选按钮，参数 b 设置选中与否的初始状态

程序如下：(源代码：Register_GUI.java)

```
rbtn1=new JRadioButton("男");
rbtn2=new JRadioButton("女");
ButtonGroup bg=new ButtonGroup();
bg.add(rbtn1);
bg.add(rbtn2);
panel=new JPanel();
panel.add(rbtn1);
panel.add(rbtn2);
```

程序运行结果如图 7-1 所示。

性 别：○男 ○女

图 7-1　例 7-1 的程序运行结果

2. 复选框(JCheckBox)

复选框的形状是一个小方框，它具有两种状态：一是选中(true)，被选中的复选框中有对勾；二是未被选中(false)。另外复选框组件带有一个文本标签，文本标签简要说明复选框的含义。通常复选框会有多个，用户可以选中其中一个或者多个。

复选框的构造方法和其他常用方法见表 7-2。

表 7-2　复选框的构造方法和其他常用方法

构造方法和其他常用方法	作　用
public JCheckBox()	创建一个未选的空复选框
public JCheckBox(String s)	创建一个标题为 s 的未选的空复选框
public JCheckBox(String s, boolean b)	创建一个标题为 s 的空复选框，参数 b 设置选中与否的初始状态
public JCheckBox(String s, ICON icon)	创建一个带有指定文本和图标的未选复选框
public boolean isSelected()	获取复选框框是否被选中的状态
public String getText()	获取复选框的标题
public void setText()	设置复选框的标题

【例 7-2】 创建含有 3 个复选框(标题分别是：足球、篮球和排球)的窗口。

程序如下：(源代码：checkDemo.java)

```
import java.awt.Font;
import javax.swing.*;

public class CheckBoxDemo{
    public static void main(String[] args){
        JFrame frame=new JFrame("复选框测试");
        JPanel pan1=new JPanel();
        JLabel lab1=new JLabel("你喜爱的运动:");
        lab1.setFont(new Font("宋体", Font.BOLD, 20));            //设置字体大小
        JCheckBox check1=new JCheckBox("足球");
        check1.setFont(new Font("宋体", Font.BOLD, 20));          //设置字体大小
        JCheckBox check2=new JCheckBox("篮球");
        check2.setFont(new Font("宋体", Font.BOLD, 20));          //设置字体大小
        JCheckBox check3=new JCheckBox("排球");
        check3.setFont(new Font("宋体", Font.BOLD, 20));          //设置字体大小
        pan1.add(lab1);
        pan1.add(check1);
        pan1.add(check2);
        pan1.add(check3);
        frame.add(pan1);
        frame.setSize(300, 200);
        frame.setVisible(true);
    }
}
```

程序运行结果如图 7-2 所示。

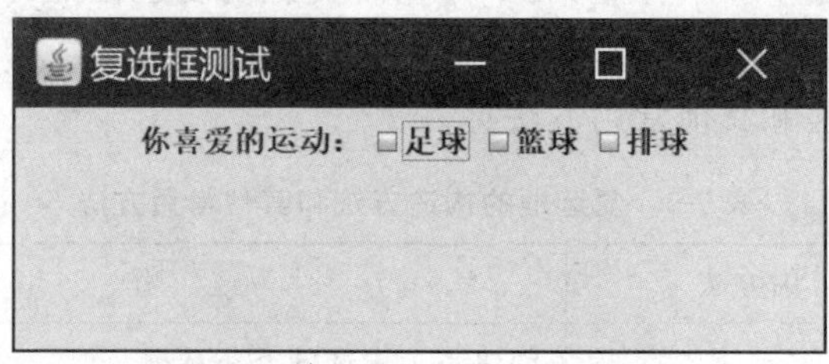

图 7-2　例 7-2 的程序运行结果

3. 选项事件

选项事件(ItemEvent 类)是用户对单选按钮或者复选框等做出选择后引发的事件。处理选项事件的步骤如下。

(1) 实现监视器接口 ItemListener。

(2) 选择对象要注册监视器。

(3) 编写处理 ItemListener 接口的抽象方法：public void itemStateChanged(ItemEvent e)。当选项的选择状态发生改变时调用该方法。在该方法内用 getItemSelectable()方法获取事

件源,并作相应处理。

【例 7-3】 处理选项事件的小应用程序。一个由 3 个单选按钮组成的产品选择组,当选中某个产品时,文本区将显示该产品的信息;另一个是由 3 个复选框组成的购买产品数量选择组,当选择了购买数量后,在另一个文本框显示每台价格。以下部分为核心代码。

程序如下:(源代码:MyWindow.java)

```
class MyWindow extends JFrame implements ItemListener{
    Panel1 panel1;
    Panel2 panel2;
    JLabel label1,label2;
    JTextArea text1,text2;
    static String fName[]={"HP","IBM","DELL"};
    static double priTbl[][]={{1.20,1.15,1.10},{1.70,1.65,1.60},
    {1.65,1.60,1.58}};
    static int productin=-1;
    MyWindow(String s){
        super(s);
        Container con=this.getContentPane();
        con.setLayout(new GridLayout(3,2));
        this.setLocation(100,100);
        this.setSize(400,100);
        panel1=new Panel1();panel2=new Panel2();
        label1=new JLabel("产品介绍",JLabel.CENTER);
        label2=new JLabel("产品价格",JLabel.CENTER);
        text1=new JTextArea();text2=new JTextArea();
        con.add(label1);con.add(label2);con.add(panel1);
        con.add(panel2);con.add(text1);con.add(text2);
        panel1.box1.addItemListener(this);
        panel1.box2.addItemListener(this);
        panel1.box3.addItemListener(this);
        panel2.box1.addItemListener(this);
        panel2.box2.addItemListener(this);
        panel2.box3.addItemListener(this);
        this.setVisible(true);this.pack();
    }
    public void itemStateChanged(ItemEvent e){     //选项状态已改变
        int production=0;
        if(e.getItemSelectable()==panel1.box1){  //获取可选项
            production=0;
            text1.setText(fName[0]+"公司生产");text2.setText("");
        }
        else if(e.getItemSelectable()==panel1.box2){
            production=1;
            text1.setText(fName[1]+"公司生产");text2.setText("");
        }
        else if(e.getItemSelectable()==panel1.box3){
            production=2;
            text1.setText(fName[2]+"公司生产");text2.setText("");
        }
        else{
```

```
44.             if(production==-1) return;
45.             if(e.getItemSelectable()==panel2.box1){
46.                 text2.setText(""+priTbl[production][0]+"万元/台");
47.             }
48.             else if(e.getItemSelectable()==panel2.box2){
49.                 text2.setText(""+priTbl[production][1]+"万元/台");
50.             }
51.             else if(e.getItemSelectable()==panel2.box3){
52.                 text2.setText(""+priTbl[production][2]+"万元/台");
53.             }
54.         }
55.     }
56. }
```

程序运行结果如图 7-3 所示。

图 7-3　例 7-3 的程序运行结果

程序分析如下。

- 第 2 行实现监视器接口 ItemListener。
- 第 22～27 行为注册选项事件的监听器。
- 程序运行时,单击单选按钮和复选框选项,会产生两次 ItemEvent 事件:一次是产品介绍时,另一次是确定产品价格时。

7.1.2　下拉框和列表框

下拉框和列表框是又一类供用户选择的界面组件,用于在一组选择项目中选择,下拉框还可以输入新的选择。

1. 下拉框

下拉框(JComboBox)组件被称为下拉框或者组合框,是文本框和列表的组合,可以在文本框中输入选项,也可以单击下拉按钮并从显示的列表中进行选择。默认显示的是第一个添加的选项。

下拉框分为可编辑和不可编辑两种状态。对于不可编辑的下拉框,用户只能选择现有列表中的选项;对于可编辑的下拉框,用户既可以选择现有的选项列表,又可以自己输入新的内容。需要注意的是,自己输入的内容只能作为当前项显示,并不会添加到下拉框的选项列表中。JComboBox 类的构造方法和其他常用方法如表 7-3 所示。

表 7-3 JComboBox 类的构造方法和其他常用方法

构造方法和其他常用方法	作　用
public JComboBox()	创建一个空的下拉框
public JComboBox(Object[]items)	创建包含指定数组中的元素的下拉框
public void addItem(Object obj)	向下拉框添加选项
public Object getSelectedItem()	返回当前所选项
public void setSelectedIndex(int index)	选择第 index 个元素(第一个元素 index 值为 0)
public void setEditable(boolean b)	设置下拉框组件是否可编辑
public void removeItem(Object ob)	删除指定选项
public void removeItemAt(int index)	删除索引处指定选项
public void insertItemAt(Object ob,int index)	在指定的索引处插入选项
public int getItemCount()	获取下拉框的条目总数

在 JComboBox 组件上发生的事件分为两类：一是用户选项事件，事件响应程序获取用户所选的项目，该事件的接口是 ItemListener，事件处理方法同单选按钮的事件处理；二是输入事件，即用户输入项目后按 Enter 键，事件响应程序读取用户的输入，该事件的接口是 ActionListener。

【例 7-4】 根据下拉框中的选择，将文本显示为不同的字体类型，字体类型主要包括 Bold(粗体)和 Italic(斜体)。

程序如下：(源代码：ComboBoxDemo.java)

```
import java.awt.*;
import java.awt.event.*;
import javax.swing.*;

public class ComboBoxDemo extends JFrame implements ItemListener{
    private JTextField field;
    private JComboBox com1;
    private String[] font={ "Bold", "Italic" };
    private int valBoldItalic=Font.PLAIN;

     public ComboBoxDemo(){
        super("下拉框示例程序");
        this.setLayout(new FlowLayout());
        field=new JTextField("2008,北京欢迎您!", 20);
        field.setFont(new Font("隶书", Font.PLAIN, 20));
        this.add(field);
        com1=new JComboBox(font);
        this.add(com1);
        com1.addItemListener(this);
```

```
20.         this.setSize(280, 100);
21.         this.setVisible(true);
22.     }
23.
24.     public void itemStateChanged(ItemEvent event){
25.         if(event.getSource()==com1)
26.             valBoldItalic=com1.getSelectedItem()=="Bold" ? Font.
                    BOLD : Font.ITALIC;
27.         field.setFont(new Font("隶书", valBoldItalic, 14));
28.     }
29.
30.     public static void main(String[] args){
31.         new ComboBoxDemo();
32.     }
33. }
```

程序运行结果如图 7-4 所示。

图 7-4　例 7-4 的程序运行结果

程序分析如下。

- 第 15 行中的 Font.PLAIN 是 Font 类的静态常量，表示普通字体样式。
- 第 19 行为组合框添加监视器。
- 第 24～28 行用于判断组合框的哪一项被选中，并作相应字形的样式处理。

2. 列表框

列表框(JList)与下拉框的区别不仅表现在外观上。当激活下拉列表时，会出现下拉框中的内容。但列表框只是在窗体系上占据固定的大小，如果需要列表框具有滚动效果，可以将列表框放到滚动面板中。当用户选择列表框中的某一项时，按住 Shift 键并选择列表框中的其他项，可以连续选择两个选项之间的所有项目；也可以按住 Ctrl 键选择多个项目。

列表框的作用与组合框的作用基本相同，也是提供一系列选项供用户选择，但是列表框允许用户同时选择多项。可以在创建列表框时，将选项加入到列表框中。

JList 类的构造方法和其他常用方法如表 7-4 所示。

表 7-4　JList 类的构造方法和其他常用方法

构造方法和其他常用方法	作　用
public JList()	创建一个新的列表框
public JList(String list[])	创建一个包含指定数组中的元素的列表框
public int getSelectedIndex()	获取选项的索引
public int[] getSelectedIndices()	返回所选择的全部数组
public void setVisibleRowCount(int n)	设置列表可见行数
public void setSelectionMode(int seleMode)	设置列表选择模型。选择模型有单选和多选两种。 单选：ListSelectionModel.SINGLE_SELECTION；多选：ListSelectionModel.MULTIPLE.INTERVAL_SELECTION
public void remove(int n)	从列表的选项菜单中删除指定索引的选项
public void removeAll()	删除列表中的全部选项

在列表框中内容显示过多时，可以在列表框中添加滚动条。列表框添加滚动条的方法是先创建列表框，然后再创建一个 JScrollPane 滚动面板对象，在创建滚动面板对象时指定列表。

以下代码示意为列表 list2 添加滚动条。

```
JScrollPane jsp=new JScrollPane(list2);
```

列表框的事件处理一般可分为以下两种。

(1) 单击选项是选项事件，与选项事件相关的接口是 ListSelectionListener，注册监视器的方法是 addListSelectionListener()，接口方法是 valueChanged(ListSelectionEvent e)。

(2) 双击选项是动作事件，与该事件相关的接口是 ActionListener，注册监视器的方法是 addActionListener()，接口方法是 actionPerformed(ActionEvent e)。

【例 7-5】 实现 JList 列表框功能的例子，把列表框选中的选项显示出来。

程序如下：(源代码：JListDemo.java)

```
import java.awt.*;
import java.awt.event.*;
import javax.swing.*;
import javax.swing.event.*;
public class JListDemo extends JFrame implements ListSelectionListener{
    private JList list;
    private JLabel label;
    String[] s={ "宝马", "奔驰", "奥迪", "吉利", "比亚迪", "福特", "现代" };
    public JListDemo(){
        //设置组件水平和垂直方向间距
        this.setLayout(new BorderLayout(0, 15));
        label=new JLabel(" ");
        list=new JList(s);
```

```
14.         list.setVisibleRowCount(5);
15.         list.setBorder(BorderFactory.createTitledBorder("汽车品牌:"));
16.         list.addListSelectionListener(this);
17.         this.add(label, BorderLayout.NORTH);
18.         this.add(new JScrollPane(list), BorderLayout.CENTER);
19.         this.setTitle("JList Demo");
20.         this.setSize(300, 200);
21.         this.setVisible(true);
22.     }
23.     public void valueChanged(ListSelectionEvent e){
24.         int tmp=0;
25.         String stmp="您喜欢的汽车品牌有: ";
26.         //利用 JList 类所提供的 getSelectedIndices()方法可得到用户所选取的所有项
27.         int[] index=list.getSelectedIndices();
28.         for(int i=0; i<index.length; i++){
29.             tmp=index[i];
30.             stmp=stmp+s[tmp]+"  ";
31.         }
32.         label.setText(stmp);
33.     }
34.     public static void main(String[] args){
35.         new JListDemo();}
36. }
```

程序运行结果如图 7-5 所示。

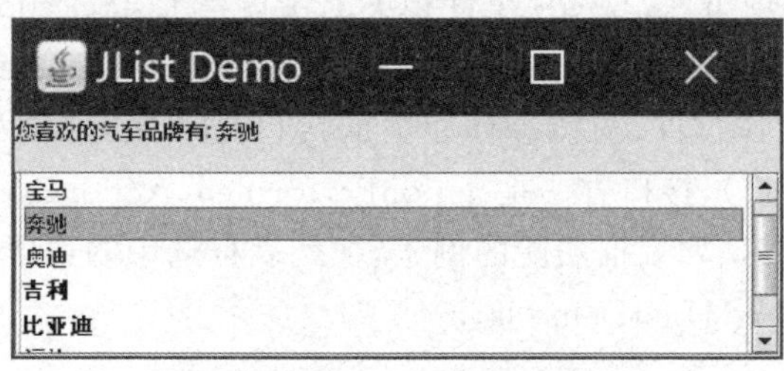

图 7-5　例 7-5 的程序运行结果

程序分析如下。

- 第 5 行实现了 ListSelectionListener 接口,以便对选项事件监听。
- 第 15 行 BorderFactory 类提供了 Border 对象的工厂类。createTitledBorder (Border border)用于创建一个空标题的新标题边框。
- 第 18 行将 JList 加入一个 JScrollPane。当 JList 显示的内容较多时,可利用滚动条进行滚动显示。
- 第 27 行将选中的选项对应的下标索引保存到整形数组 index 中。
- 第 28～31 行根据取得的下标值找到相应的选项内容。

7.1.3 盒式布局管理器

盒式布局管理器与前面几种布局的区别在于 BoxLayout 是 javax.Swing 提供的布局管理器，功能强大并且更加易用。BoxLayout 将几个组件以水平或垂直的方式组合在一起，即形成行型盒式布局或列型盒式布局。行型盒式布局管理器中添加的组件上方的边会处在一条水平线上。如果组件的高度不相等，BoxLayout 会试图调整所有组件，使之与最高组件的高度一样。列型盒式布局管理器中添加的组件的左边处在同一条垂直线上，如果组件的宽度不相等，BoxLayout 会试图调整所有组件，使之与最宽组件的宽度一样。其中某个组件的大小随窗口的大小变化而变化。与流布局不同的是，当空间不够时，组件不会自动往下移动。

BoxLayout 布局的主要构造方法是 BoxLayout(Container target，int axis)，其中，axis 用于指定组件排列的方式(X_AXIS 为水平排列，Y_AXIS 为垂直排列)。

BoxLayout 通常和 Box 容器联合使用。Box 容器是使用 BoxLayout 的轻量级容器。它还提供了一些帮助使用 BoxLayout 的便利方法。Box 容器的常用方法如表 7-5 所示。

表 7-5 Box 容器的常用方法

常用方法	作用
public static Box createHorizontalBox()	创建一个从左到右显示组件的水平 Box
public static Box createVerticalBox()	创建一个从上到下显示组件的垂直 Box
public createHorizontalGlue()	创建一个水平方向不可见的、可伸缩的组件
public createVerticalGlue()	创建一个垂直方向不可见的、可伸缩的组件
public createHorizontalStrut()	创建一个不可见的、固定宽度的水平组件
public createVerticalStrut()	创建一个不可见的、固定宽度的垂直组件
public createRigidArea(Dimension d)	创建一个总是具有指定大小的不可见组件

【例 7-6】 采用盒式布局的效果。

程序如下：(源代码：BoxLayoutDemo.java)

```
import javax.swing.Box;
import javax.swing.JButton;
import javax.swing.JFrame;
import javax.swing.JLabel;
import javax.swing.JPanel;
import javax.swing.JTextField;
import java.awt.*;
public class BoxLayoutDemo
{
    public static void main(String[] agrs)
    {
```

```
        JFrame frame=new JFrame("BoxLayoutDemo");
        Box b1=Box.createHorizontalBox();  //创建横向 Box 容器
        Box b2=Box.createVerticalBox();    //创建纵向 Box 容器
        frame.add(b1);                     //将外层横向 Box 添加进窗体
        b1.add(Box.createVerticalStrut(200));
                                           //添加高度为 200 的垂直框架
        b1.add(new JButton("西"));         //添加按钮 1
        b1.add(Box.createHorizontalStrut(140));
                                           //添加长度为 140 的水平框架
        b1.add(new JButton("东"));         //添加按钮 2
        b1.add(Box.createHorizontalGlue());    //添加水平胶水
        b1.add(b2);                        //添加嵌套的纵向 Box 容器
        //添加宽度为 100 且高度为 20 的固定区域
        b2.add(Box.createRigidArea(new Dimension(100,20)));
        b2.add(new JButton("北"));         //添加按钮 3
        b2.add(Box.createVerticalGlue());  //添加垂直组件
        b2.add(new JButton("南"));         //添加按钮 4
        b2.add(Box.createVerticalStrut(40));       //添加长度为 40 的垂直框架
        //设置窗口的关闭动作、标题、大小、位置以及可见性等
        frame.setDefaultCloseOperation(JFrame.EXIT_ON_CLOSE);
        frame.setBounds(100,100,400,200);
        frame.setVisible(true);
    }
}
```

程序运行结果如图 7-6 所示。

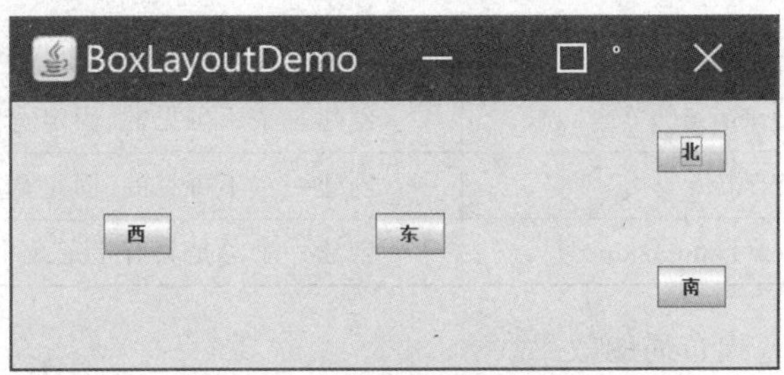

图 7-6　例 7-6 的程序运行结果

程序分析如下。

使用 BoxLayout 类对容器内的 4 个按钮进行布局管理，使两个按钮为横向排列，另外两个按钮为纵向排列。

7.2　项目分析与设计

本项目的学习任务是设计用户注册界面并完成注册功能。当用户单击用户登录界面的“注册”按钮时，就进入了用户注册界面，如图 7-7 所示。当用户按照用户注册界面的提

示填写好正确信息后，单击“注册”按钮，系统将把当前用户信息保存到数据库中，给出注册成功的信息。如果信息输入不正确，应给出错误提示的信息，并能返回用户注册界面。

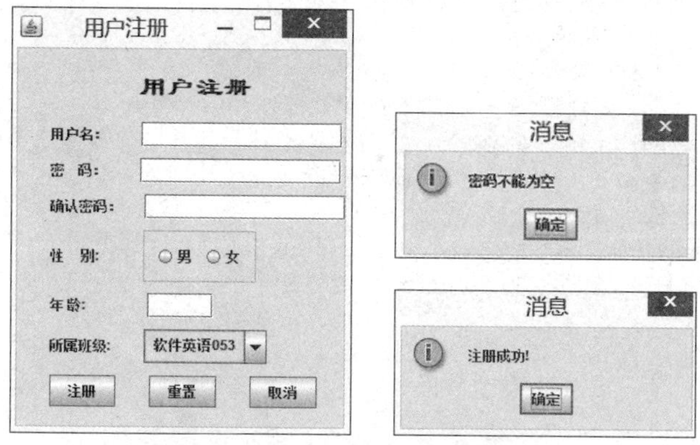

图 7-7　用户注册界面

7.3　项 目 实 施

任务 7-1　编写注册页面

程序如下：

```
import java.awt.*;
import java.awt.event.*;
import java.util.*;
import javax.swing.*;
import javax.swing.border.Border;
public class Register_GUI{
    public Register_GUI(){
        RegisterFrame rf=new RegisterFrame();
        rf.setVisible(true);
    }

    public static void main(String args[]){
        new Register_GUI();
    }
}

//框架类
class RegisterFrame extends JFrame{
    private Toolkit tool;

    public RegisterFrame(){
```

```
        setTitle("用户注册");
        tool=Toolkit.getDefaultToolkit();
        Dimension ds=tool.getScreenSize();
        int w=ds.width;
        int h=ds.height;
        setBounds((w-300)/2,(h-300)/2, 300, 300);
        setResizable(true);
        BorderLayout bl=new BorderLayout();
        setLayout(bl);
        RegisterPanel rp=new RegisterPanel(this);
        add(rp, BorderLayout.CENTER);
    }
}

//容器类
class RegisterPanel extends JPanel implements ActionListener{
    private JLabel titlelabel, namelabel, pwdlabel1, pwdlabel2,
        sexlabel, agelabel, classlabel;
    private JTextField namefield, agefield;
    private JPasswordField pwdfield1, pwdfield2;
    private JButton commitbtn, resetbtn, cancelbtn;
    private JRadioButton rbtn1, rbtn2;
    private JComboBox combo;
    private Vector<String>v;
    private Box box1, box2, box3, box4, box5, box6;
    private JPanel panel;
    private Box box;
    private JFrame iframe;

    public RegisterPanel(JFrame frame){
        iframe=frame;
        titlelabel=new JLabel("用户注册");
        titlelabel.setFont(new Font("隶书", Font.BOLD, 24));
        namelabel=new JLabel("用户名:");
        pwdlabel1=new JLabel("密  码:");
        pwdlabel2=new JLabel("确认密码:");
        sexlabel=new JLabel("性  别:");
        agelabel=new JLabel("年 龄:  ");
        classlabel=new JLabel("所属班级:");
        namefield=new JTextField(16);
        pwdfield1=new JPasswordField(16);
        //设置密码框中显示的字符
        pwdfield1.setEchoChar('*');
        pwdfield2=new JPasswordField(16);
        pwdfield2.setEchoChar('*');
        agefield=new JTextField(5);
        rbtn1=new JRadioButton("男");
        rbtn2=new JRadioButton("女");
```

```

        ButtonGroup bg=new ButtonGroup();
        bg.add(rbtn1);
        bg.add(rbtn2);
        v=new Vector<String>();
        v.add("  软件英语053                    ");
        v.add("  软件英语052                    ");
        v.add("  软件英语051                    ");
        v.add("  软件英语052                    ");
        combo=new JComboBox(v);
        commitbtn=new JButton("注册");
        commitbtn.addActionListener(this);
        resetbtn=new JButton("重置");
        resetbtn.addActionListener(this);
        cancelbtn=new JButton("取消");
        cancelbtn.addActionListener(this);
        panel=new JPanel();
        panel.add(rbtn1);
        panel.add(rbtn2);
        Border border=BorderFactory.createTitledBorder("");
        panel.setBorder(border);
        box=Box.createHorizontalBox();    //添加组件,采用盒式布局
        box1=Box.createHorizontalBox();
        box2=Box.createHorizontalBox();
        box3=Box.createHorizontalBox();
        box4=Box.createHorizontalBox();
        box5=Box.createHorizontalBox();
        box6=Box.createHorizontalBox();
        box.add(titlelabel);
        box.add(Box.createVerticalStrut(45));
        box1.add(namelabel);
        box1.add(Box.createHorizontalStrut(30));
        box1.add(namefield);
        box1.add(Box.createVerticalStrut(10));
        box2.add(pwdlabel1);
        box2.add(Box.createHorizontalStrut(30));
        box2.add(pwdfield1);
        box2.add(Box.createVerticalStrut(10));
        box3.add(pwdlabel2);
        box3.add(Box.createHorizontalStrut(20));
        box3.add(pwdfield2);
        box3.add(Box.createVerticalStrut(10));
        box4.add(sexlabel);
        box4.add(Box.createHorizontalStrut(15));
        box4.add(panel);
        box4.add(Box.createHorizontalStrut(5));
        box4.add(agelabel);
        box4.add(Box.createHorizontalStrut(5));
```

```
        box4.add(agefield);
        box4.add(Box.createHorizontalStrut(1));
        box5.add(classlabel);
        box5.add(Box.createHorizontalStrut(30));
        box5.add(combo);
        box5.add(Box.createVerticalStrut(30));
        box6.add(commitbtn);
        box6.add(Box.createHorizontalStrut(30));
        box6.add(resetbtn);
        box6.add(Box.createHorizontalStrut(30));
        box6.add(cancelbtn);
        box6.add(Box.createVerticalStrut(30));
        setLayout(new FlowLayout());
        this.add(box);
        this.add(box1);
        this.add(box2);
        this.add(box3);
        this.add(box4);
        this.add(box5);
        this.add(box6);
    }
}
class Register{
    String name;
    String password;
    String sex;
    String age;
    String nclass;
}
```

任务 7-2 实现页面监听事件

程序如下：

```
public void actionPerformed(ActionEvent e){
        if(e.getSource()==commitbtn){
            //接收客户的详细资料
            Register rinfo=new Register();
            rinfo.name=namefield.getText().trim();
            rinfo.password=new String(pwdfield1.getPassword());
            rinfo.sex=rbtn1.isSelected() ? "男" : "女";
            rinfo.age=agefield.getText().trim();
            rinfo.nclass=combo.getSelectedItem().toString();
             //验证用户名是否为空
             if(rinfo.name.length()==0){
                 JOptionPane.showMessageDialog(null, "\t用户名不能为空");
```

```
                return;
            }
            //验证密码是否为空
            if(rinfo.password.length()==0){
                JOptionPane.showMessageDialog(null, "\t 密码不能为空");
                return;
            }
            //验证密码的一致性
            if(!rinfo.password.equals(new String(pwdfield2.
                getPassword()))){
                JOptionPane.showMessageDialog(null, "密码两次输入不一致，
                请重新输入");
                return;
            }
            //验证年龄是否为空
            if(rinfo.age.length()==0){
                JOptionPane.showMessageDialog(null, "\t 年龄不能为空");
                return;
            }
            //验证年龄的合法性
            int age=Integer.parseInt(rinfo.age);
            if(age<=0 || age>100){
                JOptionPane.showMessageDialog(null, "\t 年龄输入不合法");
                return;
            }
            JOptionPane.showMessageDialog(null, "\t 注册成功!");
        }
        if(e.getSource()==resetbtn){
            namefield.setText("");
            pwdfield1.setText("");
            pwdfield2.setText("");
            rbtn1.isSelected();
            agefield.setText("");
            combo.setSelectedIndex(0);
        }
        if(e.getSource()==cancelbtn){
          iframe.dispose();
        }
}
```

程序分析如下。

(1) 此任务仅采用了盒式布局。定义了 7 个盒子，略显烦琐。实际应用中可采用多种布局结合的方式进行布局。

(2) 此任务仅对“注册”按钮的动作事件进行监听，有一定的反馈结果，但是把信息写到数据库的“注册”功能并没有实现。“重置”和“取消”按钮的动作事件，学生可自主处理。

拓展阅读　华为鸿蒙生态之战打响，国产操作系统产业链迎新机

华为鸿蒙系统，这款在 2019 年华为开发者大会上横空出世的分布式操作系统，如今正以其独特的魅力引领着一场科技变革的风潮。它如同一位智者，将人、设备、场景巧妙地编织在一起，构建了一个超级虚拟终端互联的世界。在这个世界里，多种智能终端得以极速发现、极速连接，硬件互助、资源共享，以最合适的设备提供绝佳的场景体验。

“千呼万唤始出来，犹抱琵琶半遮面。”在万众期待中，2024 年 1 月 18 日，华为携手头部企业、顶尖高校及人才培养机构，共同揭开了鸿蒙生态新战役的序幕。此刻，媒体纷纷预测，这场鸿蒙生态之战将为国产操作系统产业链带来新的机遇，如同春雨滋润大地，激发出勃勃生机。

华为终端 BG 软件部总裁龚体深知其中道理，他铿锵有力地说道：“生态成，则鸿蒙成。”此言非虚，一个成熟的操作系统，必须拥有坚实的底座、繁荣的生态以及极致的体验，这三者相辅相成，缺一不可。如今，鸿蒙已完成底座与体验两大战役，接下来的生态之战，便是决定性的关键。

华为对鸿蒙的未来充满信心，他们预计软件发布一二年内，HarmonyOS NEXT 开发者预览版的升级用户将突破 1 亿大关，而鸿蒙生态设备数量更有望达到 8 亿至 10 亿台。这一宏伟目标，不仅展现了华为的雄心壮志，更为鸿蒙产业链的伙伴们描绘了一幅美好的蓝图。

随着 HarmonyOS NEXT 及其原生应用的即将到来，全场景下的鸿蒙操作系统将开启一个崭新的时代。在这个时代里，操作系统合作伙伴、应用合作伙伴以及硬件集成合作伙伴等鸿蒙产业链的各方力量将汇聚一堂，共同迎接全新的流量、商机与未来。

“山重水复疑无路，柳暗花明又一村。”当前，华为鸿蒙生态系统的发展正迈入一个崭新的阶段。我们期待着在鸿蒙生态的不断完善与发展中，能够见证更多的创新与突破，探索更多的可能性。而这场科技变革的风潮，也必将为我们带来更多的惊喜与收获。同时，我们也应该深刻认识到科技创新对于国家发展的重要性，努力学习科学知识，为推动我国科技进步贡献自己的力量。

自　测　题

一、选择题

1. ItemEvent 事件的监听器接口是(　　)。

A. ItemListener　　B. ActionListner

C. WindowListener　　D. KeyListener

2. 下列(　　)布局管理器是 Swing 中新增的布局。

A. FlowLayout　　B. BorderLayout

C. GridLayout　　D. BoxLayout

3. 选中一个新的选项时,JComboBox 会触发(　　)种事件。

A. 1　　B. 2　　C. 3　　D. 4

4. JList 列表框的事件处理一般可分(　　)种。

A. 1　　B. 2　　C. 3　　D. 4

5. 用户双击列表框中的某个选项时,则产生(　　)类的动作事件。

A. MouseEvent　　B. ListSelectionEvent

C. ActionEvent　　D. keyEvent

二、填空题

1. JRadioButton 类的常用构造方法有________、________、________。

2. 下拉框分为可编辑和不可编辑的两种状态是________和________。

3. BoxLayout 布局可使用 3 种隐藏的组件做间隔,分别是________、________、________。

4. 在 JComboBox 组件上发生的事件分为两类:一是用户________,事件响应程序获取用户所选的项目;二是________,事件响应程序读取用户的输入。

5. 与前面几种布局的区别在于 BoxLayout 是________、________、________。

项目 8　读/写考试系统中的文件

学习目标

本项目主要学习 Java 编程中的输入/输出(input/output,I/O)编程,包括文件类、输入/输出流等相关知识。学习要点如下:

- 掌握绝对路径与相对路径概念。
- 熟悉输入/输出流类的定义及相关层次关系。
- 掌握字节流和字符流在文件读写中的使用方法。
- 掌握过滤流在文件读写中的使用方法。
- 熟悉对象序列化的步骤与应用。
- 培养爱国情怀和大局意识,提高综合职业素养。

8.1　相 关 知 识

8.1.1　输入/输出流概述

在 Java 程序中,很多情况下应用程序需要与外部设备进行数据交换。比如从键盘输入数据,将数据送到显示器显示,读取或保存文件等。Java 语言采用流的机制实现对外部设备数据的输入/输出。流是一种有方向的字节/字符数据序列,就像水管里的水流。

输入/输出流

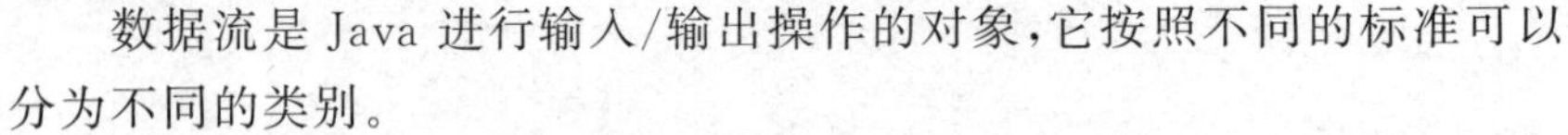

数据流是 Java 进行输入/输出操作的对象,它按照不同的标准可以分为不同的类别。

- 按照流的方向主要分为输入流和输出流两大类。
- 按照数据单位的不同分为字节流和字符流。
- 按照流的功能可以划分为节点流和处理流。

对于程序来说,输入/输出流提供一条数据通道,如图 8-1 所示。输入流指的是数据的来源,程序从输入流中读取数据;输出流是数据要去的目的地,程序向输出流写数据,写的数据被传送到目的地。

在 Java 开发环境中,对输入/输出流的操作主要由 java.io 包中提供的类和接口来实现。整个 java.io 包实际上包括 File、InputStream、OutputStream、Reader、Writer 5 个类和

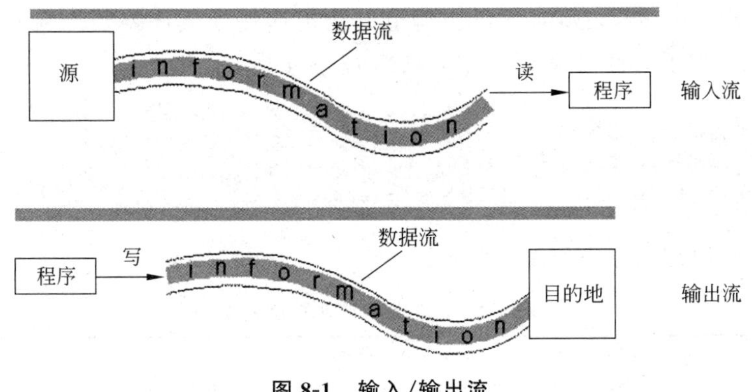

图 8-1　输入/输出流

一个 Serializable 接口。要使用这些类，程序必须导入 java.io 包。

在 Java 中，我们可以通过 InputStream、OutputStream、Reader 与 Writer 类来处理流的输入/输出。InputStream 与 OutputStream 类通常是用来处理"字节流"，字节流表示以字节为单位，从 stream 中读取或往 stream 中写入信息，通常用来读写二进制数据，如图像和声音、Word 文档、视频文件等；而 Reader 与 Writer 类则用来处理"字符流"。字符流是用来处理以 2 字节为单位的 Unicode 字符，也就是纯文本文件，如可以用 Windows 中的记事本直接编辑的文件。

输入/输出流顶层类的分类如图 8-2 所示。

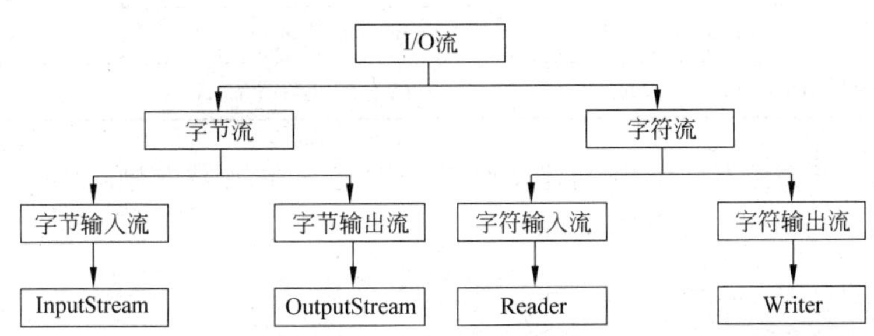

图 8-2　输入/输出流顶层类的分类

在 java.io 包中提供了文件类，可以处理文件和文件系统，包括文件的创建、删除、重命名，取得文件大小，修改日期等。Java 语言通过 File 类建立与磁盘文件的联系。File 类主要用来获取文件或者目录的信息，File 类的对象本身不提供对文件的处理功能。要想对文件实现读写操作，需要使用相关的输入/输出流。

File 类属于 java.io，File 类提供了三种构造方法，用于生成 File 类对象。File 类的构造方法见表 8-1。

表 8-1　File 类的构造方法

构 造 方 法	作　　用
public File(String name)	创建一个与字符串 name 关联的 File 对象
public File(String pathname,String filename)	创建一个 File 对象，与目录 pathname 下的 filename 关联
public File(File path,String file)	创建一个 File 对象，与目录 path 下的 filename 关联

要使用一个 File 类，必须向 File 类构造方法传递一个文件路径。例如，下面的语句以不同的方式创建了文件对象 f1、f2、f3，均指向 user.dat 文件。

```
File f1=new File("user.dat");
File f2=new File("c:/data/user.dat");
File f3=new File("c:/data", "user.dat");
```

File 类的其他常用方法如表 8-2 所示。

表 8-2　File 类的其他常用方法

其他常用方法	作　　用
public boolean createNewFile()	创建一个新文件
public String getName()	返回当前对象的文件名
public boolean delete()	删除文件
public boolean exists()	判断文件是否存在
public boolean isDirecory()	判断给定的文件类对象是否是一个目录
public long length()	返回文件的大小
public String[] list()	返回当前 File 对象指定的路径文件列表
public File[] listFiles()	列出指定目录的全部内容
public boolean mkdir()	创建一个目录
public boolean rename(File dest)	为已有的文件重命名

【例 8-1】 若文件不存在，则新建文件；若文件已存在，则将其删除。

程序如下：(源代码：FileDemo.java)

```
import java.io.File;
import java.io.IOException;
public class FileDemo{
    public static void main(String args[]){
        File f=new File("d:"+File.separator+"test.txt");
                                                //实例化 File 类的对象
        //File f=new File("d://test.txt");
        if(f.exists()){                         //如果文件存在则删除
            f.delete();                         //删除文件
        }else{
            try{
                f.createNewFile();              //创建文件，根据给定的路径创建
            }catch(IOException e){
                e.printStackTrace();            //输出异常信息
            }
        }
    }
};
```

程序分析如下。

- 第 5 行创建了一个文件类对象。
- 第 8 行删除了存在的文件。
- 第 12 行创建新文件。
- 第 13 行对创建文件过程中可能出现的 IOException 异常进行处理。

8.1.2 字节流和字符流

字节流

1. 字节流

在 Java 语言中，字节流（InputStream 类和 OutPutStream 类）提供了处理字节的输入/输出方法，它提供了顶层的两个抽象类：InputStream 和 OutputStream 类。这两个类是由 Object 类扩展而来，是所有字节输入流和字节输出流的基类。抽象类不能直接创建流对象，而是由其所派生出来的子类提供读写不同数据的操作。图 8-3 展示了 InputStream 类和 OutputStream 类派生的子类及其关系。

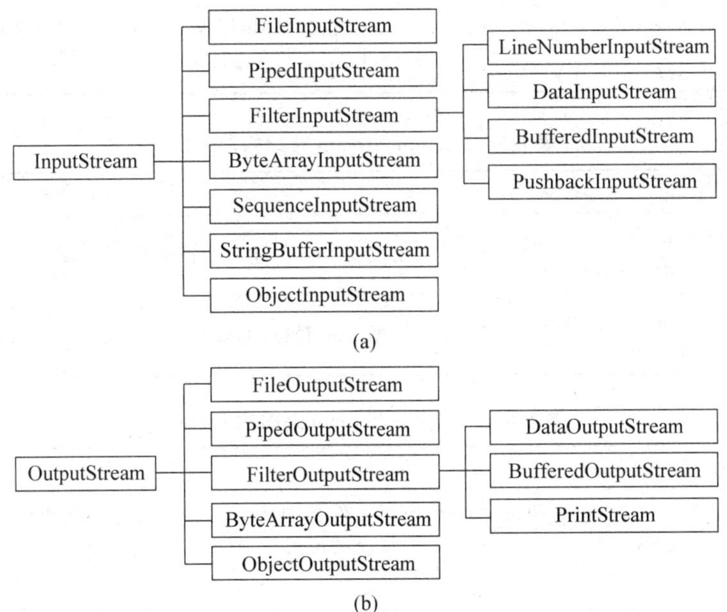

图 8-3 InputStream 类和 OutputStream 类派生的子类

在表 8-3 和表 8-4 中分别列出了抽象类 InputStream 和 OutputStream 中的常用方法，这些方法都可以被它们所有的子类继承使用。所有这些方法在发生错误时都会抛出 IOException 异常，程序必须使用 try-catch 块捕获并处理这个异常。

在抽象类 InputStream 和 OutputStream 的子类中，文件输入流/文件输出流子类（FileInputStream/FileOutputStream）用于处理磁盘文件的读写操作。它们的构造方法如表 8-5 和表 8-6 所示。

表 8-3　InputStream 类的常用方法

常用方法	作　用
public int read[] throws IOException	从输入流读取一字节的数据
public int read[byte[] b] throws IOException	从输入流读取字节数并存储在字节数组 b 中
public int read[byte[] b, int off, int len] throws IOException	从输入流中的 off 位置开始读取 len 字节数并存储在字节数组 b 中
public long skip(long n) throws IOException	从输入流中跳过 n 字节
public void close() throws IOException	关闭输入流,释放资源

表 8-4　OutputStream 类的常用方法

常用方法	作　用
public void write[] throws IOException	将指定的字节数据写入输出流
public void write[byte[] b] throws IOException	将字节数组写入输出流
public void write[byte[] b, int off, int len] throws IOException	从字节数组的 off 位置向输出流写入 len 字节
public void flush()throws IOException	强制将输出流保存在缓冲区中的数据写入输出流中
public void close()throws IOException	闭输入流,释放资源

表 8-5　FileInputStream 类的构造方法

构造方法	作　用
public FileInputStream(String name) throws FileNotFoundException	根据文件名创建一个读取数据的输入流对象
public FileInputStream(File file) throws FileNotFoundException	根据 File 对象创建一个读取数据的输入流对象

表 8-6　FileOutputStream 类的构造方法

构造方法	作　用
public FileOutputStream(String filename) throws FileNotFoundException	根据文件名创建一个写入数据的输出流对象,原先的文件将会被覆盖
public FileOutputStream(File file) throws FileNotFoundException	根据 File 对象创建一个写入数据的输出流对象
public FileOutputStream(File file, boolean b) throws FileNotFoundException	根据 File 对象创建一个写入数据的输出流对象;如果 b 为 true,则会将数据附加在原先的数据后面

FileInputStream 输入流的作用是从文件读取数据到内存中。它使用 read()方法按照单个字节的顺序读取数据源中的数据,每调用一次,就从文件读取 1 字节,然后将该字节以整数(0～255 的一个整数)形式返回。如果到达文件末尾时,read()方法返回－1,文件读取数据结束后,要调用 close()方法关闭输入流。创建 FileInputStream 对象时,若所指定的文件不存在,则会产生一个 FileNotFoundException 异常。

FileOutputStream 输出流的作用是将数据从内存写入文件。它使用 write()方法将字节写入到输出流中，每次调用 write()方法，就向文件写入一个字节，直到输出流调用 close()方法关闭流为止。FileOutputStream 对象的创建不依赖于文件是否存在，而是通过实际文件路径(或其标识的 File 对象)来创建文件流。如果文件存在，则构造方法中有打开文件的操作；如果文件给定的是目录而不是文件，或者文件不存在又不能创建，或者文件存在却不能打开，则抛出 FileNotFoundException 异常。

在实际使用过程中，FileInputStream 和 FileOutputStream 经常配合使用以实现对文件的存取操作。

【例 8-2】 利用字节流实现对文本文件复制。

程序如下：(源代码：FileStreamDemo.java)

```
1. import java.io.*;
2. public class FileStreamDemo{
3.     public static void main(String[] args){
4.         int b=0;
5.         FileInputStream in=null;
6.         FileOutputStream out=null;
7.         try{
8.             in=new FileInputStream("D:\\workspace\\java\\java_book\\
                  src\\chapter9\\user.txt");
9.             out=new FileOutputStream("D:\\workspace\\java\\java_book
                  \\src\\chapter9\\user.bak");
10.             while((b=in.read()) !=-1){
11.                 //System.out.print((char)b);
12.                 out.write(b);
13.             }
14.             in.close();
15.             out.close();
16.         }catch(FileNotFoundException e){
17.             System.out.println("找不到指定文件");
18.             System.exit(-1);
19.         }catch(IOException e1){
20.             System.out.println("文件复制错误");
21.             System.exit(-1);
22.         }
23.         System.out.println("文件已复制");
24.     }
25. }
```

程序分析如下。

- 第 5 行和第 6 行定义的是字节流，它们不仅可以读写文本文件，还可以读写图片、声音、影像文件。
- 第 8 行和第 9 行的文件需要带有绝对目录。
- 第 16 行和第 19 行对可能产生的异常进行了捕捉处理。一个是创建输入流对象时找不到文件引发的 FileNotFoundException 异常；另一个是循环读取文件中的内容时引发的 IOException。

- 如果将文本 user.txt 的内容在控制台上输出,则只需做如下的修改。

```
while((b=in.read())!=-1){
    System.out.print((char)b);
}
```

- 如果 user.txt 中包含了汉字,通过字节流操作则不能正常显示,而是会出现一堆乱码。这是因为一个汉字占两个字节,而字节流读取的内容是以一个字节为单位的。

2. 字符流

字符流与其他

字符流(Reader 类和 Writer 类)是以一个字符(两个字节)的长度为单位进行数据处理的,同时进行适当的字符编码转化处理。Reader 和 Writer 是所有字符流的基类,属于抽象类,它们的子类为字符流的输入/输出提供了丰富的功能。

表 8-7 和表 8-8 列出了 Reader 和 Writer 类的常用方法,所有这些方法在发生错误时都会抛出 IOException 异常。Reader 和 Writer 两个抽象类定义的方法都可以被它们所有的子类继承。

表 8-7 Reader 类的常用方法

常用方法	作　用
public int read()	从输入流读取一个字符。如果到达文件结尾,则返回-1
public int read(char buf[])	从输入流中将指定个数的字符读入数组 buf 中,并返回读取成功的实际字符数目。如果到达文件结尾,则返回-1
public int read(char buf[],int off,int len)	从输入流中将 len 个字符从 buf[off]位置开始读入数组 buf 中,并返回读取成功的实际字符数目。如果到达文件结尾,则返回-1
public void close()	关闭输入流。如果试图继续读取,将产生一个 IOException 异常

表 8-8 Writer 类的常用方法

常用方法	作　用
public void writer(int c) throws IOException	将一个字符写入输出流中
public void writer(char[] cbuf) throws IOException	将一个完整的字符数组写入输出流中
public void writer(String str) throws IOException	将一个字符串写入输出流中
public abstract void close() throws IOException	关闭输出流
public abstract void flush() throws IOException	强制输出流中的字符输出到指定的输出流

Java 定义了字符流的子类文件输入/输出流(FileReader 类和 FileWriter 类),用于处理磁盘文件的读/写操作。它们的对象可以使用 Reader 类和 Writer 类提供的方法。

要使用 FileReader 类读取文件,必须使用 FileReader()构造方法产生 FileReader 类的对象，再利用它来调用 read()方法。如果创建输入流时对应的磁盘文件不存在，则抛出 FileNotFoundException 异常，因此在创建 FileReader 对象时需要对其进行捕捉或者继续向外抛出。

FileReader 类的构造方法如表 8-9 所示。

表 8-9　FileReader 类的构造方法

构 造 方 法	作　　用
public FileReader(String filename) throws FileNotFoundException	根据文件名创建一个字符输入流对象
public FileReader(File file) throws FileNotFoundException	根据指定的文件对象创建一个字符输入流对象

字符输出流 FileWriter 类继承了 Writer 类，因而 FileWriter 类对象可以使用 Writer 类的常用方法。要使用 FileWriter 类将数据写入文件，必须先调用 FileWriter 类的构造方法创建 FileWriter 类对象，再利用它来调用 writer()方法。FileWriter 对象的创建不依赖于文件存在与否，在创建文件之前，FileWriter 将在创建对象时打开它来作为输出。FileWriter 类的构造方法如表 8-10 所示。

表 8-10　FileWriter 类的构造方法

构 造 方 法	作　　用
public FileWriter(String filename)throws IOException	根据文件名创建一个字符输出流对象，原先的文件会被覆盖
public FileWriter(File file)throws IOException	根据指定的文件对象创建一个字符输出流对象

【例 8-3】　利用字符流实现对文本文件的复制。

程序如下：(源代码：FielReaderWriter.java)

```
import java.io.*;
public class FileReaderWriter{
    public static void main(String[] args) throws Exception{
        FileReader fr=new FileReader("D:\\workspace\\java\\java_book
          \\src\\chapter9\\user1.txt");
        FileWriter fw=new FileWriter("D:\\workspace\\java\\java_book
          \\src\\chapter9\\user1.bak");
        int b;
        while((b=fr.read()) !=-1){

            System.out.print((char) b);
             //fw.write(b);
        }
         fr.close();
         fw.close();
    }
}
```

程序分析如下。

- 第 3 行程序通过 throws Exception 在 main()方法中抛出可能出现的异常，抛出的异常由 JVM(虚拟机)处理。
- 第 7～9 行程序是从输入流中循环读取一个字符，并写入输出流。如果到达文件结尾，则返回 -1，结束循环。
- 如果 user.txt 中含有汉字，将其中的内容输出到控制台，只需做如下的修改。

```
while((b=fr.read()) !=-1){
    System.out.print((char)b);
}
```

由于 FileReader 类是以两个字节为单位读取文件中的内容，因此即使文件中有汉字，依然能够正确显示在屏幕上。

8.1.3 过滤流和数据流

前面所学习的字节流和字符流所提供的读取文件的方法，一次只能读取一个字节或一个字符。如果要读取整数值、双精度或字符串数值，则需要一个过滤流(filter streams)，即过滤流通过包装输入流可以读取整数值、双精度和字符串数值，过滤流必须以某一个节点流作为流的来源，可以在读写数据的同时完成对数据的处理。

为了使用一个过滤流，必须首先把过滤流连接到某个输入/输出流上，通过在构造方法的参数中指定所要连接的输入/输出流来实现。例如：

```
FilterInputStream(InputStream in);
FilterOutputStream(OutputStream out);
```

过滤流分为面向字符和面向字节两种。下面将以面向字符的 BufferedReader 类、BufferedWriter 类以及面向字节的 DataInputStream 和 DataOutputStream 类为例介绍过滤流的使用方法。

1. 过滤流

Java 语言中，将过滤流 BufferedReader 和 BufferedWriter 类同基本的字符输入/输出流(如 FileReader 和 FileWriter)相连。通过基本的字符输入流将一批数据读入缓冲区，BufferedReader 流将从缓冲区读取数据，而不是每次都直接从数据源读取，有效地提高了读操作的效率。其中 BufferedReader 类的 readLine()方法可以一次读入一行字符，并以字符串的形式返回。该类的构造方法及其他常用方法如表 8-11 所示。

过滤流 BufferedWriter 将一批数据写到缓冲区，基本字符输出流不断地将缓冲区中的数据写入目标文件中。当 BufferedWriter 调用 flush()方法刷新缓冲区或调用 close()方法关闭过滤流时，即使缓冲区中的数据还未满，缓冲区中的数据也会立刻被写至目标文件。BufferedWriter 类常用的构造方法及其他常用方法如表 8-12 所示。

表 8-11　BufferedReader 类的构造方法及其他常用方法

构造方法及其他常用方法	作　用
public BufferedReader(Reader in) throws IOException	创建缓冲区字符输入流
public BufferedReader(Reader in,int size) throws IOException	创建缓冲区字符输入流,并设置缓冲区大小
public String readLine() throws IOException	读取一行字符串

表 8-12　BufferedWriter 类的构造方法及其他常用方法

构造方法及其他常用方法	作　用
public BufferedWriter(Writer out)	创建缓冲区字符输出流
public void write(int c) throws IOException	将一个字符写入文件
public void write(char[] cbuf, int off, int len) throws IOException	将一个字符数组从 off 位置开始的 len 个字符写入文件中
public void write(String s, int off, int len) throws IOException	将一个字符串从 off 位置开始的 len 个字符写入文件中
public void newline() throws IOException	将一个换行字符写入文件

【例 8-4】 将字符串按照行的方式写进文件,然后再将文件的内容以行的方式输出到屏幕中。

程序如下:(源代码:BufferDemo.java)

```
import java.io.*;

public class BufferDemo{
  public static void main(String[] args){
    String s;
    try{
      FileWriter fw=new FileWriter("hello.txt");
      FileReader fr=new FileReader("hello.txt");
      BufferedWriter bw=new BufferedWriter(fw);
      BufferedReader br=new BufferedReader(fr);
      bw.write("Hello");
      bw.newLine();
      bw.write("Everyone");
      bw.newLine();
      bw.flush();
      while((s=br.readLine())!=null){
        System.out.println(s);
      }
      bw.close();
      br.close();
      fr.close();
      fw.close();
    }catch(IOException e){ e.printStackTrace();}
  }
}
```

程序分析如下。

- 第 7、8 行代码创建文件字符输入、输出流对象。
- 第 9 行代码将缓冲输出流与文件输出流相连。
- 第 10 行代码将缓冲输入流与文件输入流相连。
- 第 11、13 行代码写入字符串。
- 第 12、14 行代码写入换行符。
- 第 15 行代码刷新缓冲区。
- 第 16～18 行代码循环按行读入输入流的内容，并输出到控制台。
- 第 19～22 行代码关闭所有流操作。

2. 数据流

在使用 Java 语言进行读取数据时，除了对二进制文件和文本文件进行读取外，还经常读取 Java 的基本数据类型和字符串数据。基本数据类型数据包括 byte、int、char、long、float、double、boolean 和 short 类型。若使用前面所学的字节流和字符流来处理这些数据，将会非常麻烦。Java 语言提供了 DataInputStream 和 DataOutputStream 类对基本数据类型进行操作。

在 DataInputStream 和 DataOutputStream 两个类中，读和写方法的基本结构为 read×××()和 write×××()，其中×××代表基本数据类型或者 String 类型，例如 readInt()、readByte()、writeChar()、writeBoolean()等，DataInputStream 类和 DataOutputStream 类的构造方法及其他常用方法参见表 8-13 和表 8-14。

表 8-13　DataInputStream 类的构造方法及其他常用方法

构造方法及其他常用方法	作　用
public DataInputStream(InputStream in)	使用 InputStream 类对象创建一个 DataInputStream 类对象
public int readInt(byte[] b) throws IOException	从包含的输入流中读取一定数量的字节，并将它们存入缓冲区数组 b 中
public boolean readBoolean() throws IOException	读取一个输入字节，如果该字节不为零，则返回 true；如果是零，则返回 false
public byte readByte() throws IOException	读取并返回一个字节
public char readChar() throws IOException	读取两个输入字节并返回一个 char 值
public String readUTF() throws IOException	读入一个已使用 UTF-8 修改版格式编码的字符串

表 8-14　DataOutputStream 类的构造方法及其他常用方法

构造方法及其他常用方法	作　用
public DataOutputStream(OutputStream out)	创建一个新的数据输出流，将数据写入指定的基础输出流
public void writeByte(int value)	将 value 的低字节写出到基础数据流中

续表

构造方法及其他常用方法	作　用
public void writeBoolean(boolean value)	将 boolean 类型的 value 作为 1 字节写入基础输出流中，如果 value 为 true 则写入 1，否则写入 0
public void writeChar(int value)	将一个 int 类型的 value 的 2 字节写入基础数据流中，先写入高字节
public void writeInt(int value)	将 int 类型的 value 的 4 字节写入基础输出流中
public void writeFloat(float value)	将 float 类型的 value 的 4 字节写入基础输出流中
public void writeUTF(String str)throws IOException	将一个 UTF 格式的字符串写入基础输出流中
public void writeChars(String s)throws IOException	将字符长按照字符顺序写入基础输出流中
public void flush() throws IOException	清空数据输出流

【例 8-5】 把数据写入文件并输出。

程序如下：（源代码：DataStreamDemo.java）

```
1. import java.io.*;
2. class DataStreamDemo{
3.   public static void main(String args[]) throws IOException{
4.     FileOutputStream fos=new FileOutputStream("data.txt");
5.     DataOutputStream dos=new DataOutputStream(fos);
6.     try{
7.         dos.writeUTF("北京");
8.         dos.writeInt(2021);
9.         dos.writeUTF("欢迎您!");
10.     }
11.     finally{
12.         dos.close();
13.     }
14.   FileInputStream fis=new FileInputStream("data.txt");
15.   DataInputStream dis=new DataInputStream(fis);
16.     try{
17.       System.out.print(dis.readUTF()+dis.readInt()+dis.readUTF());
18.     }
19.     finally{
20.       dis.close();
21.     }
22.   }
23. }
```

程序运行结果如图 8-4 所示。

程序分析如下。

- 第 4 行创建 data.txt 文件输出流对象。
- 第 5 行创建数据输出流对象，并与文件输出流相连。

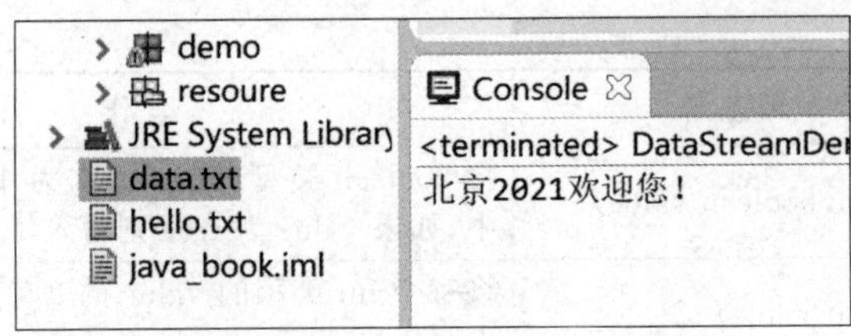

图 8-4　例 8-5 的程序运行结果

- 第 6～8 行将数据写入 data.txt 文件。
- 第 14 行创建文件输入流对象。
- 第 15 行创建数据输入流对象，并与文件输入流相连。
- 第 17 行从数据输入流中读入不同类型的数据。

8.1.4　标准输入/输出流

所谓标准输入/输出流，是在 java.lang.System 类中包含的 3 个预定义的流变量：in、out、err。

- System.in：代表标准输入流。默认情况下，数据源是键盘。
- System.out：代表标准输出流。默认情况下，数据输出到控制台。
- System.err：代表标准错误流。默认情况下，数据输出到控制台。

一般情况下，利用 System.in 进行键盘输入，通常会一行一行地读取数据。

【例 8-6】　实现按行读取数据功能。

程序如下：(源代码：SystemDemo.java)

```
import java.io.*;
public class SystemDemo{
  public static void main(String[] args) throws IOException{
      int a;
      float b;
      String str;
      BufferedReader br=new BufferedReader(new InputStreamReader
      (System.in));
    System.out.print("请输入加数(整型)：");
    str=br.readLine();
     a=Integer.parseInt(str);
     System.out.print("请输入被加数(实型)：");
     str=br.readLine();
     b=Float.parseFloat(str);
     System.out.println("两数相加结果为:"+(a+b));
     System.out.print("请输入一个字符：");
     String s=br.readLine();
     System.out.println("输入的字符串为:"+s);
  }
}
```

程序运行结果如图 8-5 所示。

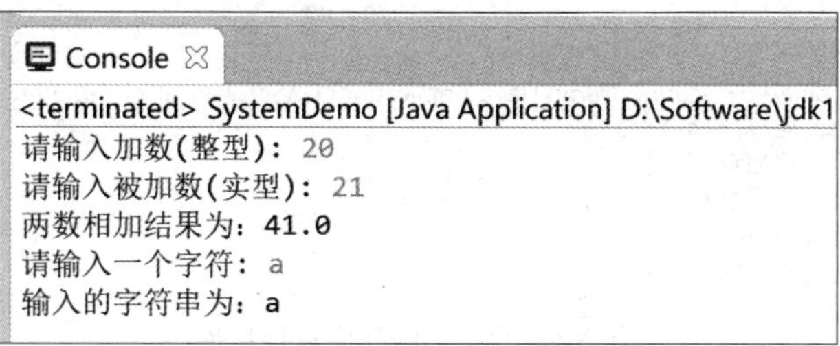

图 8-5　例 8-6 的程序运行结果

程序分析如下。

在该例中,系统将所有通过键盘输入的数据都看作是字符串类型,如果输入的数据要求其他数据类型,则应该进行转换。另外,利用 System.in 实现按行输入的功能时,实现起来相对复杂。

JDK 1.5 新增的 java.util.Scanner 类同样可以实现按行输入的功能。使用 Scanner 类读取数据的步骤如下。

(1) 创建 Scanner 对象:

```
Scanner reader=new Scanner(System.in);
```

(2) 调用下列方法读取用户在命令行输入的各种数据类型: nextByte()、nextDouble()、nextFloat()、nextInt()、nextLine()、nextLong()、nextShort 等。上述方法执行时,都会等待用户在命令行输入数据并按 Enter 键确认。

下面利用 Scanner 类实现与例 8-6 相同的功能。

【例 8-7】 利用 Scanner 读取数据。

程序如下:(源代码: ScannerDemo.java)

```
import java.util.Scanner;
public class ScannerDemo{
  public static void main(String[] args){
     int a;
     float b;
       String str;
       Scanner cin=new Scanner(System.in);  //创建输入处理的对象
       System.out.print("请输入加数(整型): ");
       a=cin.nextInt();
        System.out.print("请输入被加数(实型):");
        b=cin.nextFloat();
        System.out.println("两数相加结果为:"+(a+b));
        System.out.print("请输入一个字符: ");
        str=cin.next();
        System.out.println("输入的字符串为:"+str);
  }
}
```

程序运行结果如图 8-6 所示。

```
Console
<terminated> ScannerDemo [Java Application] D:\Software\jdk1.8\bin\javaw.exe
请输入加数(整型): 100
请输入被加数(实型):100
两数相加结果为: 200.0
请输入一个字符: w
输入的字符串为: w
```

图 8-6 例 8-7 的程序运行结果

8.1.5 对象序列化

进行面向对象编程时,经常要将数据与相关的操作封装在某一个类中。例如,用户的注册信息和对用户信息的编辑、读取等操作被封装在一个类中。在实际应用中,需要将整个对象及其状态一并保存到文件中或者用于网络传输,同时又能够将该对象还原成原来的状态。这种将程序中的对象写进文件,以及从文件中将对象恢复出来的机制就是所谓的对象序列化。序列化的实质是将对象转换成二进制数据流,而把字节序列恢复为 Java 对象的过程称为对象的反序列化。

在 Java 中,对象序列化是通过 java.io.Serializable 接口和对象流类 ObjectInputStream、ObjectOutputStream 来实现的。

具体步骤如下。

(1) 定义一个可以序列化的对象。只有实现 Serializable 接口的类才能序列化,Serializable 接口中没有任何方法。当在一个类声明中实现 Serializable 接口时,表明该类加入了对象系列化协议。

(2) 构造类对象的输入/输出流。将对象写入字节流和从字节流中读取数据,分别通过 ObjectInputStream 类和 ObjectOutputStream 类来实现。其中 ObjectOutputStream 类中提供了 writeObject()方法,用于将指定的对象写入对象输出流中,即对象的序列化;ObjectInputStream 类中提供了 readObject()方法,用于从对象输入流中读取对象,即对象的反序列化。

从某种意义来看,对象流与数据流是相类似的,也具有过滤流的特性。利用对象流输入、输出对象时,不能单独使用,而是需要与其他的流连接起来。同时,为了保证读出正确的数据,必须保证向对象输出流写对象的顺序与从对象输入流读对象的顺序一致。

【例 8-8】 在这个例子中,我们首先定义一个候选人所属的 Candidate 类,实现了 Serializable 接口,再通过对象输出流的 writeObject()方法将 Candidate 对象保存到 candidates.obj 文件中。然后通过对象输入流的 readObject()方法从文件 candidates.obj 中读出 Candidate 对象。

程序如下:(源代码: ObjectStreamDemo.java)

```java
import java.io.*;
class Candidate implements Serializable{
```

```
  //存放候选人资料的类
  private String fullName,city;
  private int age;
  private boolean married;
  public Candidate(String fullName, int age,  String city){
    this.fullName=fullName;
    this.age=age;
    this.city=city;
  }
  public String toString(){
    return(fullName+","+age+","+city);
  }
}
class ObjectStreamDemo{
  public static void main(String[] args) throws Exception{
    Candidate[] candidates=new Candidate[2];
    candidates[0]=new Candidate("张三 ", 33, " 北京");
    candidates[1]=new Candidate("李四 ", 32, " 上海");
    //创建对象输出流并与文件输出流相连
    ObjectOutputStream oos;
    oos=new ObjectOutputStream(new FileOutputStream("candidates.dat"));
    //将对象中的数据写入对象输出流
    oos.writeObject(candidates);
    //关闭对象输出流
    oos.close();
    candidates=null;
    //创建对象输入流和文件输入流相连
    ObjectInputStream ois;
    ois=new ObjectInputStream(new FileInputStream("candidates.dat"));
    //从输入流中读取对象
    candidates=(Candidate[]) ois.readObject();
    System.out.println("候选人名单：");
    for(int i=0; i<candidates.length; i++)
        System.out.println("候选人 "+(i+1)+": "+candidates[i]);
    //关闭对象输入流
    ois.close();
  }
}
```

程序运行结果如图 8-7 所示。

```
Console
<terminated> ObjectStreamDemo [Java Application] D:\Software\jdk1.8\bin\javaw.exe
候选人名单：
候选人 1: 张三 ,33, 北京
候选人 2: 李四 ,32, 上海
```

图 8-7　例 8-8 的程序运行结果

程序分析如下。

- 第 2 行定义 Candidate 类,实现序列化。
- 第 18 行定义 Candidate 类数组,长度为 2。
- 第 22 行和第 23 行创建对象输出流对象并指向文件 candidate.obj。
- 第 25 行将对象中的数据写入对象输出流。
- 第 27 行关闭对象输出流。
- 第 31 行保存对象的文件名,一般不用.txt,建议采用.obj 或.ser 为扩展名。
- 第 36 行从输入流中读取对象。
- 第 38 行关闭对象输入流。

8.2 项目分析与设计

(1) 用户信息的注册。当用户输入符合要求的信息并单击"注册"按钮时,系统首先将用户信息文件内容读出,并确认用户名是否已经存在。若存在,提示重新输入;若不存在,则把当前信息写到用户信息文件中。

(2) 用户登录。当用户输入用户名和密码后,系统将打开用户的信息文件,将输入的信息与读出的信息进行比较,如果比较结果一致,允许登录;否则提示出错原因,重新登录,如图 8-8 所示。

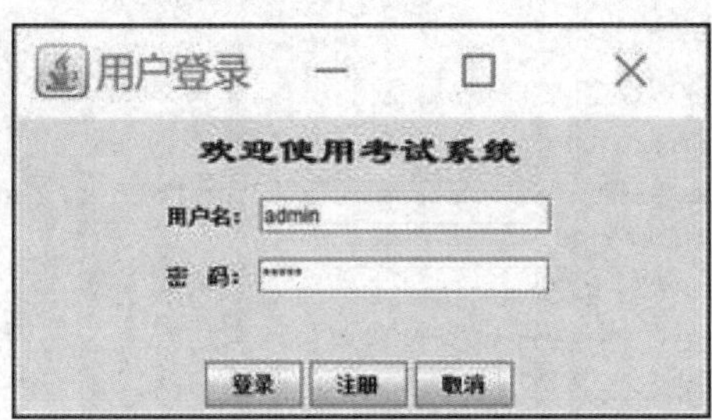

图 8-8 用户登录

8.3 项 目 实 施

任务 8-1 读取注册文件

源程序如下:

```
public void register(){
    File f;
    FileInputStream fi;
```

```
    FileOutputStream fo;
Vector vuser=new Vector();
ObjectInputStream ois;
ObjectOutputStream oos;
int flag=0;
    try{
      f=new File("users.dat");
      if(f.exists()){
          fi=new FileInputStream(f);
          ois=new ObjectInputStream(fi);
          vuser=(Vector)ois.readObject();
          for(int i=0;i<vuser.size();i++){
        Register regtmesg=(Register)vuser.elementAt(i);
          if(regtmesg.name.equals(regt.name)){
              JOptionPane.showMessageDialog(null,"该用户已存在,请重新输入");
          flag=1;
          break;
        }
       }
       fi.close();
       ois.close();
    }
    if(flag==0){
        //添加新注册用户
        vuser.addElement(regt);
        //将向量中的类写回文件
        fo=new FileOutputStream(f);
        oos=new ObjectOutputStream(fo);
        oos.writeObject(vuser);
        //发送注册成功信息
      JOptionPane.showMessageDialog(null,"用户"+regt.name+"注册成功,"+"\n");
      regtSuccess=true;
      fo.close();
      os.close();
    }
  }
  catch(ClassNotFoundException e){
    JOptionPane.showMessageDialog(null,"找不到用户文件'users.dat'!");
  }
  catch(IOException e){
    System.out.println(e);
  }
}
```

任务 8-2 页面控件监听

源程序如下：

```
public void actionPerformed(ActionEvent e)
{
    if(e.getSource()==commitbtn)
    {
        //接收客户的详细资料
        Register rinfo=new Register();
        rinfo.name=namefield.getText().trim();
        rinfo.password=new String(pwdfield1.getPassword());
        rinfo.sex=rbtn1.isSelected()?"男":"女";
        rinfo.age=agefield.getText().trim();
        rinfo.nclass=combo.getSelectedItem().toString();

        //验证用户名是否为空
        if(rinfo.name.length()==0)
        {
            JOptionPane.showMessageDialog(null,"\t 用户名不能为空");
            return;
        }

        //验证密码是否为空
        if(rinfo.password.length()==0)
        {
            JOptionPane.showMessageDialog(null,"\t 密码不能为空");
            return;
        }

        //验证密码的一致性
        if(!rinfo.password.equals(new String(pwdfield2.getPassword())))
        {
            JOptionPane.showMessageDialog(null,"密码两次输入不一致,请重新输入");
            return;
        }

        //验证年龄是否为空
        if(rinfo.age.length()==0)
        {
            JOptionPane.showMessageDialog(null,"\t 年龄不能为空");
            return;
        }
        //验证年龄的合法性
        int age=Integer.parseInt(rinfo.age);
        if(age<=0||age>100){
```

```
            JOptionPane.showMessageDialog(null,"\t 年龄输入不合法");
            return;
        }

        Register_Login rl=new Register_Login(rinfo);
        rl.register();
        if(rl.regtSuced())
        {
            //new LoginFrame();
            iframe.dispose();
        }
    }
    if(e.getSource()==resetbtn)
    {
        namefield.setText("");
        pwdfield1.setText("");
        pwdfield2.setText("");
        rbtn1.isSelected();
        agefield.setText("");
        combo.setSelectedIndex(0);
    }
    if(e.getSource()==cancelbtn)
    {
            //new LoginFrame();
        iframe.dispose();
    }
}
```

本项目后半部分的参考代码如下。

下面以读/写用户信息文件 user.dat 为例进行说明。在注册功能模块中,当输入考生的注册信息时,单击“注册”按钮后,系统首先进行读文件操作。接着将当前的用户名和考试信息中的用户名进行比较,若用户名已存在,将提示重新输入;若用户名不存在,则将当前用户的信息写进 user.dat 中,用对象流进行文件的读/写操作。

程序如下:(源代码:Register_GUI.java)

```
import java.awt.BorderLayout;
import java.awt.Component;
import java.awt.Dimension;
import java.awt.Font;
import java.awt.GridBagConstraints;
import java.awt.GridBagLayout;
import java.awt.Toolkit;
import java.awt.event.ActionEvent;
import java.awt.event.ActionListener;
import java.io.File;
import java.io.FileInputStream;
import java.io.FileNotFoundException;
```

```
import java.io.FileOutputStream;
import java.io.IOException;
import java.io.ObjectInputStream;
import java.io.ObjectOutputStream;
import java.util.Vector;
import java.io.Serializable;
import javax.swing.BorderFactory;
import javax.swing.Box;
import javax.swing.ButtonGroup;
import javax.swing.JButton;
import javax.swing.JComboBox;
import javax.swing.JFrame;
import javax.swing.JLabel;
import javax.swing.JOptionPane;
import javax.swing.JPanel;
import javax.swing.JPasswordField;
import javax.swing.JRadioButton;
import javax.swing.JTextField;
import javax.swing.border.Border;

public class Register_GUI
{
    public Register_GUI()
    {
        RegisterFrame rf=new RegisterFrame();

        rf.setVisible(true);
    }

    public static void main(String args[]){
        new Register_GUI();
    }
}

//框架类
class RegisterFrame extends JFrame
{

    private Toolkit tool;
    public RegisterFrame()
    {
        setTitle("用户注册");
        tool=Toolkit.getDefaultToolkit();
        Dimension ds=tool.getScreenSize();
        int w=ds.width;
        int h=ds.height;
        setBounds((w-300)/2,(h-300)/2, 300, 300);
        setResizable(false);
```

```
        BorderLayout bl=new BorderLayout();
        setLayout(bl);
        RegisterPanel rp=new RegisterPanel(this);
        add(rp,BorderLayout.CENTER);
        //pack();
    }
}
//容器类
class RegisterPanel extends JPanel implements ActionListener
{
    private static final long serialVersionUID=1L;
    private JLabel titlelabel,namelabel,pwdlabel1,pwdlabel2,sexlabel,agelabel,classlabel;
    private JTextField namefield,agefield;
    private JPasswordField pwdfield1,pwdfield2;
    private JButton commitbtn,resetbtn,cancelbtn;
    private JRadioButton rbtn1,rbtn2;
    private JComboBox combo;
    private Vector<String>v;
    private GridBagLayout gbl;
    private GridBagConstraints gbc;
    private JPanel panel;
    private Box box;
    private JFrame iframe;
    //private Box box,box1,box2,box3,box4,box5,box6,box7;
    public RegisterPanel(JFrame frame)
    {
        iframe=frame;
        titlelabel=new JLabel("用户注册");
        titlelabel.setFont(new Font("隶书",Font.BOLD,24));
        namelabel=new JLabel("用户名:");
        pwdlabel1=new JLabel("密　码:");
        pwdlabel2=new JLabel("确认密码:");
        sexlabel=new JLabel("性　别:");
        agelabel=new JLabel("年 龄:  ");
        classlabel=new JLabel("所属班级:");
        namefield=new JTextField(16);
        pwdfield1=new JPasswordField(16);
        //设置密码框中显示的字符
        pwdfield1.setEchoChar('*');
        pwdfield2=new JPasswordField(16);
        pwdfield2.setEchoChar('*');
        agefield=new JTextField(16);
        rbtn1=new JRadioButton("男");
        rbtn2=new JRadioButton("女");
        rbtn1.setSelected(true);
        ButtonGroup bg=new ButtonGroup();
        bg.add(rbtn1);
```

```
        bg.add(rbtn2);
        v=new Vector<String>();
        v.add("  软件英语 053                                        ");
        v.add("  软件英语 052                                        ");
        v.add("  软件英语 051                                        ");
        v.add("  计算机应用 051                                      ");
        v.add("  计算机应用 052                                      ");
        combo=new JComboBox(v);
        commitbtn=new JButton("注册");
        commitbtn.addActionListener(this);
        resetbtn=new JButton("重置");
        resetbtn.addActionListener(this);
        cancelbtn=new JButton("取消");
        cancelbtn.addActionListener(this);
        panel=new JPanel();
        panel.add(rbtn1);
        panel.add(rbtn2);
        Border border=BorderFactory.createTitledBorder("");
        panel.setBorder(border);

        box=Box.createHorizontalBox();
        box.add(commitbtn);
        box.add(Box.createHorizontalStrut(30));
        box.add(resetbtn);
        box.add(Box.createHorizontalStrut(30));
        box.add(cancelbtn);

        //添加组件,采用箱式布局
        gbl=new GridBagLayout();
        setLayout(gbl);
        gbc=new GridBagConstraints();
        addCompnent(titlelabel,0,0,4,1);
        add(Box.createVerticalStrut(20));
        gbc.anchor=GridBagConstraints.CENTER;
        gbc.fill=GridBagConstraints.HORIZONTAL;
        gbc.weightx=0;
        gbc.weighty=100;
        addCompnent(namelabel,0,1,1,1);
        addCompnent(namefield,1,1,4,1);
        addCompnent(pwdlabel1,0,2,1,1);
        addCompnent(pwdfield1,1,2,4,1);
        addCompnent(pwdlabel2,0,3,1,1);
        addCompnent(pwdfield2,1,3,4,1);
        addCompnent(sexlabel,0,4,1,1);
        //addCompnent(rbtn1,1,4,1,1);
        //addCompnent(rbtn2,2,4,1,1);
        addCompnent(panel,1,4,1,1);
        gbc.anchor=GridBagConstraints.EAST;
```

```
        gbc.fill=GridBagConstraints.NONE;
        addCompnent(agelabel,2,4,1,1);
        gbc.fill=GridBagConstraints.HORIZONTAL;
        addCompnent(agefield,3,4,2,1);
        addCompnent(classlabel,0,5,1,1);
        addCompnent(combo,1,5,4,1);
        gbc.anchor=GridBagConstraints.CENTER;
        gbc.fill=GridBagConstraints.NONE;
        addCompnent(box,0,6,4,1);
    }
    //定义一个用网格组布局的通用方法
    public void addCompnent(Component c,int x,int y,int w,int h)
    {
        gbc.gridx=x;
        gbc.gridy=y;
        gbc.gridwidth=w;
        gbc.gridheight=h;
        add(c,gbc);
    }
    //@Override
    public void actionPerformed(ActionEvent e)
    {
        if(e.getSource()==commitbtn)
        {
            //接收客户的详细资料
            Register rinfo=new Register();
            rinfo.name=namefield.getText().trim();
            rinfo.password=new String(pwdfield1.getPassword());
            rinfo.sex=rbtn1.isSelected()?"男":"女";
            rinfo.age=agefield.getText().trim();
            rinfo.nclass=combo.getSelectedItem().toString();

            //验证用户名是否为空
            if(rinfo.name.length()==0)
            {
                JOptionPane.showMessageDialog(null,"\t用户名不能为空");
                return;
            }

            //验证密码是否为空
            if(rinfo.password.length()==0)
            {
                JOptionPane.showMessageDialog(null,"\t密码不能为空");
                return;
            }

            //验证密码的一致性
```

```
            if(!rinfo.password.equals(new String(pwdfield2.
            getPassword())))
            {
                JOptionPane.showMessageDialog(null,"密码两次输入不一致,
                请重新输入");
                return;
            }

            //验证年龄是否为空
            if(rinfo.age.length()==0)
            {
                JOptionPane.showMessageDialog(null,"\t 年龄不能为空");
                return;
            }
            //验证年龄的合法性
            int age=Integer.parseInt(rinfo.age);
            if(age<=0||age>100){
                JOptionPane.showMessageDialog(null,"\t 年龄输入不合法");
                return;
            }

            Register_Login rl=new Register_Login(rinfo);
            rl.register();
            if(rl.regtSuced())
            {
            //new LoginFrame();
                iframe.dispose();
            }
        }
        if(e.getSource()==resetbtn)
        {
            namefield.setText("");
            pwdfield1.setText("");
            pwdfield2.setText("");
            rbtn1.isSelected();
            agefield.setText("");
            combo.setSelectedIndex(0);
        }
        if(e.getSource()==cancelbtn)
        {
        //new LoginFrame();
            iframe.dispose();
        }
    }
}
```

```
class Register_Login
{
   Register regt=new Register();
   Login login=new Login();
   private boolean loginSuccess=false;
   private boolean regtSuccess=false;
   public Register_Login(Register  reg){
       regt=reg;
   }
   public void register(){
      File  f;
      FileInputStream fi;
      FileOutputStream fo;
      Vector vuser=new Vector();
      ObjectInputStream ois;
      ObjectOutputStream oos;
      int flag=0;
       try{
            f=new File("users.dat");
         if(f.exists()){
         fi=new FileInputStream(f);
         ois=new ObjectInputStream(fi);
         vuser=(Vector)ois.readObject();
         for(int i=0;i<vuser.size();i++){
             Register regtmesg=(Register)vuser.elementAt(i);
              if(regtmesg.name.equals(regt.name)){
               JOptionPane.showMessageDialog(null,"该用户已存在,请重新
               输入");
               flag=1;
               break;
              }
          }
          fi.close();
          ois.close();
        }
        if(flag==0){
                //添加新注册用户
          vuser.addElement(regt);
                //将向量中的类写回文件
          fo=new FileOutputStream(f);
          oos=new ObjectOutputStream(fo);
          oos.writeObject(vuser);
                //发送注册成功信息
          JOptionPane.showMessageDialog(null,"用户"+regt.name+"注册
             成功, "+"\n");
             regtSuccess=true;
             fo.close();
             oos.close();
```

```
            }
        }
        catch(ClassNotFoundException e){
            JOptionPane.showMessageDialog(null,"找不到用户文件'users.dat'!");
        }
        catch(IOException e){
            System.out.println(e);
        }
    }
    public boolean regtSuced(){
        return regtSuccess;
    }
    public void login(){
      Vector vuser=new Vector();
      try{
          FileInputStream fi=new FileInputStream("users.user");
          ObjectInputStream si=new ObjectInputStream(fi);
          vuser=(Vector)si.readObject();
          for(int i=0;i<vuser.size();i++){
            Register regtmesg=(Register) vuser.elementAt(i);
              if(regtmesg.name.equals(login.name)){
                 if(!regtmesg.password.equals(login.password)){
                   JOptionPane.showMessageDialog(null,"密码不正确,请重新输入!","密码不正确提示",JOptionPane.OK_OPTION);
                     break;
                 }
                 else{
                          loginSuccess=true;
                 }
              }
              else{
                 if(i==vuser.size()){
                    JOptionPane.showMessageDialog(null,"该用户名不存在,请先注册!","该用户不存在提示",JOptionPane.OK_OPTION);
                 }
                 else{
                   continue;
                 }
              }
           }
           fi.close();
           si.close();
      }
      catch(Exception e){
        JOptionPane.showMessageDialog(null,"找不到用户文件'users.user'!");
```

```
    }
  }
  public boolean islogin(){
     return loginSuccess;
  }
}

class Register implements Serializable{
        String name;
        String password;
        String sex;
        String age;
        String nclass;
}
class Login implements Serializable
{

    private static final long serialVersionUID=1L;
        String name;
        String password;
        public Login()
        {

        }
}
```

拓展阅读　我国北斗卫星导航系统发展历程

卫星定位导航，如今已成为我们生活、工作、出行的得力助手。从叫外卖到驾车远行，从日常出行到军事行动，它的身影无处不在，如同古人所云："天行健，君子以自强不息。"在科技的驱动下，我们的生活正因卫星定位导航而变得更加便捷与高效。

追溯北斗卫星导航系统的发展历程，可谓波澜壮阔，犹如一幅精美的画卷缓缓展开。

首先，是北斗一号系统的崛起。1994 年，这颗璀璨的科技之星开始孕育；至 2000 年，随着两颗地球静止轨道卫星的冲天而起，北斗一号系统正式投入使用，如同初升的朝阳，为中国用户带来了定位、授时等诸多便利。而后，2003 年的第三颗卫星更是锦上添花，进一步强化了系统的性能。

然后，北斗二号系统接过了发展的接力棒。自 2004 年启动以来，经过数年的精心打造，终于在 2012 年年底完成了 14 颗卫星的发射组网。这一步的跨越，不仅增强了系统的覆盖范围和服务能力，更在兼容北斗一号系统的基础上，通过增加无源定位体制，为亚太地区用户带来了更为精准、全面的服务。

随后，北斗三号系统的建设自 2009 年开始如火如荼地展开，2020 年 7 月 31 日完成了 30 颗卫星的发射组网，全面建成北斗三号系统，向全球提供基本导航服务。这一系统的建成，标志着中国在全球导航领域的重大突破。

时光荏苒，岁月如梭。2023 年 5 月 17 日 10 时 49 分，这个值得铭记的时刻，中国在西昌卫星发射中心用长征三号乙运载火箭成功发射了第五十六颗北斗导航卫星。这一刻的辉煌成就正是对过往努力的最好回报也是对未来发展的美好期许。

回首北斗卫星导航系统的发展历程，我们不禁为祖国的科技进步而自豪。这一系统的成功建设不仅彰显了国家实力，更体现了中华民族自强不息、勇攀科技高峰的精神风貌。让我们携手共进，在科技的道路上不断追求卓越，为祖国的繁荣富强贡献自己的力量！同时，我们也应深刻理解科技创新对于国家发展的重要性，努力学习科学知识，为推动社会进步贡献自己的智慧。

自 测 题

一、选择题

1. 下列数据流中，属于输入流的一项是(　　)。

   A. 从内存流向硬盘的数据流　　B. 从键盘流向内存的数据流

   C. 从键盘流向显示器的数据流　　D. 从网络流向显示器的数据流

2. Java 语言提供的处理不同类型流的包是(　　)。

   A. java.sql　　B. java.util　　C. java.math　　D. java.io

3. 要从 file.txt 文件中读出 10 字节并保存到变量 c 中，下列比较适合的方法是(　　)。

   A. FileInputStream in=new FileInputStream("file.dat"); int c=in.read();

   B. RandomAccessFile in=new RandomAccessFile("file.dat");in.skip(9);int c=in.readByte();

   C. FileInputStream in=new FileInputStream("file.dat");in.skip(9);int c=in.read();

   D. FileInputStream in=new FileInputStream("file.dat");in.skip(10);int c=in.read();

4. 下列流中使用了缓冲技术的是(　　)。

   A. BufferedOutputStream　　B. FileInputStream

   C. DataOutputStream　　D. FileReader

5. 下列流中不属于字符流的是(　　)。

   A. InputStreamReader　　B. BufferedReader

   C. FilterReader　　D. FileInputStream

6. 能对读入字节数据进行 Java 基本数据类型判断过滤的类是(　　)。

   A. PrintStream　　B. DataOutputStream

   C. DataInputStream　　D. BufferedInputStream

7. 使用可以实现在文件的任意位置读写一个记录的是(　　)。

A. RandomAccessFile　　B. FileReader
C. FileWriter　　D. FileInputStream

8. 与 InputStream 流相对应的 Java 系统的标准输入对象是(　　)。
A. System.in　　B. System.out　　C. System.err　　D. System.exit()

9. FileOutputStream 类的父类是(　　)。
A. File　　B. FileOutput　　C. OutputStream　　D. InputStream

10. 不是抽象类的是(　　)。
A. FileNameFilter　　B. FileOutputStream
C. OutputStream　　D. Reader

二、填空题

1. Java 的输入/输出流包括________、________、________。

2. 根据流的方向可分为________,I/O 流包括________和________。

3. FileInputStream 类实现对磁盘文件的读取操作。在读取字符的时候,它一般与________和________一起作用。

4. 使用 BufferedOutputStream 类输出时,数据首先写入________,直到写满才将数据写入________。

5. BufferedInputStream 类进行输入操作时,首先按块读入________,然后读操作直接访问缓冲区。该类是________的直接子类。

6. Java 系统的标准输出对象包括________、________。

7. 向文件对象写入字节数据应该使用________类,而向一个文件里写入文本应该使用________类。

8. PrintStream 类是流特有的________类,实现了将 Java 基本数据类型转换为________表示。

9. InputStream 类是以输入流为数据源的________。

项目9　实现课程考试系统的倒计时功能

学习目标

本项目主要学习Java编程中的线程知识，包括线程与进程、线程的创建与启动、生命周期、线程调度、同步等相关知识。学习要点如下：

- 理解进程与线程的概念。
- 掌握线程创建的方法。
- 理解线程状态间的转换、优先级及调度的概念。
- 了解线程的同步在实际中的应用。
- 具有良好的创新意识。

线程概述及继承 Thread

9.1　相关知识

9.1.1　线程概述

在前面项目所接触过的程序中，代码都是按照调用顺序依次往下执行的，没有出现多段程序代码交替运行的效果，这样的程序称为单线程程序。如果希望程序中实现多段程序代码交替运行的效果，则需要创建多个线程，即多线程程序。多线程程序在运行时，每个线程都是独立的，它们可以并发执行。程序中的单线程和多线程的主要区别可以通过一张图示来简单说明，如图9-1所示。

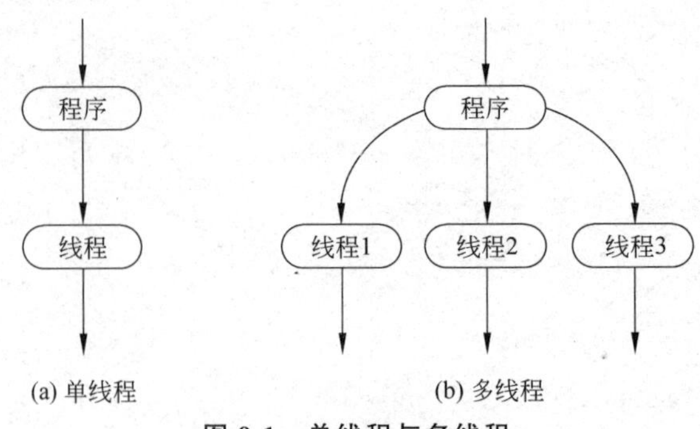

图9-1　单线程与多线程

从图 9-1 中可以看出，单线程就是一条顺序执行线索，而多线程则是并发执行的多条线索，这样就可以充分利用 CUP 资源，进一步提升程序的执行效率。从表面上看，多线程看似是同时并发执行的，其实不然，它们和进程一样，也是由 CPU 控制并轮流执行的，只不过 CPU 运行速度非常快，故而给人一种同时执行的感觉。

多线程是一种实现并发机制的有效手段。进程和线程一样，都是实现并发性的一个基本单位。相对于线程，进程是程序的一次动态执行过程，它对应着代码加载、执行以及执行完毕的一个完整过程，这个过程也是进程本身从产生、发展到消亡的过程，每一个进程的内部数据和状态都是完全独立的。

线程和进程的主要差别体现在以下两个方面。

(1) 同样作为基本的执行单元，线程的划分比进程小。

(2) 每个进程都有一段专用的内存区域。与此相反，线程却共享内存单元(包括代码和数据)，通过共享的内存单元来实现数据交换、实时通信与必要的同步操作。

9.1.2 线程的创建与使用

在 Java 程序中，线程是以线程对象表示的，在程序中一个线程对象代表了一个可以执行程序片段的线程。Java 中提供了两种创建线程的方法：扩展 Thread 类或实现 Runnable 接口，其中 Thread 类和 Runnable 接口都在 java.lang 包中进行了定义。

1. 扩展 Thread 类来创建线程

直接定义 Thread 类的子类，重写其中的 run()方法，通过创建该子类的对象就可以创建线程。Thread 类的构造方法及其他常用方法如表 9-1 所示。

表 9-1 Thread 类的构造方法及其他常用方法

构造方法及其他常用方法	作　用
public Thread()	创建一个线程类对象
public Thread(String name)	创建一个指定名字的线程类对象
public Thread(Runnable target)	创建一个系统线程类的对象，该线程可以调用指定 Runnable 接口对象的 run()方法
public static Thread currentThread()	返回目前正在执行的线程
public void setName()	设定线程的名称
public String getName()	获得线程的名称
public void run()	包含线程运行时所执行的代码
public void start()	启动线程

创建和执行线程包括如下步骤。

(1) 创建一个 Thread 类的子类，该类重写 Thread 类的 run()方法。

(2) 创建该子类的对象，即创建一个新的线程。创建线程对象是会自动调用 Thread 类。

(3) 用创造方法创建新对象之后,这个对象中的有关数据会被初始化,从而进入线程的新建状态,直到调用了该对象的 start()方法。

(4) 线程对象开始运行,并自动调用相应的 run()方法。

【例 9-1】 新建线程。

程序如下:(源代码:ThreadDemol.java)

```
1. class MyThread extends Thread{
2.     public void run(){
3.         for(int i=1; i<=10; i++)
4.             System.out.println(this.getName()+": "+i);
5.     }
6. }
7. public class ThreadDemo1{
8.     public static void main(String[] args){
9.         MyThread t=new MyThread();
10.         t.start();
11.     }
12. }
```

程序运行结果如图 9-2 所示。

```
<terminated> ThreadDemo1 [Java Application]
Thread-0: 1
Thread-0: 2
Thread-0: 3
Thread-0: 4
Thread-0: 5
Thread-0: 6
Thread-0: 7
Thread-0: 8
Thread-0: 9
Thread-0: 10
```

图 9-2 例 9-1 的程序运行结果

程序分析如下。

- 第 1 行定义了 Thread 类的子类 MyThread。
- 第 3～6 行循环 10 次输出当前线程。
- 第 9 行创建线程对象。
- 第 10 行启动线程。

注意:从本例可以看到一个简单的定义线程的过程。不过,run()方法是在线程启动后自动被系统调用的,如果显式地使用 t.run()语句,则 run()方法的调用将失去线程的功能。

其中 Thread-0 是默认的线程名,也可以通过 setName()为其命名。

从程序及运行结果看,似乎仅存在一个线程。事实上,当 Java 程序启动时,一个特殊的线程——主线程(main thread)就自动创建了,其主要功能是产生其他新的线程,以及完成各种关闭操作。从例 9-2 中可以看到主线程和其他线程共同运行的情况。

【例 9-2】　主线程和其他线程共同运行。

程序如下：（源代码：ThreadDemo2.java）

```
1. class MyThread2 extends Thread{
2.   MyThread2(String str){
3.     super(str);
4.   }
5.   public void run(){
6.     for(int i=1;i<=5;i++)
7.       System.out.println(this.getName()+": "+i);
8.   }
9. }
10. public class ThreadDemo2{
11.   public static void main(String[] args){
12.     MyThread2 t1=new MyThread2("线程 1");
13.     MyThread2 t2=new MyThread2("线程 2");
14.     t1.start();
15.     t2.start();
16.     for(int i=1;i<=5;i++)
17.       System.out.println(Thread.currentThread().getName()+": "+i);
18.   }
19. }
```

图 9-3 是两次随机运行的结果。

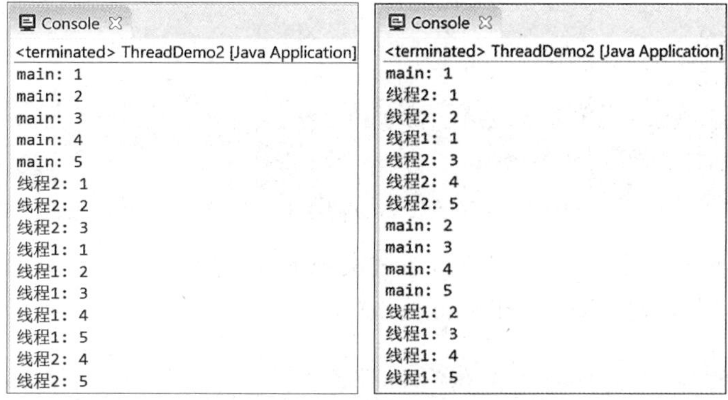

图 9-3　例 9-2 的程序运行结果

程序分析如下。

- 第 1 行定义 Thread 类的子类 MyThread。
- 第 6～8 行循环 5 次来输出当前线程。
- 第 12、13 行创建线程对象 t1、t2。
- 第 14、15 行启动线程 t1、t2。
- 第 16～18 行循环 5 次来输出当前线程(main 主线程)。

2. 通过实现 Runnable 接口来创建线程

通过扩展 Thread 类创建线程的方法虽然简单，但是 Java 不支持多重继承。如果当前线程子类还需要继承其他多个类,此时必须通过接口。Java 提供了 Runnable 接口来完成创建线程的操作。在 Runnable 接口中,只包含一个抽象的 run()方法。

```
public interface Runnable{
    public abstract void run()
}
```

利用 Runnable 接口创建线程,首先定义一个实现 Runnable 接口的类,在该类中必须定义 run()方法的实现代码。

```
class my Runnable implements Runnable
{
    ...
    public void run()
    {
        //新建线程上执行的代码
    }
}
```

直接创建实现了 Runnable 接口的类的对象并不能生成线程对象,必须还要定义一个 Thread 对象,通过使用 Thread 类的构造方法去新建一个线程,并将实现 Runnable 接口的类的对象引用作为参数,传递给 Thread 类的构造方法,最后通过 start()方法来启动新建立的线程。

基本步骤如下:

```
MyRunnable r=new MyRunnable();
Thread t=new Thread(r);
t.start;
```

【例 9-3】 下面对例 9-2 进行改写,通过实现 Runnable 接口创建线程。

程序如下:(源代码:RunnerDemo.java)

```
class MyRunner implements Runnable{
   public void run(){
       String s=Thread.currentThread().getName();
       for(int i=1;i<=10;i++)
           System.out.println(s+": "+i);
   }
}
public class RunnerDemo{
  public static void main(String[] args){
     MyRunner r1=new MyRunner();
     Thread t1=new Thread(r1,"线程 1");
     Thread t2=new Thread(r1,"线程 2");
     t1.start();
     t2.start();
```

```
15.     for(int i=1;i<=10;i++)
16.         System.out.println(Thread.currentThread().getName()+": "+i);
17.   }
18. }
```

程序运行结果如图 9-4 所示。

图 9-4　例 9-3 的程序运行结果

程序分析如下。

- 第 1 行定义 MyRunner 类，实现了 Runnable 接口。
- 第 10 行定义 MyRunner 对象 r1。
- 第 11 行和第 12 行创建线程对象 t1、t2，将 r1 作为参数传递给线程对象。
- 第 13、14 行启动线程 t1、t2。
- 第 15～17 行循环 5 次后输出当前线程(main 主线程)。

9.1.3　线程生命周期

线程在它的生命周期中一般具有五种状态，即新建、就绪、运行、阻塞、死亡。线程的状态转换图如图 9-5 所示。

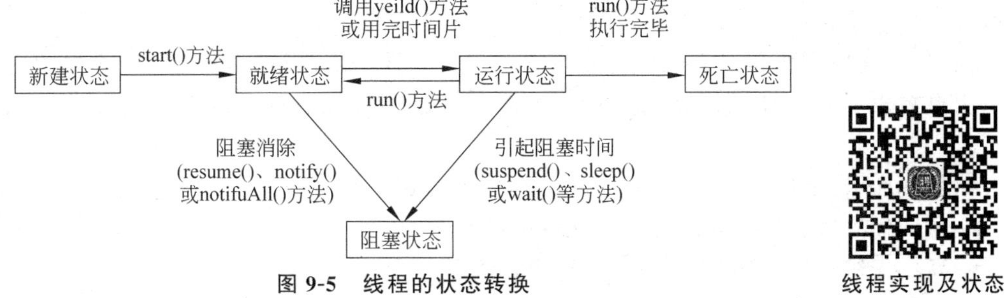

图 9-5　线程的状态转换

线程实现及状态

1. 新建状态

在程序中用构造方法创建了一个线程对象后,新生的线程对象便处于新建状态,此时该线程仅是一个空的线程对象,系统不为它分配相应资源,并且还处于不可运行状态。

2. 就绪状态

新建线程对象后,调用该线程的 start()方法就可以启动线程。当线程启动时,线程进入就绪状态,此时,线程将进入线程队列中排队,等待 CPU 服务,这表明它已经具备了运行条件。

3. 运行状态

当就绪状态的线程被调用并获得处理器资源时,线程进入运行状态。此时自动调用该线程对象的 run()方法。run()方法中定义了该线程的操作和功能。

4. 阻塞状态

一个正在执行的线程在某些特殊情况下会放弃 CPU 而暂时停止运行,如被人为挂起或需要执行费时的输入/输出操作时,将让出 CPU 并暂时中止自己的执行,进入阻塞状态。在运行状态下,如果调用 sleep()、suspend()、wait()等方法,线程将进入阻塞状态。阻塞状态中的线程,Java 虚拟机不会为其分配 CPU,直到引起阻塞的原因被消除后,线程才可以转入就绪状态,从而有机会转到运行状态。

5. 死亡状态

线程调用 stop()方法时或 run()方法执行结束后,线程即处于死亡状态,结束了生命周期,处于死亡状态的线程不具有继续运行的能力。

9.1.4 线程优先级与调度

线程调度以及同步

在多线程的执行状态下,我们并不希望按照系统随机分配时间片给一个线程,因为随机性将导致程序运行结果的随机性。因此,在 Java 中提供了一个线程调度器来监控程序中启动后进入可运行状态的所有线程。线程调度器按照线程的优先级决定调度哪些线程来执行,具有高优先级的线程会在较低优先级的线程的线程之前执行。在 Java 中线程的优先级是用整数表示的,取值范围是 1~10,与 Thread 类的优先级相关的三个静态常量说明如下。

- 低优先级:Thread.MIN-PRIOPITY,取值为 1。
- 默认优先级:Thread.NORM-PRIORITY,取值为 5。
- 高优先级:Thread.MAX-PRIORITY,取值为 10。

线程被创建后,其默认的优先级是 Thread.NORM_PRIORITY。可以用 getPriority()方法来获得线程的优先级,同时也可以用 setPriority(int P)方法在线程被创建后改变线程的优先级。

在实际应用中，一般不提倡依靠线程优先级来控制线程的状态。Thread 类中提供了关于线程调度控制的常用方法，如表 9-2 所示，使用这些方法可以将运行中的线程状态设置为阻塞或就绪，从而控制线程的执行。

表 9-2 线程调度控制的常用方法

线程调度控制的常用方法	作　　用
public static void sleep(long millis)	使目前正在执行的线程休眠 millis 毫秒
public static void sleep(long millis,int nanos)	使目前正在执行的线程休眠 millis 毫秒加上 nanos 微秒
public void suspend()	挂起所有该线程组内的线程
public void resume()	继续执行线程组中的所有线程
public static void yield()	将目前正在执行的线程暂停，允许其他线程执行

1. 线程的睡眠

线程的睡眠是指运行中的线程暂时放弃 CPU，转到阻塞状态。通过调用 Thread 类的 sleep()方法，可以使线程在规定的时间内睡眠，在设置的时间内线程会自动醒来，这样便可暂缓线程的运行。线程在睡眠时若被中断，将会抛出一个 InterruptedException 异常，因此在使用 sleep()方法时必须捕捉 InterruptedException 异常。

【例 9-4】 利用线程的 sleep()方法实现了每隔一秒输出 0～9 这 10 个整数的功能。

程序如下：(源代码：SleepDemo.java)

```
1. class SleepDemo extends Thread{
2.     public void run(){
3.         for(int i=0;i<10;i++){
4.           System.out.println(i);
5.           try{
6.             sleep(1000);
7.            }catch(InterruptedException e){}
8.         }
9.     }
10.    public static void main(String args[]){
11.      SleepDemo t=new SleepDemo();
12.      t.start();
13.    }
14. }
```

程序运行结果如图 9-6 所示。

程序分析如下。

- 第 1 行定义线程 Thread 类的子类 SleepDemo。
- 第 4 行循环输出 i 值。

```
Console
<terminated> SleepDemo [Java Application]
1
2
3
4
5
6
7
8
9
```

图 9-6　例 9-4 的程序运行结果

- 第 5～7 行将当前线程休眠 1 分钟。
- 第 11 行创建 SleepDemo 类线程对象。
- 第 12 行启动线程 t。

2. 线程的让步

与 sleep()方法相似,通过调用 Thread 类提供的 yield()方法可以暂停当前运行中的线程,使之转入就绪状态,只是不能由用户指定线程暂停时间的长短。同时它把执行的机会转给具有相同优先级别的线程。如果没有其他相同优先级别的可运行线程,则 yield()方法不做任何操作。

sleep()方法和 yield()方法都是使处于运行状态的线程放弃 CPU,两者区别如下。

- sleep()是将 CPU 出让给其他任何线程,而 yield()方法只会给优先级更加高或同优先级的线程运行机会。
- sleep()方法使当前运行的线程转到阻塞状态,在指定的时间内肯定不会执行;而 yield()方法将使运行的线程进入就绪状态,所以执行 yield()的线程有可能在就绪状态后马上又被执行。

【例 9-5】 yield()方法的应用。

程序如下:(源代码:YieldDemo.java)

```
public class YieldDemo{
  public static void main(String args[]){
     MyThread3 t1=new MyThread3("t1");
     MyThread3 t2=new MyThread3("t2");
     t1.start();
     t2.start();
  }
}
class MyThread3 extends Thread{
  MyThread3(String s){
     super(s);
  }
  public void run(){
```

```
    for(int i=0; i<5; i++){
      System.out.println(getName()+": "+i);
        if(i%2==0)
          yield();
    }
  }
}
```

程序运行结果如图 9-7 所示。

程序分析如下。

在例 9-5 的输出结果中,当线程输出的 i 值是偶数时,由于使用了 yield()语句,则下一次显示可能切换到其他线程。该方法与 sleep()方法类似,只是不能由用户指定暂停多长时间,因此也有可能马上执行线程。如果不用 yield()语句,则显示的结果是随机的。

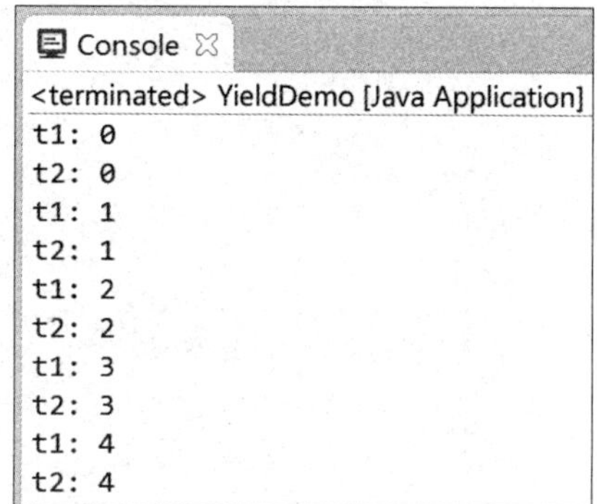

图 9-7　例 9-5 的程序运行结果

3. 线程的挂起与恢复

suspend()方法和 resume()方法这两个方法配套使用,suspend()方法使得线程进入阻塞状态,并且不会自动恢复,必须调用与其对应的 resume()方法,才能使得线程重新进入可执行状态。典型情况下,suspend()方法和 resume()方法被用在等待另一个线程产生结果的情形下:测试发现结果还没有产生时,让线程阻塞;另一个线程产生了结果后,调用 resume()方法使其恢复。但 suspend()方法很容易引起死锁问题,现在一般不推荐使用。

9.1.5　线程同步

在之前编写的多线程程序中,多个线程通常是独立运行的,各个线程具有自己的独占资源,而且是异步执行。另外,每个线程都包含了运行时自己所需要的数据和方法,而不去关心其他线程的状态和行为。但是在有些情况下,多少线程程序需要共享同一资源,如果此时不去考虑线程的协调性,就可能造成运行结果的错误。例如,在银行对同一个账户存钱,一方存入了相应的金额,账户还未修改账户余额时,另一方也将一定金额存入该账户,因此可能导致所返回的账户余额不正确。

【例 9-6】 模拟了丈夫和妻子分别对一张银行卡存款的过程。

程序如下:(源代码:ATMDemo1.java)

```
class ATMDemo1{
  public static void main(String[] args){
    BankAccount visacard=new BankAccount();
    ATM 丈夫=new ATM("丈夫", visacard, 200);
    ATM 妻子=new ATM("妻子", visacard, 300);
```

```
    Thread t1=new Thread(丈夫);
    Thread t2=new Thread(妻子);
    System.out.println("当前账户余额为:"+  visacard.getmoney());
    t1.start();
    t2.start();
  }
}
class ATM implements Runnable{      //模拟 ATM 机或柜台存钱
  BankAccount card;
  String name;
  long m;
  ATM(String n, BankAccount card, long m){
      this.name=n;
      this.card=card;
      this.m=m;
  }
  public void run(){
    card.save(name, m);               //调用方法存钱
    System.out.println(name+"存入 "+m+" 后,账户余额为 "
    +card.getmoney());
  }
}
class BankAccount{
  static long money=1000;             //设置账户中的初始金额
  public void save(String s, long m){          //存钱
      //public synchronized void save(String s, long m){
     System.out.println(s+"存入 "+m);
     long tmpe=money;
     try{                             //模拟存钱所花费的时间
          Thread.sleep(10);
     }catch(InterruptedException e)  {}
     money=tmpe+m;                    //相加之后存回账户
  }
  public long getmoney(){             //获得当前账户余额
    return money;
  }
}
```

程序运行结果如图 9-8 所示。

```
Console
&lt;terminated&gt; ATMDemo1 [Java Application]
当前账户余额为:1000
妻子存入 300
丈夫存入 200
妻子存入 300 后，账户余额为 1300
丈夫存入 200 后，账户余额为 1300
```

图 9-8　例 9-6 的程序运行结果

程序分析如下。

在这个存款程序中，账户的初始余额为 1000 元；丈夫存入 200 元后，存款为 1200 元，而妻子存入 300 元后，账户余额理论上应该为 1500 元，但是结果却显示为 1200 元。

这个结果与实际不符，问题就出在当线程 t1 存钱后，通过程序的第 31 行语句获得当前账户余额为 1000 元后，立即调用方法 sleep(10)，因此在还来不及对账户余额进行修改时，线程 t2 就执行存钱操作，也通过程序中的第 31 行语句获得当前账户的余额。由于线程 1 未修改余额的值，因此线程 2 获得的余额仍为 1000 元，最后放线程 1 和线程 2 分别继续执行时，均在各自获得余额数目的基础上加入存入的金额数。出错的原因就在于，在线程 t1 执行尚未结束时，money 被线程 t2 读取。

在 Java 中，为了保证多个线程对共享资源操作的一致性和完整性，引入了同步机制。所谓线程同步，即某个线程在一个完整操作的全执行过程中，独享相关资源且使其不被侵占，从而避免了多个线程在某段时间内对同一资源的访问。

Java 可以通过对关键代码使用关键字 synchronized 来表明被同步的资源，即给资源加“锁”，这个“锁”称为互斥锁。当某个资源被 synchronized 关键字修饰时，系统在运行时会分配给它一个互斥锁，表明该资源在同一时刻只能被一个线程访问。

实现同步的方法有以下两种。

(1) 利用同步方法来实现同步。

只需要将关键字 synchronized 放置于方法前修饰该方法即可。同步方法是利用互斥锁保证关键字 synchronized 所修饰的方法在被一个线程调用时，则其他试图调用同一实例中该方法的线程都必须等待，直到该方法被调用结束并释放互斥锁给下一个等待的线程。

我们对例 9-6 进行一些改动，将 synchronized 放置在 public void save(string s,long m) 方法之前，即

```
public synchronized void save(string s,long m)
```

程序运行结果如图 9-9 所示。

```
Console
&lt;terminated&gt; ATMDemo1 [Java Application]
当前账户余额为:1000
丈夫存入 200
妻子存入 300
丈夫存入 200 后，账户余额为 1200
妻子存入 300 后，账户余额为 1500
```

图 9-9　线程同步

(2) 利用同步代码块来实现同步。

为了实现线程的同步，也可以将对共享受资源操作的代码块放入一个同步中，同步代码块的语法形式如下：

```
返回类型 方法名(形参数数)
{
    Synchronized(object)
    {
        //关键代码
    }
}
```

同步代码块的方法也是利用互斥锁来实现对共享资源的有序操作,其中 object 是对需要同步的对象的引用,我们利用同步代码块对例 9-6 进行修改,运行结果同图 9-8。

```
public void save(string s,long m){
Synchronized(this){
    Synchronized.out.println(s+"存入"+m);
    Long tmpe=money;
    try{
        Thread.currentThread().sleep(10);
    }catch(InterruptedException e){}
     money=tmpe+m;
}
 }
```

9.2 项目分析与设计

我们将考试系统中的倒计时功能从原考试系统中分离出来,并做了部分修改,将其完善成为一个独立的应用系统。如图 9-10 所示,当单击“开始考试”按钮后,即使系统开始运行,在此期间也可以单击“结束考试”按钮终止计时。当考试时间结束,将会弹出对话框进行提示,如图 9-11 所示,单击“确定”按钮将退出系统。

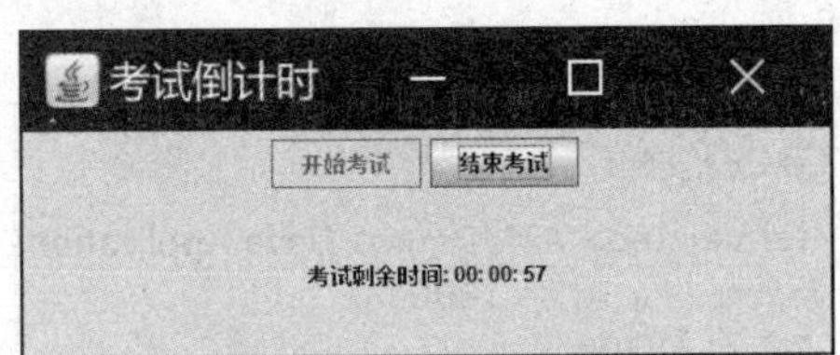

图 9-10 倒计时开始计时

图 9-11 倒计时结束

9.3 项 目 实 施

任务 9-1 倒计时页面编写

程序如下：

```
public class TestClock implements ActionListener{
  JFrame jf;
  JButton begin;
  JButton end;
  JButton pause;
  JPanel p1;
  JLabel clock;
  ClockDispaly mt;
  public TestClock(){
    jf=new JFrame("考试倒计时");
    begin=new JButton("开始考试");
    end=new JButton("结束考试");

    p1=new JPanel();
    JLabel clock=new JLabel();
    clock.setHorizontalAlignment(JLabel.CENTER);
    p1.add(begin);

    p1.add(end);
    jf.add(p1,"North");
    jf.add(clock,"Center");
    jf.setSize(340,180);
    jf.setLocation(500,300);
    jf.setDefaultCloseOperation(JFrame.EXIT_ON_CLOSE);
    jf.setVisible(true);
    mt=new ClockDispaly(clock,1);    //设置考试时间为 100 分钟
    begin.addActionListener(this);

    end.addActionListener(this);
  }
  public static void main(String[] args){
    new TestClock();
  }
  public void actionPerformed(ActionEvent e){
     String s=e.getActionCommand();
     if(s.equals("开始考试")){
       begin.setEnabled(false);
       mt.start();                     //启动倒计时线程
     }
```

```
      else if(s.equals("结束考试")){
        begin.setEnabled(false);
        end.setEnabled(false);
        pl.setEnabled(false);
        mt.interrupt();
        System.exit(0);
      }
    }
}
```

任务 9-2　计时线程编写

程序如下：

```
class ClockDispaly extends Thread{
  private JLabel lefttimer;
  private int testtime;
  public ClockDispaly(JLabel lt,int time){
     lefttimer=lt;
     testtime=time * 60;
  }
  public void run(){
     NumberFormat f=NumberFormat.getInstance();
          //返回整数部分允许显示的最小整数位数
     f.setMinimumIntegerDigits(2);
     int h,m,s;
     while(testtime>=0){
       h=testtime /3600;
       m=testtime %3600/60;
       s=testtime %60;
       StringBuffer sb=new StringBuffer("");
       sb.append("考试剩余时间: "+f.format(h)+": "+f.format(m)+": "+f.format(s));
       lefttimer.setText(sb.toString());
       try{
         Thread.sleep(1000);
       }catch(Exception ex){ }
       testtime=testtime -1;
     }
    JOptionPane.showMessageDialog(null,"\t 考试时间到,结束考试!");
    System.exit(0);
  }
}
```

拓展阅读 超算零突破:"神威·太湖之光"超级计算机

如果将计算机比作璀璨的星空,那么超级计算机无疑是其中最耀眼的星辰,引领着科技的航向,照亮人类探索未知的道路。正如古人所言:“星垂平野阔,月涌大江流。”超级计算机在工业的深海、科研的高峰、国防的堡垒中,如同那指引方向的北斗星,对国家安全、经济和社会发展起着举足轻重的作用,更是一个国家科技发展水平和综合国力的璀璨标志。

中国的计算机事业,自20世纪50年代中期起步,虽然比国外晚了约10年,但历经风雨,终见彩虹。在“863计划”的春风中,国家高度重视并大力支持超级计算系统的研发,终于,“神威·太湖之光”如日出东方,破晓而出,向全世界证明了中国人的智慧和实力。

这台安装在国家超级计算无锡中心的超级计算机,由40组运算机柜和8组网络机柜组成,犹如一座科技城堡。每个运算机柜都蕴藏着强大的计算能力,打开柜门,便可见4块超节点,每块超节点又由32块运算插件组成。而在这精密的机械结构中,最核心的便是那40 960块“申威26010”处理器,它们如同城堡中的勇士,肩负着计算的重任。

“神威·太湖之光”以其惊人的峰值性能——12.5亿亿次/秒,和持续性能——9.3亿亿次/秒,震惊了世界。在法兰克福国际超算大会上,“神威·太湖之光”如同一位英勇的武将,连续夺冠,展现了中国超算的雄厚实力。而在2016年11月18日,我国科研人员更是依托这台超级计算机的应用成果,首次荣获戈登·贝尔奖,实现了我国在该奖项上“零”的突破。

随着时间的推移,“神威·太湖之光”继续在国际舞台上崭露头角。2017年和2018年,它接连在全球超级计算机500强榜单中名列前茅,展现了中国科技的持续领先。美国劳伦斯伯克利国家实验室副主任西蒙对此赞叹不已:“中国已在这场比赛中大幅领先。”

“神威·太湖之光”的成功,不仅是中国科技实力的体现,更是中国精神的彰显。它告诉我们:只要我们有坚定的信念、不懈的努力和创新的勇气,就一定能够在科技的道路上取得更多的辉煌成就。让我们以此为榜样,努力学习科学知识,为推动祖国的科技进步贡献自己的力量!同时,也要深刻理解科技创新对于国家发展的重要性,将个人理想与国家需求相结合,为实现中华民族伟大复兴的中国梦贡献青春和智慧。

自 测 题

一、选择题

1. 下列关于Java线程的说法,正确的是(　　)。
   A. 每一个Java线程都可以看成是由代码、一个真实的CPU以及数据三部分组成
   B. 创建线程有两种方法,从Thread类中继承的创建方式可以防止出现多父类问题

C. Thread 类属于 Java.util 程序包

D. 以上说法都不正确

2. 可以对对象加互斥锁的是(　　)。

A. transient　　B. synchronized　　C. serialize　　D. static

3. 可用于创建一个可运行的类是(　　)。

A. public class×implements Runable{public void run(){...}}

B. public class×implements Thread{public void run(){...}}

C. public class×implements Thread{public int run(){...}}

D. public class×implements Runable{protected void run(){...}}

4. 不会直接引起线程停止执行的是(　　)。

A. 从一个同步语句块中退出来

B. 调用一个对象的 wait()方法

C. 调用一个输入流对象的 read()方法

D. 调用一个线程对象的 setPriority()方法

5. 使当前线程进入阻塞状态直到被唤醒的方法是(　　)。

A. resume()　　B. wait()　　C. suspend()　　D. notify()

6. 可以使线程从运行状态进入阻塞状态的是(　　)。

A. sleep()　　B. wait()　　C. yield()　　D. start()

7. Java 中的线程模型包括(　　)。

A. 一个虚拟处理机　　B. CPU 执行代码

C. 代码操作的数据　　D. 以上都是

8. 关于线程组,以下说法错误的是(　　)。

A. 在应用程序中线程组可以独立存在,不一定要属于某个线程

B. 一个线程只能创建时设置其线程组

C. 线程组由 java.lang 包中的 Threadgroup 类实现

D. 线程组使一组线程可以作为一个对象来统一处理或维护

9. 以下不属于 Thread 类提供的线程控制方法是(　　)。

A. break()　　B. sleep()　　C. yield()　　D. join()

10. 下列关于线程的说法,正确的是(　　)。

A. 线程就是进程

B. 线程在操作系统出现后就产生了

C. UNIX 是支持线程的操作系统

D. 在单处理器和多处理器上多个线程不可以并发执行

二、填空题

1. 线程模型在 Java 中是由________类进行定义和描述的。

2. 多线程是 Java 程序的________机制,它能共享同步数据,处理不同事件。

3. Java 的线程________调度策略是基于优先级的。

4. 在 Java 中，新建的线程调用 start()方法，将使线程的状态从 new(新建状态)转换为________。

5. 按照线程的模型，一个具体的线程是由虚拟的 CPU、代码与数据组成的，其中代码与数据构成了________，现成的行为由它决定。

6. Thread 类的方法中，tostring()方法的作用是________。

7. 线程是一个级的实体，线程结构驻留在________。

8. Thread 类中表示最高优先级的常量是________，而表示最低优先级的常量是________。

9. 若要获得一个线程的优先级，可以使用________方法，若要修改一个线程的优先级，可以使用________方法。线程的生命周期包括新建状态、________、________和终止状态。

10. 在 Java 语言中，临界区使用关键字________标识。

三、程序题

1. 调试并修改以下程序，直到正确运行。

```
Class Ex12_1 extends Thread{
  Public static void main(string[] args){
    Ex11_1 t=new Ec11_1{}
    t.start();
    t.start();
  }
  Public void run(){
    System.out.println("test");
    Sleep(1000)
  }
}
```

2. 下列程序通过设定线程的优先级来抢占主线程的 CPU。选择正确的语句并填入横线处。其中 t 是主线程；t1 是实现了 Runnable 接口的类的实例；t2 是创建的线程，通过设置优先级使得 t1 抢占主线程 t 的 CPU。

```
class T1 implements Runnable{
  private boolean f=true;
  public void run(){
    while(f){
      System.out.println(Thread.currentThread().getName()+"num")
      try{
      ____【代码 1】____;              //线程睡眠 1 秒
      }
      catch(Exceptoin e){
      ____【代码 2】____;              //输出错误的追踪信息
      }
    }
  }
```

```
  public void stopRun(){
    f=false;
  }
}
public class Ex12_2{
  public sttic void main(String[] args) {
     【代码 3】   ;                 //创建 t1,是实现了 Runnable 接口的类实例
    Thread t2=new thread(t1,"T1");
     【代码 4】   ;                 //创建 t 是为了实现主线程
     【代码 5】   ;                 //设置主线程 t 的优先级为最低
    T2. start();
    T1. stopRun();
    System.out.println("stop");
  }
}
```

四、编程题

利用多线程的同步功能模拟火车票的预订程序。对于编号为20140730的车票,创建两个订票系统中的订票过程,其中定义一个变量 tnum,设置的张数为1。当该车票被预订后,tnum 的变量值为0。通过 sleep()方法可以模拟网络的延迟。

项目 10　实现课程考试系统界面

学习目标

本项目主要完成对考试系统中考试功能模块的完善，内容除了新增“关于”菜单及其事件处理、工具栏和滚动面板外，实际上是对以前学 GUI 程序设计的一个综合应用。学习要点如下：

- 掌握菜单 JMenuBar、JMenu、JMenuItem 的创建方法及相关事件处理方法。
- 了解工具栏 JToolBar 的使用方法。
- 了解滚动面板 JScrollPane 的使用方法。
- 养成严密逻辑思维的习惯并具备求真务实的工匠精神。

10.1　相关知识

10.1.1　菜单类控件

在实际应用中，菜单作为图形用户界面的常用组件，为用户操作软件提供了更大的便捷，有效地提高了工作效率。菜单与其他组件不同，无法直接添加到容器的某一位置，也无法用布局管理器对其加以控制，菜单通常出现在应用软件顶层窗口中。在 Java 应用程序中，一个完整的菜单是由菜单栏、菜单和菜单项组成的。如图 10-1 所示，Java 提供了 6 个实现菜单的类：JMenuBar、JPopupMenu、JMenuItem、JMenu、JCheckBoxMenuItem、JRadioButtonMenuItem。

创建菜单的具体步骤如下。

(1) 创建菜单栏(JMenuBar)，并将其与指定主窗口关联。

(2) 创建菜单以及子菜单，并将其添加到指定菜单栏中。

(3) 创建菜单项，并将菜单项加入子菜单或菜单中。

1. 菜单栏

菜单栏 JMenuBar 类中包含一个默认的构造方法和多个其他常用方法，如表 10-1 所示。

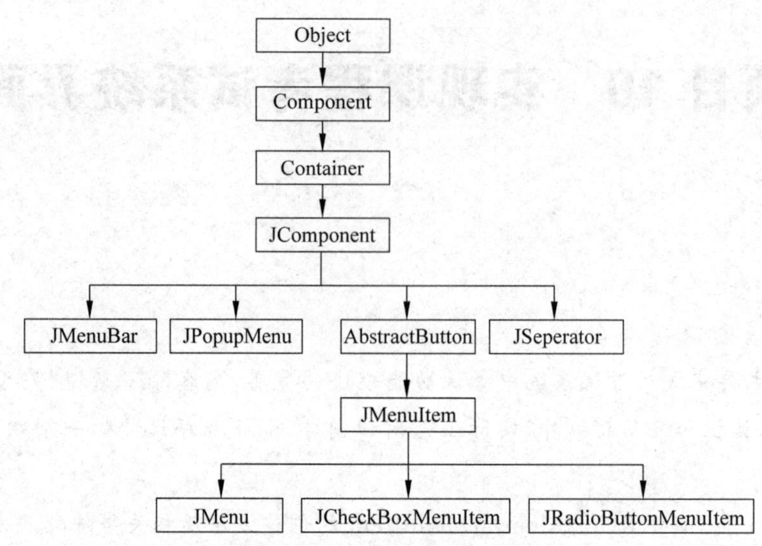

图 10-1　菜单类的层次结构

表 10-1　JMenuBar 类的构造方法及其他常用方法

构造方法及其他常用方法	作　用
public JMenuBar()	创建 JMenuBar 对象
public JMenu add(JMenu m)	将 JMenu 对象 m 添加到 JMenuBar 中
public JMenu getMenu(int i)	取得指定位置的 JMenu 对象
public int getMenuCount()	取得 JMenuBar 中 JMenu 对象的总数
public void remove(int index)	删除指定位置的 JMenu 对象
public void remove(JMenu Component m)	删除 JMenuComponent 对象 m

菜单栏对象创建好以后,可以通过 JFrame 类的 set JMenuBar()方法将其添加到顶层窗口 JFrame 中。

```
JFrame fr=new JFrame()
JMenuBar bar=new JMenuBar()
//添加菜单栏到指定窗口
fr.setJMenuBar(bar);
```

2. 菜单

创建好菜单栏后,接着可创建菜单(JMenu 类)。JMenu 类的构造方法及其他常用方法如表 10-2 所示。

表 10-2　JMenu 类的构造方法及其他常用方法

构造方法及其他常用方法	作　用
public JMenu()	创建 JMenu 对象
public JMenu(String name)	创建标题名为 name 的 JMenu 对象
public JMenuItem add(JMenuItem m)	将某个菜单项 m 追加到此菜单的末尾
public void add(String name)	添加标题为 name 的菜单项到 JMenu 中
public void addSeparator()	添加一条分隔线
public JMenuItem getItem(int index)	返回指定位置的 JMenuItem 对象
public int getItemCount()	返回目前的 JMenu 对象里 JMenuItem 的总数
public void insert(JMenuItem m,int index)	在 index 位置插入 JMenuItem 对象 m
public void insert(String name,int index)	在 index 位置增加标题为 name 的 JMenu 对象
public void insertSeparator(int index)	在 index 位置增加一行分隔线
public void remove(int index)	删除 index 位置的 JMenuItem 对象
public void removeAll()	删除 JMenu 中所有的 JMenuItem 对象

例如,"文件""格式"的菜单定义的代码如下:

```
JMenu fileMenu=new JMenu("文件");
JMenu formatMenu=new JMenu("格式");
bar.add(fileMenu);
bar.add(formatMenu);
```

3. 菜单项

菜单项(JMenuItem 类)通常代表一个菜单命令,它直接继承自 AbstractButton 类,因而具有 AbstractButton 类的许多特性,与 JButton 类非常相似。表 10-3 列出了 JMenuItem 类的构造方法及其他常用方法。

表 10-3　JMenuItem 类的构造方法及其他常用方法

构造方法及其他常用方法	作　用
public JMenuItem()	创建一个空的 JMenuItem 对象
public JMenuItem(String name)	创建标题为 name 的 JMenuItem 对象
public JMenuItem(Icon icon)	创建带有指定图标的 JMenuItem 对象
public JMenuItem(String text,Icon icon)	创建带有指定文本和图标的 JMenuItem 对象
public JMenuItem(String text,int mnemonic)	创建带有指定文本和键盘快捷键的 JMenuItem 对象
public String getLabel()	获得 JMenuItem 的标题

续表

构造方法及其他常用方法	作　用
public Boolean isEnabled()	判断 JMenuItem 是否可以使用
public void setEnabled(Boolean b)	设置 JMenuItem 可以使用
public void setLabel(String label)	设置 JMenuItem 的标题为 label

例如,要创建“文件”菜单的“新建”和“退出”菜单项,代码如下:

```
JMenuItem newItem,exitItem;
newItem=new JMenuItem("新建")
exitItem=new JMenuItem("退出")
fileMenu.add(newItem)
fileMenu.add(exitItem)
```

1) 分隔线、热键和快捷键

Java 通过提供分隔线、热键和快捷键等功能,为用户的操作带来了便利。分隔线通常用于对同一菜单下的菜单项进行分组,使得菜单功能的显示更加清晰。JMenuItem 类中提供了 addSeparator()方法来创建分隔线。

```
fileMenu=new JMenu();
fileMenu.add(newItem);
fileMnu.add(exitItem);
Menu.addSeparator();
```

热键显示为带有下画线的字母,JMenuItem 类中提供了 setMnemonic(String s)方法来创建热键。

例如,以下代码设置“文件”菜单项的热键为 F。

```
fileMenu=new JMenu("文件(F)");
fileMenu.setMnemonic(F);
设置格式菜单项的热键为"o"
fileMenu=new JMenu("格式(O)");
fileMenu.SetMnemonic('0');
```

快捷键为菜单项旁边的组合键,JMenuItem 类中提供了 setAccelerator(KeyStroke.getKeyStroke(KeyEvent.VK_P,InputEvent.CTRL_MASK))方法来创建快捷键。

例如,以下代码设置“新建”菜单项的快捷键为 Ctrl+N。

```
newItem.setAccelerator(KeyStroke.getKeyStroke(KeyEvent.VK_N, InputEvent.
CTRL_MASK));
```

以下代码设置 Exit 菜单项的快捷键为 Ctrl+E。

```
exitItem.setAccelerator(KeyStroke.getKeyStroke(KeyEvent.VK_E, InputEvent.
CTRL_MASK));
```

2）单选按钮菜单项

菜单项的单选按钮是由 JRadioButtonMenuItem 类创建的，在菜单项中实现多选一的功能，单击某个单选按钮将会选择相应的选项。

例如，三种颜色单选按钮菜单的关键代码如下：

```
formatMenu=new JMenu();
String colors[]={"黑色","蓝色","红色"};
JMenuItem colorMenu=new JMenu("颜色");
JRadioButtonMenuItem colorItems=new JRadioButtonMenuItem[colors.
length]
ButtonGroup colorGroup=new ButtonGroup()
for(int count=0; count<colors.Length;count++)};
      colorItems[count ]=new JRadioButtonMenuItem(colors[count]);
      colormenu.add(colorItems[count]);;
      colorgroup.Add(colorItems[count]);
}
FormatMenu.add(colorItems);
```

3）复选框菜单项(JCheckBoxMenuItem 类)

菜单项中的复选框是由 JCheckBoxMenuItem 类创建的，根据用户的选择，复选框菜单项的状态会变为选定或取消选定。

例如，为“字形”菜单添加“粗体”和“斜体”复选框菜单项的关键代码如下：

```
JMenu formatmenu=new JMenu()
JMenu fontmenu=new JMenu("字形")
fontmenu.add(new JCheckBoxMenuItem("粗体"));
fontmenu.add(new JCheckBoxMenuItem("斜体"));
formatmenu.add(fontmenu);
```

4）菜单事件处理

菜单的设计看似复杂，但它却只会触发最简单的事件——ActionEvent，因此当我们选择了某个 JMenuItem 类的对象时便触发了 ActionEvent 事件。

【例 10-1】 当用户选中“新建”菜单项时，系统将弹出“新建”对话框；选择“退出”菜单项时，系统将退出。

程序如下：(源代码：JMenuDemo.java)

```
import java.awt.event.*;
import javax.swing.*;
public class JMenuDemo extends JFrame implements ActionListener{
   private JMenuBar bar;
   private JMenu fileMenu,formatMenu,colorMenu,fontMenu;
   private JMenuItem newItem,exitItem;
```

```
    private JRadioButtonMenuItem colorItems[];
    private JCheckBoxMenuItem styleItems[];
    private ButtonGroup colorGroup;
    public JMenuDemo(){
        super("JMenu Demo");
        fileMenu=new JMenu("文件(F)");
        fileMenu.setMnemonic('F');
        newItem=new JMenuItem("新建");
        newItem.setAccelerator(KeyStroke.getKeyStroke(KeyEvent.VK_N,
        InputEvent.CTRL_MASK));
        newItem.addActionListener(this);
        fileMenu.add(newItem);
        exitItem=new JMenuItem("退出");
        exitItem.setAccelerator(KeyStroke.getKeyStroke(KeyEvent.VK_E,
        InputEvent.CTRL_MASK));
        exitItem.addActionListener(this);
        fileMenu.add(exitItem);
        bar=new JMenuBar();
        setJMenuBar(bar);
        bar.add(fileMenu);
        formatMenu=new JMenu("格式(O)");
        formatMenu.setMnemonic('O');
        String colors[]={ "黑色", "蓝色", "红色"};
        colorMenu=new JMenu("颜色");
        colorItems=new JRadioButtonMenuItem[ colors.length ];
        colorGroup=new ButtonGroup();
        for(int count=0; count<colors.length; count++){
           colorItems[count]=new JRadioButtonMenuItem(colors[count]);
           colorMenu.add(colorItems[count]);
           colorGroup.add(colorItems[count]);
        }
        colorItems[0].setSelected(true);
        formatMenu.add(colorMenu);
        formatMenu.addSeparator();
        fontMenu=new JMenu("字形");
        String styleNames[]={ "粗体", "斜体" };
        styleItems=new JCheckBoxMenuItem[ styleNames.length ];
        for(int count=0; count<styleNames.length; count++){
           styleItems[count]=new JCheckBoxMenuItem(styleNames[count]);
           fontMenu.add(styleItems[count]);
        }
        formatMenu.add(fontMenu);
        bar.add(formatMenu);
        setSize(300, 200);
        setVisible(true);
    }
    public void actionPerformed(ActionEvent event){
```

```
52.     if(event.getSource()==newItem){
53.         JOptionPane.showMessageDialog(null,"你选了"+newItem.
            getText()+"菜单项");}
54.     if(event.getSource()==exitItem){
55.         System.exit(0);}
56.    }
57.    public static void main(String args[]){
58.        new JMenuDemo();
59.    }
60. }
```

程序运行结果如图 10-2 所示。

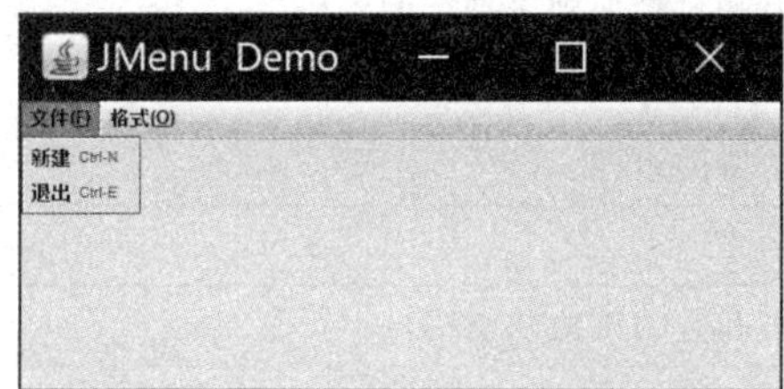

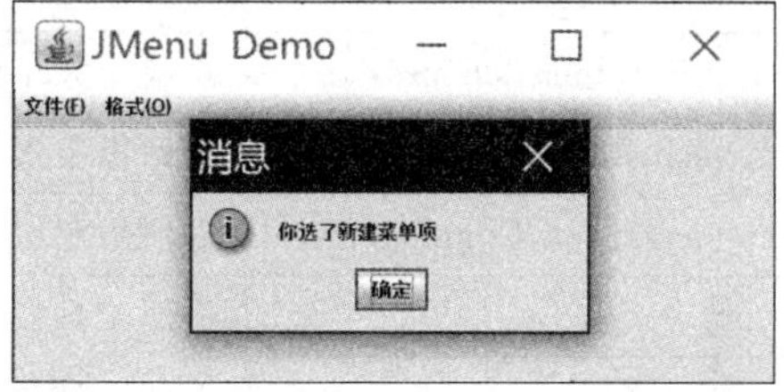

图 10-2　例 10-1 的程序运行结果

程序分析如下。

- 第 4 行定义了 JMenuDemo 类，该类继承自 JFrameItem 类，并实现了 ActionListener 接口。
- 第 13、26、29、41 行用于设置热键。
- 第 15 行用于设置快捷键。
- 第 16、20 行注册动作事件监听器。
- 第 32～36 行创建单选按钮菜单项并添加到菜单中。
- 第 42～47 行创建复选框菜单项并添加到菜单中。
- 第 53 行实现对动作事件的处理。

10.1.2　工具栏

JToolBar 工具栏继承自 JComponent 类，可以用于建立窗口的工具栏按钮，它也属于一组容器。在创建 JToolBar 对象后，就可以将 GUI 组件放置其中。

创建工具按钮的步骤如下：首先创建 JToolBar 组件，然后使用 add()方法新增 GUI 组件，最后只需将 JToolBar 整体看成一个组件，并新增到顶层容器中即可。

JToolBar 类的构造方法如表 10-4 所示。

与 JMenuBar 不一样，JToolBar 对象可以直接被添加到容器中。JToolBar 类的其他常用方法如表 10-5 所示。

表 10-4　JToolBar 类的构造方法

构 造 方 法	作　　用
JToolBar()	创建新的工具栏，默认的方向为 HORIZONTAL
JToolBar(int orientation)	创建具有指定 orientation 的新工具栏
JToolBar(String name)	创建一个具有指定 name 的新工具栏
JToolBar(String name,int orientation)	创建一个具有指定 name 和 orientation 的新工具栏

表 10-5　JToolBar 类的其他常用方法

其他常用方法	作　　用
add(Action a)	添加一个指派动作的新的 JButton
addSeparator()	将默认大小的分隔符添加到工具栏的末尾
addSeparator(Dimension size)	将指定大小的分隔符添加到工具栏的末尾
getComponentAtIndex(int i)	返回指定索引位置的组件
getComponentIndex(Component c)	返回指定组件的索引
getMargin()	返回工具栏边框和它的按钮的空白
getOrientation()	返回工具栏的当前方向
isFloatable()	获取 floatable 属性
isRollover()	返回 rollover 状态
setBorderPainted(boolean b)	设置 borderPainted 属性，如果需要绘制边框，则此属性为 true
setFloatable(boolean b)	设置 floatable 属性，如果要移动工具栏，此属性必须设置为 true
setLayout(LayoutManager mgr)	设置此容器的布局管理器
setMargin(Insets m)	设置工具栏边框和它的按钮的空白
setOrientation(int o)	设置工具栏的方向
setRollover(boolean rollover)	设置此工具栏的 rollover 状态

【例 10-2】　工具栏应用案例。

程序如下：(源程序：JToolBarDemo.java)

```
import javax.swing.*;
import java.awt.*;
import java.awt.event.*;
public class JToolBarDemo extends JFrame implements ActionListener{
   private JButton red,green,yellow;
   private JToolBar toolBar;
   private Container c;
   public JToolBarDemo(){
      super("JToolBar Demo");
       c=this.getContentPane();
       c.setBackground(Color.white);
```

```
12.         toolBar=new JToolBar();
13.         red=new JButton("红色");
14.         red.addActionListener(this);
15.         green=new JButton("绿色");
16.         green.setToolTipText("绿色");
17.         green.addActionListener(this);
18.         yellow=new JButton("黄色");
19.         yellow.setToolTipText("黄色");
20.         yellow.addActionListener(this);
21.         toolBar.add(red);
22.         toolBar.add(green);
23.         toolBar.add(yellow);
24.         this.add(toolBar, BorderLayout.NORTH);
25.         this.setSize(250,200);
26.         this.setVisible(true);
27.     }
28.     public void actionPerformed(ActionEvent e){
29.         if(e.getSource()==red)
30.             c.setBackground(Color.red);
31.         if(e.getSource()==green)
32.             c.setBackground(Color.green);
33.         if(e.getSource()==yellow)
34.             c.setBackground(Color.yellow);
35.     }
36.     public static void main(String[] args){
37.         new JToolBarDemo();
38.     }
39. }
```

程序运行结果如图 10-3 所示。

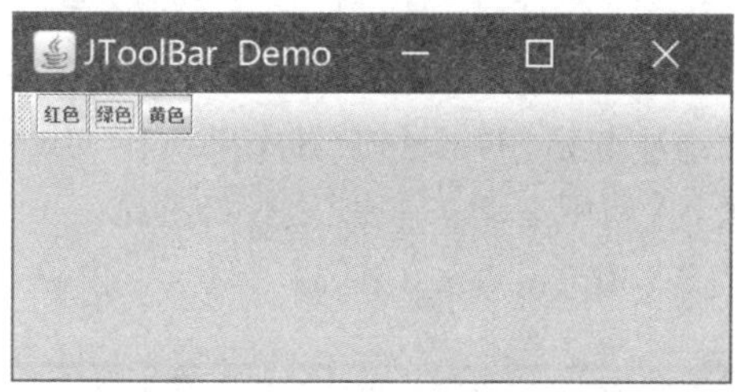

图 10-3　例 10-2 的程序运行结果

程序分析如下。

- 第 11 行设置背景颜色是白色。
- 第 14、17、20 行注册动作事件监听器。
- 第 21～23 行将按钮添加到工具栏中。
- 第 28 行实现对动作事件的处理。

10.1.3 滚动面板

滚动面板是带有滚动条的面板,滚动面板可以看作一个特殊的容器,只可以向其添加一个组件。在默认情况下,只有当组件内容超出面板时,才会显示滚动条。

JTextArea 和 JList 等组件本身不带滚动条,如果需要,可以将其放到相应的滚动面板中。表 10-6 列出了 JScrollPane 类的构造方法。

表 10-6 JScrollPane 类的构造方法

构 造 方 法	作 用
public JScrollPane()	创建一个空的 JScrollPane 对象
public JScrollPane(Component v)	创建一个新的 JScrollPane 对象,当组件内容大于显示区域时会自动产生滚动条
public JScrollPane(Component v, int vsbPolicy, int hsbPolicy)	创建一个新的 JScrollPane 对象,指定显示的组件,可使用一对滚动条
public JScrollPane(int vsbPolicy,inthsbPolicy)	创建一个具有一对滚动条的空 JScrollPane 对象

其中滚动条显示方式 vsbPolicy 和 hsbPolicy 的值可使用下面的静态常量来进行设置,这些参数已经在 ScrollPaneConstants 接口中进行了定义。

- HORIZONTAL-SCROLLBAR-ALAWAYS:显示水平滚动条。
- HORIZONTAL-SCROLLBAR-AS-NEEDED:当组件内容水平区域大于显示区域时出现水平滚动条。
- HORIZONTAL-SCROLLBAR-NEVER:不显示水平滚动条。
- VERTICAL-SCROLLBAR-ALWAYS:显示垂直滚动条。
- VERTICAL-SCROLLBAR-AS-NEEDED:当组件内容垂直区域大于显示区域时出现垂直滚动条。
- VERTICAL-SCROLLBAR-NEVER:不显示垂直滚动条。

【例 10-3】 在 JLabel 组中显示图片,由于图片尺寸比 JLabel 区域大,因此可以通过定义一个 JScrollPane 容器,并利用滚动条来查看整幅图片。

程序如下:(源代码:JScrollpaneDemo.java)

```
import javax.swing.*;
public class JScrollpaneDemo extends JFrame{
  JScrollPane scrollPane;
  public JScrollpaneDemo(String title){
     super(title);
     JLabel label=new JLabel(new ImageIcon("D:\\workspace\\java\\java_
     book\\src\\chapter11\\flower.jpg"));//图片绝对路径
     scrollPane=new JScrollPane(label,JScrollPane.VERTICAL_
     SCROLLBAR_ALWAYS,JScrollPane.HORIZONTAL_SCROLLBAR_ALWAYS);
```

```
8.        this.add(scrollPane);
9.        this.setSize(350,300);
10.        this.setVisible(true);
11.    }
12.    public static void main(String[] args){
13.        new JScrollpaneDemo("JScrollpaneDemo");
14.    }
15. }
```

程序运行结果如图 10-4 所示。

图 10-4　例 10-3 的程序运行结果

程序分析如下。

- 第 6 行定义 JLabel 组件来显示图片。
- 第 7 行创建滚动面板对象 scrollPane，显示水平和垂直滚动条，建立标签 label 和滚动面板的关联。
- 第 8～10 行将滚动面板添加到当前窗口中。

10.2　项目分析与设计

本项目的学习任务是设计考试功能模块。当考生输入正确的用户名和密码后，进入的是在线考试系统，图 10-5(a)是考试界面，图 10-5(b)是选择试题文件，图 10-5(c)是考试过程，图 10-5(d)是最后一题，图 10-5(e)是考试结束，图 10-5(f)是考试退出。其中菜单栏包括“工具”“帮助”“退出”三项，“工具”菜单中仅含一个“计算器”菜单项；“帮助”菜单下包括“版本”和“关于”菜单项；单击“退出”菜单，可以退出考试系统。

单击“开始考试”按钮，选择试题文件、时钟开始倒计时，同时在界面上显示第一题，通过单击“上一题”“下一题”按钮可以显示所有试题。若当前已经是最后一题，再单击“下一题”按钮，系统将显示提示信息。单击“提交试卷”按钮后，屏幕上将显示此次考试成绩。

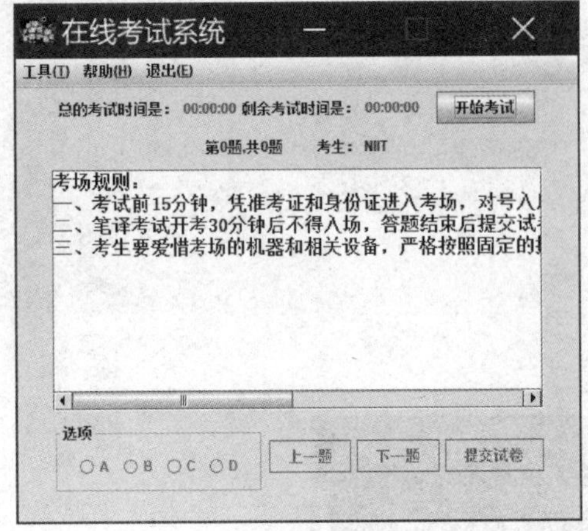

(a) 考试界面

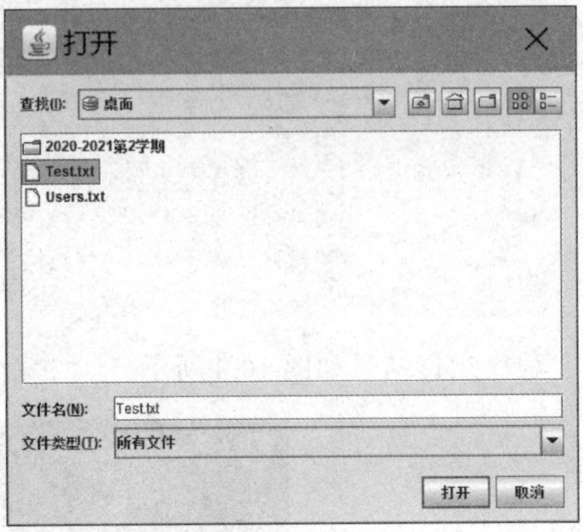

(b) 选择试题文件

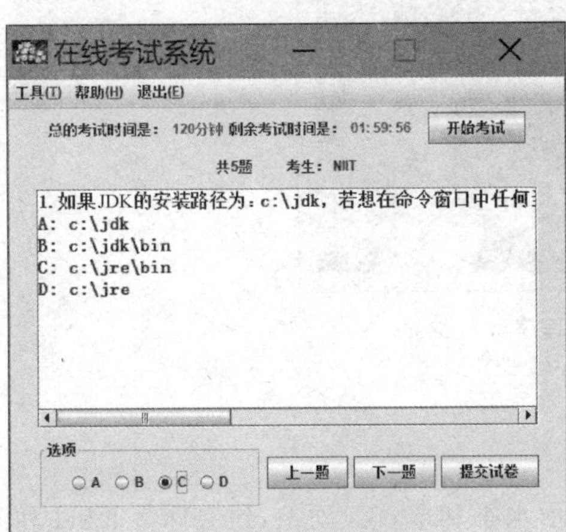

(c) 考试过程

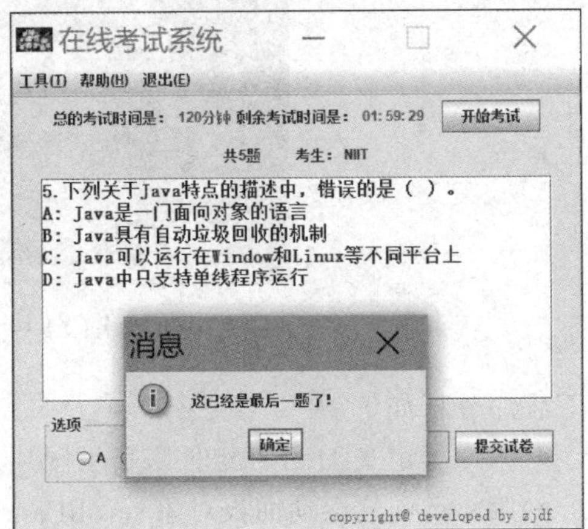

(d) 最后一题

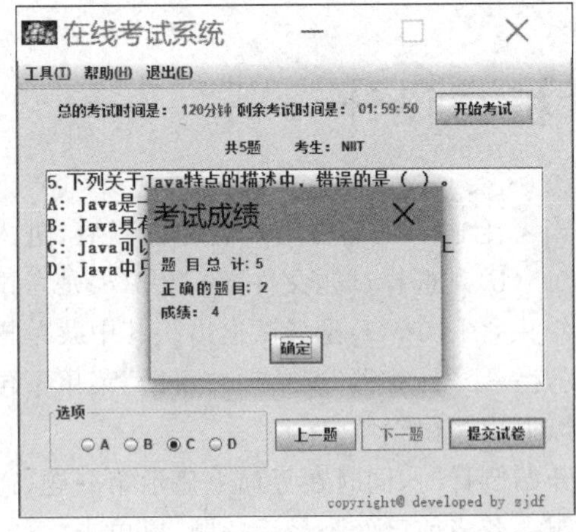

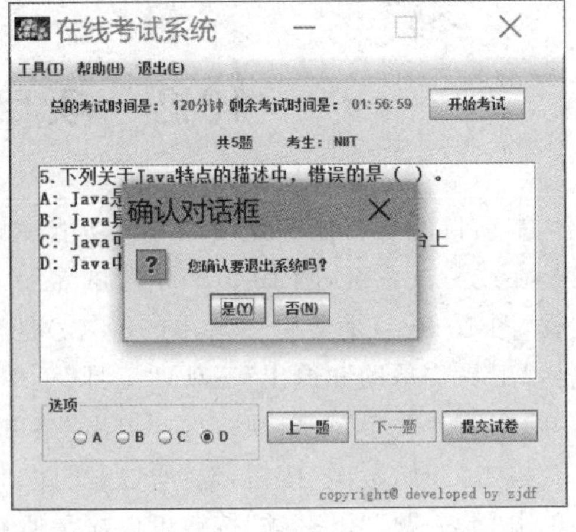

(e) 考试结束

(f) 退出系统

图 10-5 在线考试系统

10.3　项目实施

程序如下：(源代码：Test_GUI.java)

```java
import java.awt.*;
import java.awt.event.*;
import java.io.*;
import java.text.NumberFormat;
import javax.swing.*;
import javax.swing.border.Border;
import javax.swing.JOptionPane;

public class Test_GUI{
    public static void main(String[] args){
        new Test_GUI("NIIT");
    }

    public Test_GUI(String name){
        TestFrame tf=new TestFrame(name);
        tf.setDefaultCloseOperation(JFrame.EXIT_ON_CLOSE);
        tf.setVisible(true);
    }
}

//框架类
class TestFrame extends JFrame{
    private static final long serialVersionUID=1L;
    private Toolkit tool;
    private JMenuBar mb;
    private JMenu menutool, menuhelp, menuexit;
    private JMenuItem calculator, edition, about;
    private JDialog help;

    public TestFrame(String name){
        setTitle("在线考试系统");
        tool=Toolkit.getDefaultToolkit();
        Dimension ds=tool.getScreenSize();
        int w=ds.width;
        int h=ds.height;
        setBounds((w-500)/2,(h-430)/2, 500, 450);
        //------------设置窗体图标---------------
        ImageIcon icon=new ImageIcon("D:\\workspace\\java\\java_book\\src\\chapter11\\flower.jpg");
        Image image=icon.getImage();
        setIconImage(image);
```

```
        setResizable(false);
        //------------菜单条的设置----------------
        mb=new JMenuBar();
        setJMenuBar(mb);
        menutool=new JMenu("工具(T)");
        menuhelp=new JMenu("帮助(H)");
        menuexit=new JMenu("退出(E)");
        //设置助记符
        menutool.setMnemonic('T');
        menuhelp.setMnemonic('H');
        menuexit.setMnemonic('E');
        mb.add(menutool);
        mb.add(menuhelp);
        mb.add(menuexit);
        calculator=new JMenuItem("计算器(c)", 'c');
        edition=new JMenuItem("版本(E)", 'E');
        about=new JMenuItem("关于(A)", 'A');
        menutool.add(calculator);
        menuhelp.add(edition);
        //添加分隔线
        menuhelp.add(about);
        //设置快捷键
        calculator.setAccelerator(KeyStroke.getKeyStroke(KeyEvent.VK_
        C, InputEvent.CTRL_MASK));
        edition.setAccelerator(KeyStroke.getKeyStroke(KeyEvent.VK_E,
        InputEvent.CTRL_MASK));
        about.setAccelerator(KeyStroke.getKeyStroke(KeyEvent.VK_A,
        InputEvent.CTRL_MASK));
        BorderLayout bl=new BorderLayout();
        setLayout(bl);
        TestPanel tp=new TestPanel(name);
        add(tp, BorderLayout.CENTER);
        //-----------添加事件------------
        calculator.addActionListener(new ActionListener(){
            public void actionPerformed(ActionEvent arg0){
                new Calculator();
            }
        });
        edition.addActionListener(new ActionListener(){
            public void actionPerformed(ActionEvent arg0){
                JOptionPane.showMessageDialog(null, "单机版", "版本信息",
                JOptionPane.PLAIN_MESSAGE);
            }
        });
        about.addActionListener(new ActionListener(){
            public void actionPerformed(ActionEvent arg0){
                help=new JDialog(new JFrame());
                JPanel panel=new JPanel();
```

```
                JTextArea helparea=new JTextArea(14, 25);
                helparea.setText("以学生考试系统的项目开发贯穿全书");
                helparea.setEditable(false);
                JScrollPane sp=new JScrollPane(helparea);
                panel.add(sp);
                help.setTitle("帮助信息");
                help.add(panel, "Center");
                help.setBounds(350, 200, 300, 300);
                help.setVisible(true);
            }
        });
        menuexit.addMouseListener(new MouseListener(){
            public void mouseClicked(MouseEvent arg0){
                int temp= JOptionPane.showConfirmDialog(null, "您确认要退
                出系统吗?", "确认对话框", JOptionPane.YES_NO_OPTION);
                if(temp==JOptionPane.YES_OPTION){
                    System.exit(0);
                }else if(temp==JOptionPane.NO_OPTION){
                    return;
                }
            }

            public void mouseEntered(MouseEvent arg0){
            }

            public void mouseExited(MouseEvent arg0){
            }

            public void mousePressed(MouseEvent arg0){
            }

            public void mouseReleased(MouseEvent arg0){
            }
        });
    }
}

//容器类
class TestPanel extends JPanel implements ActionListener{
    private JLabel totaltime, lefttime, ttimeshow, ltimeshow,
    textinfo, userinfo;
    private JLabel copyright;
    private JButton starttest, back, next, commit;
    private JTextArea area;
    private JRadioButton rbtna, rbtnb, rbtnc, rbtnd;
    private String totaltimer="", lefttimer="", username="",
      select="";
```

```
    private int current=0, total=0, score=0;
    private Box box, box1, box2, box3, box4, box5;
    private Testquestion[] question;
    private ClockDisplay clock;
    private int index=0;
    private int time=0;
    private InputStreamReader read;
    private String[][] dis;
    private File file;

    public TestPanel(String name){
        username=name;
        totaltimer="00:00:00";
        lefttimer="00:00:00";
        totaltime=new JLabel("总的考试时间是:");
        lefttime=new JLabel("剩余考试时间是:");
        ttimeshow=new JLabel(totaltimer);
        ttimeshow.setForeground(Color.RED);
        ltimeshow=new JLabel(lefttimer);
        ltimeshow.setForeground(Color.red);
        textinfo=new JLabel("第"+current+"题"+",共"+total+"题");
        userinfo=new JLabel("考生: "+username);
        copyright=new JLabel();
        copyright.setHorizontalAlignment(JLabel.RIGHT);
        copyright.setFont(new Font("宋体", Font.PLAIN, 14));
        copyright.setForeground(Color.gray);
        copyright.setText("copyright@developed by cy");
        starttest=new JButton("开始考试");
        back=new JButton("上一题");
        next=new JButton("下一题");
        back.setEnabled(false);
        next.setEnabled(false);
        commit=new JButton("提交试卷");
        commit.setEnabled(false);
        area=new JTextArea(10, 10);
        area.setFont(new Font("宋体", Font.BOLD, 16));
        area.setText("考场规则:\n"+"一、考试前 15 分钟,凭准考证和"+"身份证进入考场,对号入座,将准考证和"+"身份证放在桌面右上角,"+"便于监考人员检查。\n"+"二、笔译考试开考 30 分钟后不得入场,答"+"题结束并
        提交试卷后可以申请离场。\n"+"三、考生要爱惜考场的机器"+"和相关设备,严格按照固定的操作说明进行操作。如有人为损坏,照"+"价赔偿。");

        JScrollPane sp=new JScrollPane(area);
        area.setEditable(false);
        rbtna=new JRadioButton("A");
        rbtnb=new JRadioButton("B");
        rbtnc=new JRadioButton("C");
```

```
        rbtnd=new JRadioButton("D");
        rbtna.setEnabled(false);
        rbtnb.setEnabled(false);
        rbtnc.setEnabled(false);
        rbtnd.setEnabled(false);
        ButtonGroup bg=new ButtonGroup();
        bg.add(rbtna);
        bg.add(rbtnb);
        bg.add(rbtnc);
        bg.add(rbtnd);
        Border border=BorderFactory.createTitledBorder("选项");
        JPanel panel=new JPanel();
        panel.add(rbtna);
        panel.add(rbtnb);
        panel.add(rbtnc);
        panel.add(rbtnd);
        panel.setBorder(border);
        box=Box.createVerticalBox();
        box1=Box.createHorizontalBox();
        box2=Box.createHorizontalBox();
        box3=Box.createHorizontalBox();
        box4=Box.createHorizontalBox();
        box5=Box.createHorizontalBox();
        new JDialog(new JFrame());
        //注册监听事件
        starttest.addActionListener(this);
        back.addActionListener(this);
        next.addActionListener(this);
        commit.addActionListener(this);
        rbtna.addActionListener(this);
        rbtnb.addActionListener(this);
        rbtnc.addActionListener(this);
        rbtnd.addActionListener(this);
        //添加组件,采用箱式布局
        box1.add(totaltime);
        box1.add(Box.createHorizontalStrut(5));
        box1.add(ttimeshow);
        box1.add(Box.createHorizontalStrut(5));
        box1.add(lefttime);
        box1.add(Box.createHorizontalStrut(5));
        box1.add(ltimeshow);
        box1.add(Box.createHorizontalStrut(15));
        box1.add(starttest);
        box2.add(textinfo);
        box2.add(Box.createHorizontalStrut(30));
        box2.add(userinfo);
        box3.add(sp, BorderLayout.CENTER);
        box4.add(panel);
```

```
        box4.add(Box.createHorizontalStrut(5));
        box4.add(back);
        box4.add(Box.createHorizontalStrut(5));
        box4.add(next);
        box4.add(Box.createHorizontalStrut(5));
        box4.add(commit);
        box5.add(Box.createHorizontalStrut(250));
        box5.add(copyright);
        box.add(box1);
        box.add(Box.createVerticalStrut(10));
        box.add(box2);
        box.add(Box.createVerticalStrut(10));
        box.add(box3);
        box.add(Box.createVerticalStrut(10));
        box.add(box4);
        box.add(Box.createVerticalStrut(20));
        box.add(box5, BorderLayout.EAST);
        add(box);
    }

    public void display(){
        area.setText("");
        for(int i=0; i<5; i++)
            area.append(dis[current-1][i]+"\n");
    }

    //从试题文件中读取考试时间
    public void testTime(){
        FileReader fr=null;
        BufferedReader br=null;
        String s="";
        int i1, i2;
        try{
            JFileChooser jfc=new JFileChooser();
            if(jfc.showOpenDialog(null)==JFileChooser.APPROVE_OPTION){
                file=jfc.getSelectedFile();
                fr=new FileReader(file);
                br=new BufferedReader(fr);
                s=br.readLine();
                i1=s.indexOf(':');
                i2=s.indexOf('分');
                s=s.substring(i1+1, i2);
                time=Integer.parseInt(s);
                fr.close();
                br.close();
            }
        }catch(IOException e){
```

```
            e.printStackTrace();
        }
    }

    //从试题文件中读取试题
    public void ReadTestquestion(){
        try{
            String encoding="GBK";
            if(file.isFile() && file.exists()){          //判断文件是否存在
                    InputStreamReader read = new InputStreamReader(new
                    FileInputStream(file), encoding);    //考虑到编码格式
                BufferedReader bufferedReader=new BufferedReader
                 (read);
                String lineTxt=null;
                lineTxt=bufferedReader.readLine();       //时间一行
                lineTxt=bufferedReader.readLine();       //参考答案一行
                current=1;
                String[] s=lineTxt.split(" ");
                total=s.length;
                textinfo.setText("共"+total+"题");
                question=new Testquestion[total];
                dis=new String[total][5];
                for(int i=0; i<total; i++){
                    question[i]=new Testquestion();
                    question[i].setStandKey(s[i].replaceAll("[^a-z^A-
                   Z]", ""));

                    for(int j=0; j<5; j++){
                        dis[i][j]=bufferedReader.readLine();
                        question[i].setQuestion(dis[i][j]);
                    }
                }
                display();
            }else{
                System.out.println("找不到指定的文件");
            }
        }catch(Exception e){
            System.out.println("读取文件内容出错");
            e.printStackTrace();
        }
    }

    public void actionPerformed(ActionEvent e){
        if(e.getSource()==starttest){
            JOptionPane.showMessageDialog(null, "请选择考试文件",
            "消息框", JOptionPane.PLAIN_MESSAGE);
            testTime();
            ttimeshow.setText(time+"分钟");
```

```
            ltimeshow.setText(time+"分钟");
            current=1;
            clock=new ClockDisplay(ltimeshow, time);
            clock.start();
            rbtna.setEnabled(true);
            rbtnb.setEnabled(true);
            rbtnc.setEnabled(true);
            rbtnd.setEnabled(true);
            next.setEnabled(true);
            commit.setEnabled(true);
            ReadTestquestion();
        }
        if(e.getSource()==back){
            next.setEnabled(true);
            current=current-1;
            if(current==1)
                back.setEnabled(false);
            display();
        }
        if(e.getSource()==next){
            current=current+1;
            back.setEnabled(true);
            display();
            if(current==total){
                next.setEnabled(false);
                JOptionPane.showMessageDialog(null, "这已经是最后
                一题了!");
            }
        }
        if(e.getSource()==commit){
            scorereport();
        }
        if(e.getSource()==rbtna)
            question[current-1].setSelectedKey("A");
        if(e.getSource()==rbtnb)
            question[current-1].setSelectedKey("B");
        if(e.getSource()==rbtnc)
            question[current-1].setSelectedKey("C");
        if(e.getSource()==rbtnd)
            question[current-1].setSelectedKey("D");
    }

    //显示答题情况的方法
    public void scorereport(){
        int number=0;
        for(int i=0; i<total; i++){
            if(question[i].checkKey()){
                score=score+2;
```

```
                    number++;
                }
            }
            JOptionPane.showMessageDialog(null, "题 目 总 计: "+total+"\n 正 确
            的 题 目: "+number+"\n 成绩: "+score,"考试成绩",JOptionPane.
            PLAIN_MESSAGE);
        }
}

//读取试题类
class Testquestion{
    private String questionText;
    private String standardKey;
    private String selectedKey;

    public Testquestion(){
        questionText="";
        standardKey="";
        selectedKey="";
    }

    public String getQuestion(){
        return questionText;
    }

    public void setQuestion(String s){
        questionText=s;
    }

    public String getSelectedKey(){
        return selectedKey;
    }

    public void setSelectedKey(String s){
        selectedKey=s;
    }

    public void setStandKey(String s){
        standardKey=s;
    }

    public String getStandKey(){
        return standardKey;
    }

    public boolean checkKey(){
        if(standardKey.equals(selectedKey)){
            return true;
```

```
        }
        return false;
    }
}

//考试计时类
class ClockDisplay extends Thread{
    private JLabel lefttimer;
    private int testtime;

    public ClockDisplay(JLabel lt, int time){
        lefttimer=lt;
        testtime=time * 60;
    }

    public void run(){
        NumberFormat f=NumberFormat.getInstance();
        //返回整数部分允许显示的最小整数位数
        f.setMinimumIntegerDigits(2);
        int h, m, s;
        while(testtime>=0){
            h=testtime/3600;
            m=testtime%3600/60;
            s=testtime%60;
            StringBuffer sb=new StringBuffer("");
            sb.append(f.format(h)+": "+f.format(m)+": "+f.format(s));
            lefttimer.setText(sb.toString());
            try{
                Thread.sleep(1000);
            }catch(Exception ex){
            }
            testtime=testtime-1;
        }
          JOptionPane.showMessageDialog(null, "\t 考试时间到,结束
          考试!");
          System.exit(0);
    }
}

class Calculator extends JFrame implements ActionListener{
    private static final long serialVersionUID=-169068472193786457L;

    private class WindowCloser extends WindowAdapter{
        public void windowClosing(WindowEvent we){
            System.exit(0);
        }
    }

```

```
    int i;
    private final String[] str={ "7", "8", "9", "/", "4", "5", "6",
    "*", "1", "2", "3", "-", ".", "0", "=", "+" };
    JButton[] buttons=new JButton[str.length];
    //取消重置
    JButton reset=new JButton("CE");
    JTextField display=new JTextField("0");

    public Calculator(){
        super("Calculator");
        JPanel panel1=new JPanel(new GridLayout(4, 4));
        for(i=0; i<str.length; i++){
            buttons[i]=new JButton(str[i]);
            panel1.add(buttons[i]);
        }
        JPanel panel2=new JPanel(new BorderLayout());
        panel2.add("Center", display);
        panel2.add("East", reset);
        getContentPane().setLayout(new BorderLayout());
        getContentPane().add("North", panel2);
        getContentPane().add("Center", panel1);
        for(i=0; i<str.length; i++)
            buttons[i].addActionListener(this);
        reset.addActionListener(this);
        display.addActionListener(this);
        addWindowListener(new WindowCloser());
        setSize(800, 800);
        setVisible(true);
        pack();
    }

    public void actionPerformed(ActionEvent e){
        Object target=e.getSource();
        String label=e.getActionCommand();
        if(target==reset)
            handleReset();
        else if("0123456789.".indexOf(label)>0)
            handleNumber(label);
        else
            handleOperator(label);
    }

    boolean isFirstDigit=true;

    public void handleNumber(String key){
        if(isFirstDigit)
            display.setText(key);
        else if((key.equals(".")) && (display.getText().indexOf(".")<
        0))
```

```
            display.setText(display.getText()+".");
        else if(!key.equals("."))
            display.setText(display.getText()+key);
        isFirstDigit=false;
    }

    /**
     * 重置计算
     */
    public void handleReset(){
        display.setText("0");
        isFirstDigit=true;
        operator="=";
    }

    double number=0.0;
    String operator="=";

    public void handleOperator(String key){
        if(operator.equals("+"))
            number+=Double.valueOf(display.getText());
        else if(operator.equals("-"))
            number -=Double.valueOf(display.getText());
        else if(operator.equals("*"))
            number *=Double.valueOf(display.getText());
        else if(operator.equals("/"))
            number /=Double.valueOf(display.getText());
        else if(operator.equals("="))
            number=Double.valueOf(display.getText());
        display.setText(String.valueOf(number));
        operator=key;
        isFirstDigit=true;
    }
}
```

拓展阅读　中国自主创新的典范科学家——王选

王选，这位被赞誉为“汉字激光照排系统之父”的杰出科学家，以其非凡的智慧和坚定的信念，引领了中国印刷业的一场深刻革命。他不仅是一位科学家，更是一位具有市场眼光的创新者，他的身影在科研与产业的交汇处熠熠生辉。

王选深知自主创新的重要性。早在 1988 年，他便高瞻远瞩地提出，“只有依靠自主技术持续创新，才能建立中国自己的产业”。他的话语，如同晨钟暮鼓，激励着无数科技工作者奋发向前。他坚持核心设备和关键硬件的自主研发与生产，以完全创新的思想引领关键技术突破，这是他的科研之道，也是他的爱国情怀。

回想1976年的那个夏天，王选以惊人的魄力提出跳过第二代、第三代照排系统，直接研究当时国外尚未商品化的第四代激光照排系统。面对嘲笑与质疑，他坚定信念，据理力争，最终赢得支持。这种敢于挑战权威、勇于创新的精神，正是我们这个时代所急需的。

在王选的带领下，北大方正集团应运而生，他提出的产学研结合的"方正模式"，为中国科技产业的发展开辟了新的道路。他反复强调，中国必须加强自主创新，企业要成为创新的主体。这不仅是对科技产业的深刻洞察，更是对国家未来发展的殷切期望。

1987年5月22日，《经济日报》全面采用王选研发的华光Ⅲ型汉字激光照排系统。面对初期的困难和压力，王选带领团队迎难而上，最终成功排除了故障，让照排系统顺利运行。这一刻，他们不仅赢得了技术的胜利，更赢得了对自主创新的坚定信念。

随着华光Ⅳ型机的推广普及，中国传统出版印刷行业被彻底改造。王选的技术不仅让中国印刷业焕发出新的生机，更让世界看到了中国科技的崛起。到1993年，国内绝大多数报社和出版社都采用了以王选技术为核心的国产激光照排系统，这是对中国自主创新能力的有力证明。

王选的故事是一首自主创新的赞歌，他用自己的智慧和勇气，谱写了一曲曲激昂的乐章。他的精神，如同璀璨的星辰，照亮了中国科技发展的道路。让我们铭记这位伟大的科学家，铭记他的贡献和精神，以他为榜样，勇往直前，为祖国的科技进步贡献自己的力量！

同时，我们也要深刻理解王选所强调的自主创新的重要性。在这个日新月异的时代，只有不断创新，才能在激烈的国际竞争中立于不败之地。让我们将个人理想与国家需求相结合，为实现中华民族伟大复兴的中国梦贡献青春和智慧！

自 测 题

一、选择题

1. 使用(　　)方法可以将 JMenuBar 对象设置为主菜单。

A. setHelpMenu()　　B. setJMenuBar

C. add()　　D. setHelpMenuLocation()

2. 用于构造弹出式菜单的 Java 类是(　　)。

A. JMenuBar　　B. JMenu　　C. JMenuItem　　D. JPopupMenu

3. 在 Java 中，有关菜单叙述错误的是(　　)。

A. 下拉菜单通过出现在菜单条上的名字来可视化表示

B. 菜单条通常出现在 JFrame 的顶部

C. 菜单中的菜单项不能再是一个菜单

D. 每个菜单可以有许多菜单项

4. JScrollPane 面板的滚动条通过移动(　　)对象来实现。

A. JViewport　　B. JSplitPane

C. JTablePane　　D. JPanel

5. 不是用户界面组件容器的是(　　)。

A. JApplet　　B. JPanel　　C. JScrollPane　　D. JWindow

二、填空题

1. 直接添加到________的菜单叫作顶层菜单,连接到________的菜单称为子菜单。

2. JMenuItem 类中提供________方法来创建分隔线。

3. 菜单项中的复选框是由________类创建的,单选按钮是由________类创建的。

4. 滚动面板 JSrollPane 是________的面板,滚动面板可以看作________,只可以添加一个组件。在默认情况下,只有当组件内容超出面板时,才会显示滚动条。

5. JToolBar 工具栏继承自________类,可以用来建立窗口的工具栏按钮,它也属于一组容器。在组建 JToolBar 对象后,就可以将 GUI 组件放置其中。

项目 11　安装并使用课程考试系统的数据库

学习目标

本项目学习 JDBC 数据库相关知识，主要包括 MySQL 数据库的安装与配置，Java 程序连接数据库以及进行增、删、改、查操作。学习要点如下：

- 掌握 MySQL 数据库的安装和配置，并熟悉相应的操作界面。
- 熟悉数据库的设计步骤，掌握数据库表的设计方法。
- 理解系统中插入、更新、删除及查找功能的实现方法。
- 具有敬业爱岗的职业精神和良好的职业操守。

11.1　相 关 知 识

11.1.1　MySQL 数据库概述

MySQL 是目前最为流行的开源的数据库，是完全网络化的跨平台关系型数据库系统，它是由瑞典的 MySQL AB 公司开发的。它的象征符是一只名为 Sakila 的海豚，如图 11-1 所示，代表着 MySQL 数据库和团队的速度、能力、精确和优秀。

MySQL 数据库可以称得上是目前运行速度最快的 SQL 语言数据库。除了具有许多其他数据所不具备的功能外，MySQL 数据库还是一种完全免费的产品，用户可以直接从网上下载使用，而不必支付任何费用。

图 11-1　MySQL 图标

下面是 MySQL 发展过程中的里程碑事件。

1995 年，MySQL 1.0 发布，仅供内部使用。

1996 年，MySQL 3.11.1 发布，直接跳过了 MySQL 2.x 版本。

1999 年，MySQL AB 公司成立。同年，发布 MySQL 3.23，该版本集成了 Berkeley DB 存储引擎。该引擎由 Sleepycat 公司开发，支持事务。在集成该引擎的过程中，对源码进行了改造，为后续可插拔式存储引擎架构奠定了基础。

2000 年，ISAM 升级为 MyISAM 存储引擎。同年，MySQL 基于 GPL 协议开放源码。

2002 年,MySQL 4.0 发布,集成了后来大名鼎鼎的 InnoDB 存储引擎。该引擎由 Innobase 公司开发,支持事务,支持行级锁,适用于 OLTP 等高并发场景。

2005 年,MySQL 5.0 发布,开始支持游标、存储过程、触发器、视图、XA 事务等特性。同年,Oracle 收购 Innobase 公司。

2008 年,Sun 以 10 亿美元收购 MySQL AB。同年,发布 MySQL 5.1,其开始支持定时器、分区、基于行的复制等特性。

2009 年,Oracle 以 74 亿美元收购 Sun 公司。

MySQL 数据库管理系统具有很多的优势,主要有以下几点。

1. MySQL 是开放源代码的数据库

MySQL 是开放源代码的数据库,任何人都可以获取该数据库的源代码。这就使得任何人都可以修正 MySQL 的缺陷,并且任何人都能以任何目的来使用该数据库。

2. MySQL 的跨平台性

MySQL 不仅可以在 Windows 系列的操作系统上运行,还可以在 UNIX、Linux 和 Mac OS 等操作系统上运行。因为很多网站都选择 UNIX、Linux 作为网站的服务器,所以 MySQL 的跨平台性保证了其在 Web 应用方面的优势。虽然微软公司的 SQL Server 数据库是一款很优秀的商业数据库,但是其只能在 Windows 系列的操作系统上运行。因此,MySQL 数据库的跨平台性是一个很大的优势。

3. 价格优势

MySQL 数据库是一个自由软件,任何人都可以从 MySQL 的官方网站上下载该软件,这些社区版本的 MySQL 都是免费试用的。即使是需要付费的附加功能,其价格也是非常便宜的。相对于 Oracle、DB2 和 SQL Server 这些价格昂贵的商业软件,MySQL 具有绝对的价格优势。

4. 功能强大且使用方便

MySQL 是一个真正的多用户、多线程 SQL 数据库服务器,它能够快速、有效和安全地处理大量的数据。相对于 Oracle 等数据库来说,MySQL 的使用是非常简单的。MySQL 主要特点是快速、健壮和易用。

MySQL 与常用的主流数据库 Oracle、SQL Server 相比,主要特点就是免费,并且在任何平台上都能使用,占用的空间相对较小。但是 MySQL 也有一些不足,比如对于大型项目来说,MySQL 的容量和安全性就略逊于 Oracle 数据库。

11.1.2 数据库的安装与配置

MySQL 允许在多种平台上运行,但由于平台的不同,安装方法也有所差异。本小节主要介绍如何在 Windows 平台上安装配置 MySQL。

Windows 平台上提供以下两种安装 MySQL 的方式。

(1) MySQL 图形化安装(msi 安装文件)。

(2) 免安装版(.zip 压缩文件)。

使用图形化安装包安装配置 MySQL 的步骤说明如下。

1. MySQL 数据库下载

(1) 进入 MySQL 数据库下载界面。进入 MySQL 官方网站下载界面,选择离线安装,如图 11-2 所示。

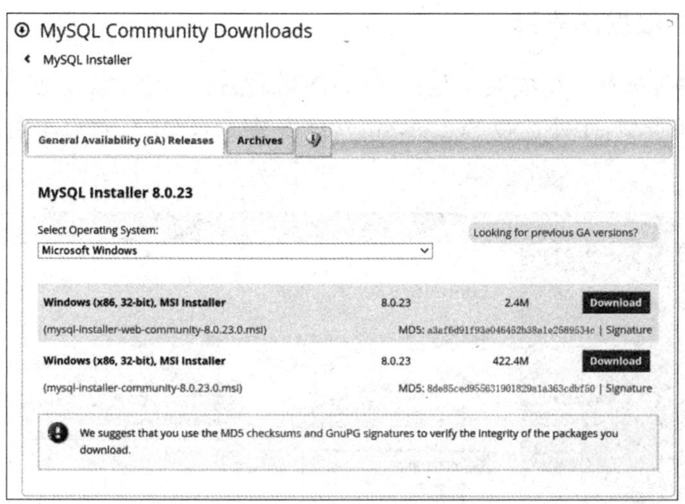

图 11-2 MySQL 数据库下载界面

(2) 下载 MySQL 数据库 msi 安装包。单击"No thanks,just start my download."按钮,不需要登录进行下载即可,如图 11-3 所示。

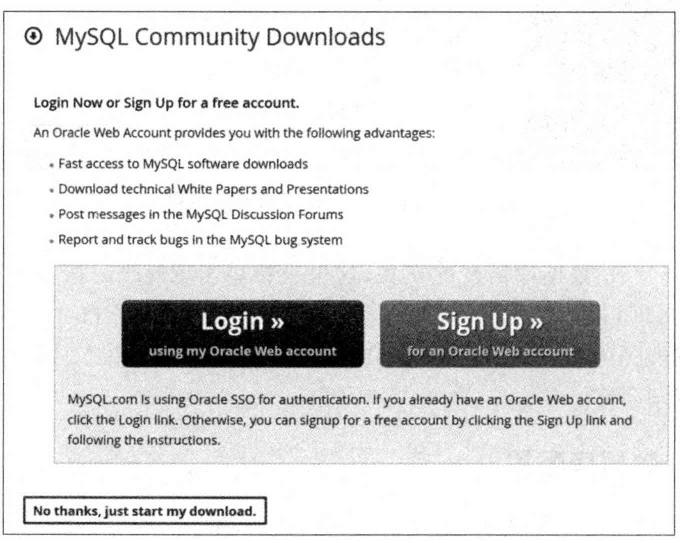

图 11-3 下载 MySQL 数据库

(3) 下载完成后,本地就有安装文件了,通过文件名可以看出是哪个版本的 MySQL 数据库。本次安装的是 mysql-installer-community-8.0.23.0.msi,如图 11-4 所示。

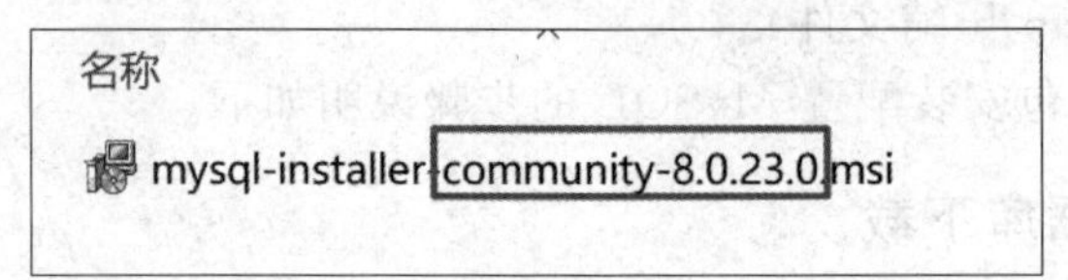

图 11-4 本地 MySQL 数据库安装文件

2. MySQL 数据库安装

(1) 双击安装软件开始安装。如图 11-5 所示,左边界面显示安装到哪一步;右边界面显示选择安装类型,此处选择 Server only(只安装 MySQL),然后单击 Next 按钮进行下一步操作。

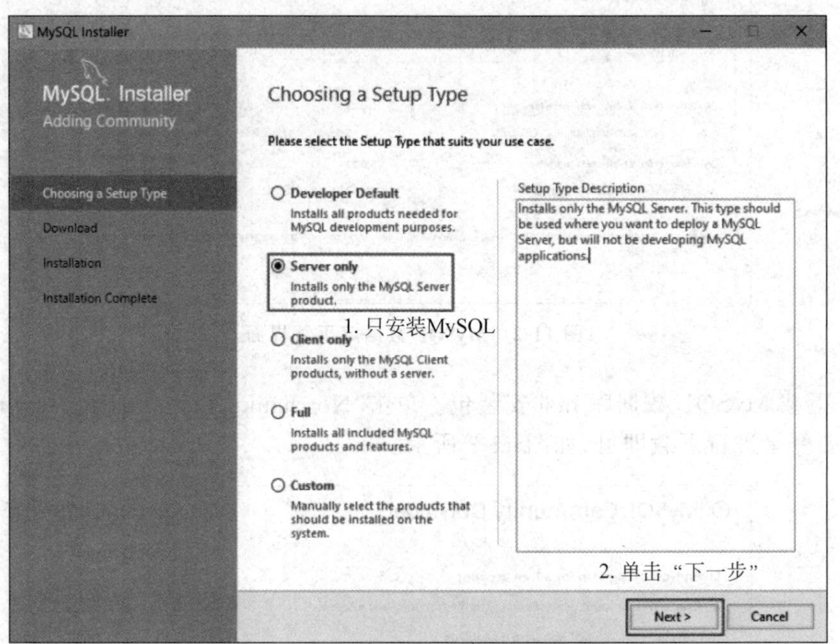

图 11-5 选择 MySQL 的安装类型

(2) 检测 MySQL 数据库需要的安装,这里直接单击 Execute 按钮进行安装。如有多个依赖,依次安装即可,再单击 Next 按钮进行下一步安装,如图 11-6 所示。

(3) 单击 Execute 按钮,安装 MySQL 数据库,完成后单击 Next 按钮,直至安装完成,如图 11-7 所示。

3. MySQL 数据库配置

(1) 在安装的最后一步中,单击 Next 按钮,进入服务器配置界面,进行配置信息的确认,确认后单击 Next 按钮,如图 11-8 所示。

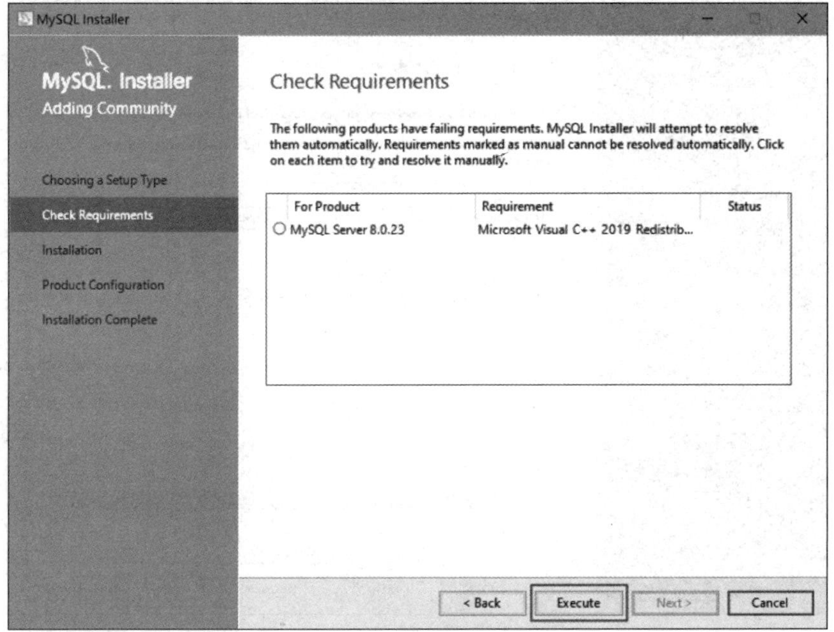

图 11-6 MySQL 数据库插件需求

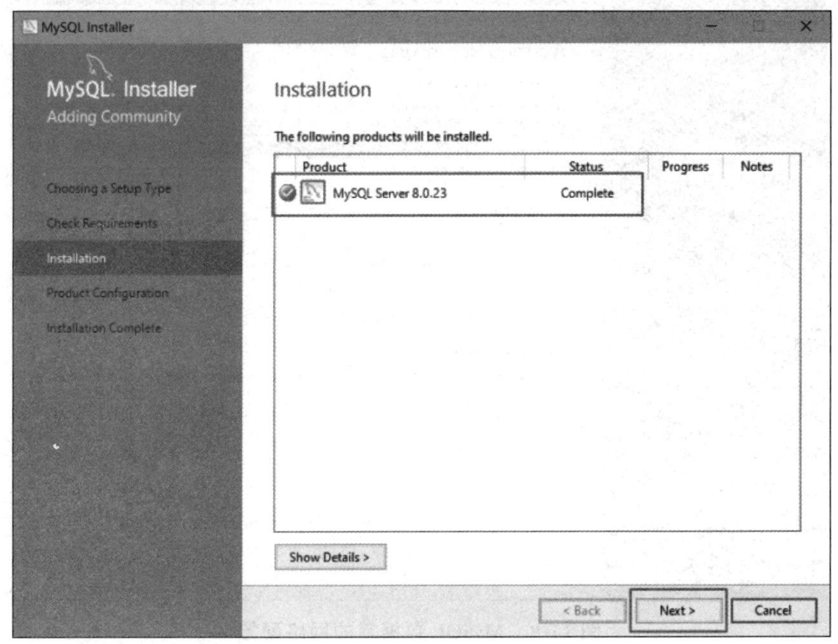

图 11-7 完成 MySQL 数据库安装

(2) 进入 MySQL 网络类型配置界面，建议初学者选择 Development Computer 选项，这样占用系统的资源比较少。MySQL 端口号默认为 3306，如果没有特殊需求，一般不建议修改。其余选项采用默认设置，单击 Next 按钮，如图 11-9 所示。

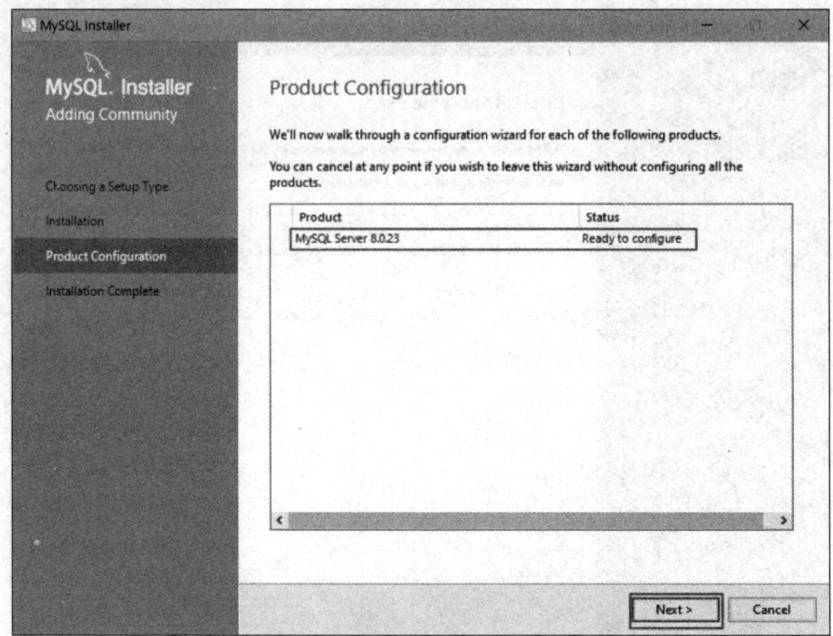

图 11-8　MySQL 数据库的配置信息

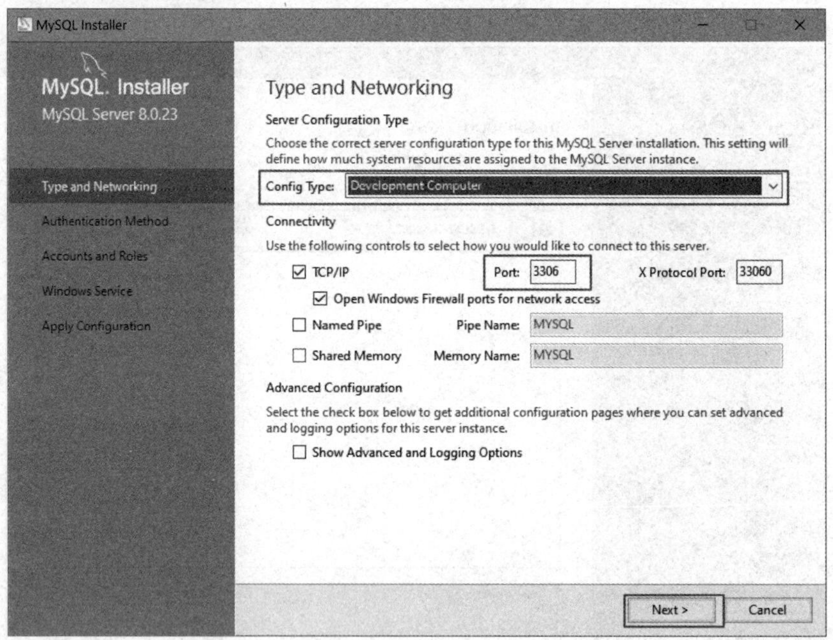

图 11-9　MySQL 数据库的网络配置

(3) 选择 Authentication Method(密码验证方式)。第一个选项是强密码校验,MySQL 推荐使用最新的数据库和相关客户端,MySQL 8 更换了加密插件,如果选第一种方式,很可能有一些客户端连不上 MySQL 8,所以这里选第二个选项,如图 11-10 所示。

(4) 设置的密码需要牢记,最好将登录用户名和密码记录到其他地方,因为后面要用

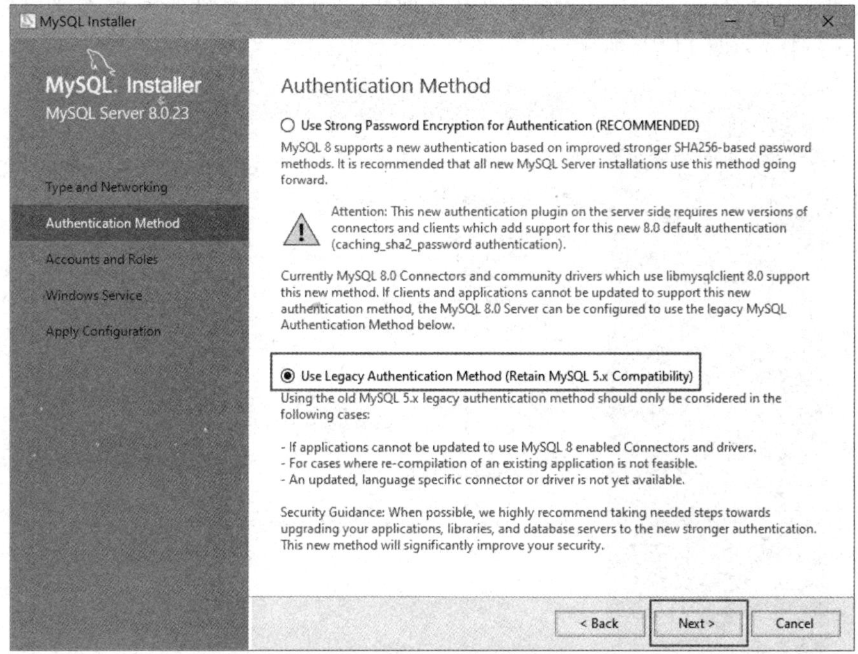

图 11-10　选择 MySQL 数据库的密码验证方式

这个密码来连接数据库。系统默认的用户名为 root,如果想添加新用户,可以单击 Add User 按钮。输入完用户名和密码后,单击 Next 按钮继续下一步操作,如图 11-11 所示。

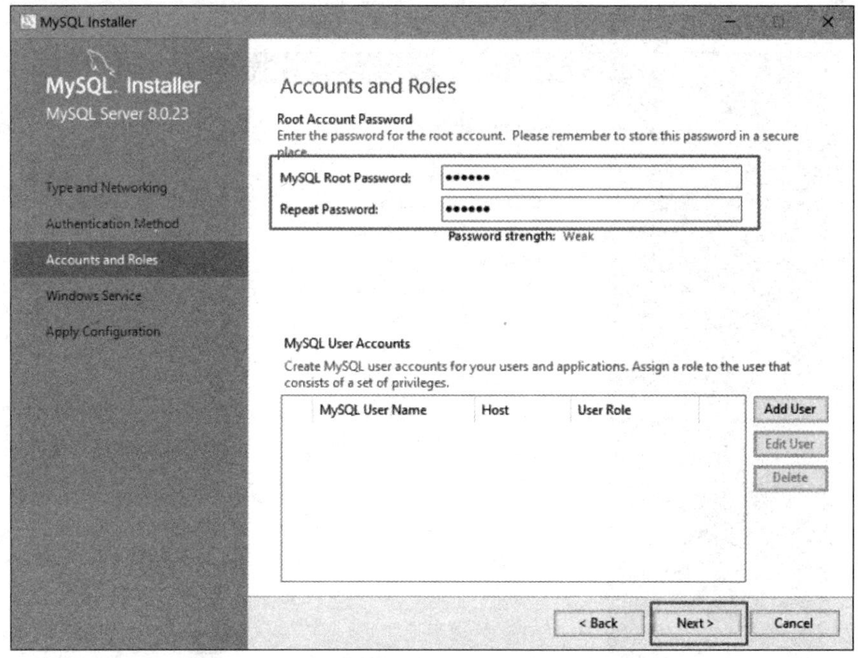

图 11-11　输入 MySQL 数据库的用户名和密码

(5) 进入服务器名称界面,设置服务器名称,这里如果无特殊需要也不建议修改。再单击 Next 按钮,如图 11-12 所示。

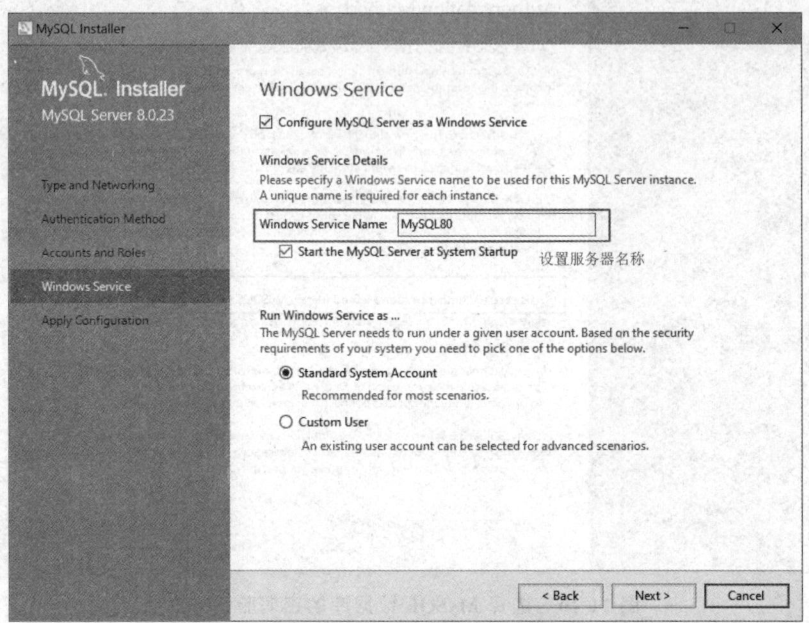

图 11-12　设置服务器名称

(6) 打开确认设置服务器的界面,单击 Execute 按钮完成 MySQL 的各项配置,如图 11-13 所示。

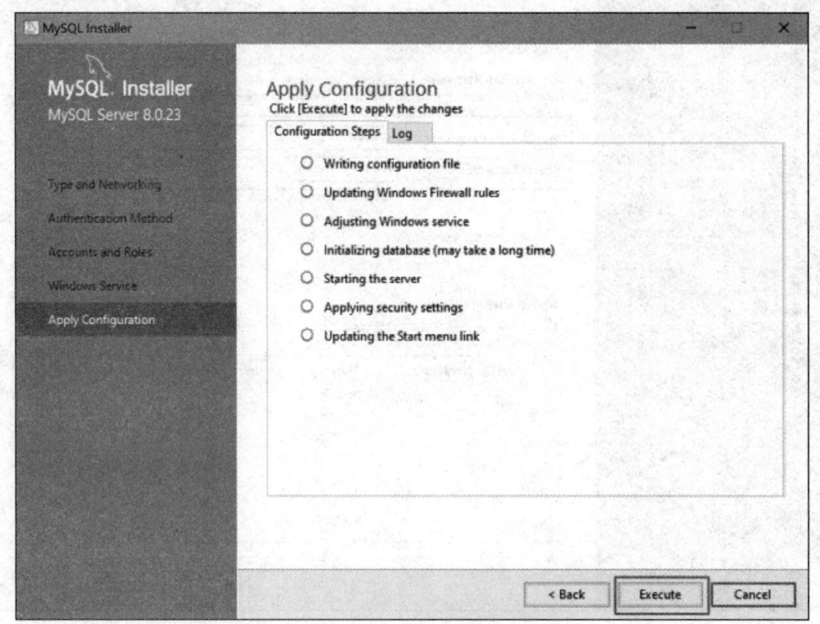

图 11-13　MySQL 的各项配置

（7）全部检测通过后，继续单击 Finish 和 Next 按钮，完成安装，如图 11-14 所示。

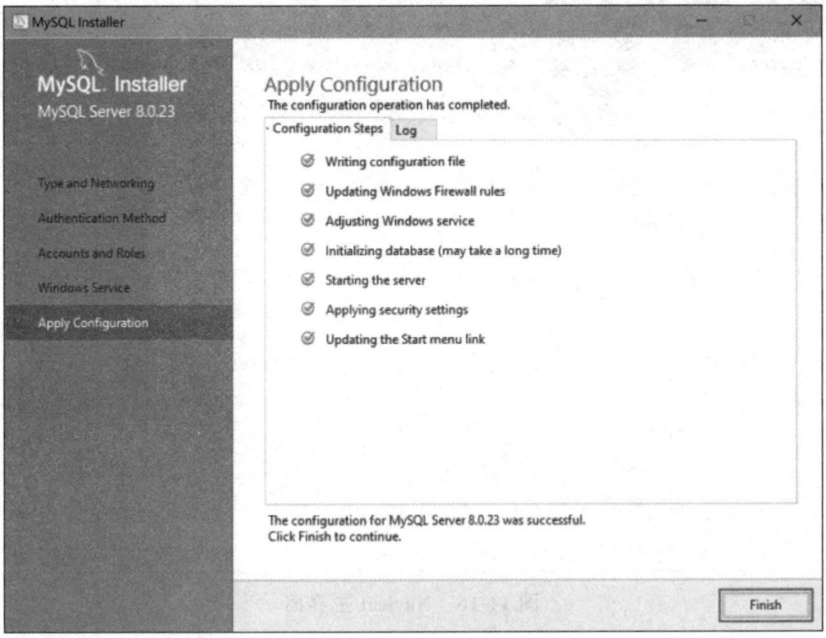

MySQL Installer

MySQL. Installer
MySQL Server 8.0.23

Type and Networking
Authentication Method
Accounts and Roles
Windows Service
Apply Configuration

Apply Configuration
The configuration operation has completed.
Configuration Steps　Log
Writing configuration file
Updating Windows Firewall rules
Adjusting Windows service
Initializing database (may take a long time)
Starting the server
Applying security settings
Updating the Start menu link

The configuration for MySQL Server 8.0.23 was successful.
Click Finish to continue.

Finish

图 11-14　完成 MySQL 数据库安装

（8）按住 Win+R 组合键启动“运行”窗口，再输入 cmd，打开命令提示符窗口，然后输入 mysql -V，再按 Enter 键，可查看 MySQL 的版本信息，并确定安装成功，如图 11-15 所示。

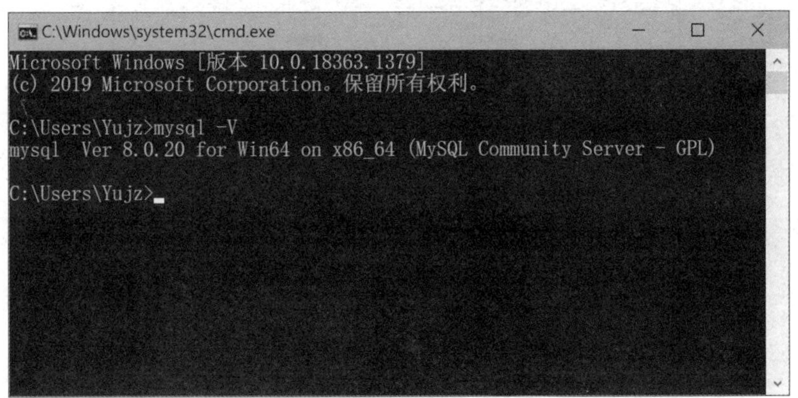

图 11-15　查看 MySQL 版本信息

4. Navicat 客户端连接 MySQL 数据库

进入 Navicat 官网，根据计算机系统选择适合 Navicat 的客户端进行下载，下载完成后，双击即可安装。

（1）将软件安装完成后，双击桌面上的快捷图标启动 Navicat，如图 11-16 所示。

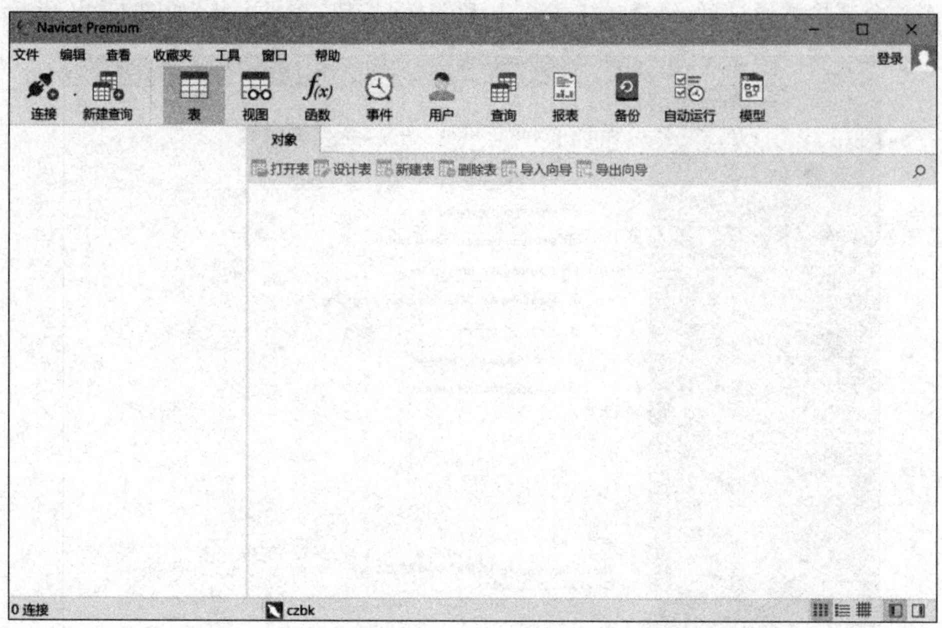

图 11-16 Navicat 主界面

(2) 配置数据库连接属性。在主界面左上角有一个“连接”按钮,单击该按钮后,会弹出新建连接的对话框,填写连接名和密码,最后单击“确定”按钮,如图 11-17 所示。

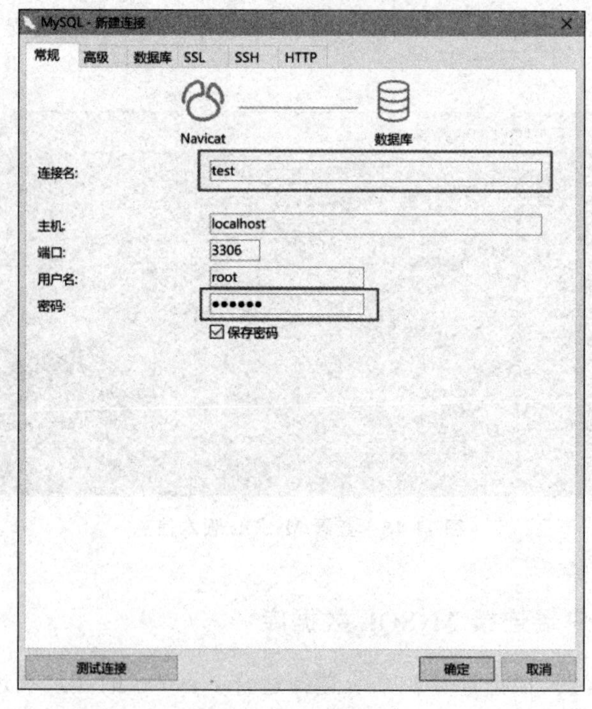

图 11-17 新建连接

(3) 查看数据库。连接成功后，在左侧的导航窗格中会看到 MySQL 里所有的数据库。不同版本的 MySQL 数据库里的内容可能不一样。

11.1.3　创建课程考试系统数据库

1. 创建考试系统数据库

在数据库命名时应该尽量做到见名知意，在此我们将在线考试系统的数据库命名为 exam_system。

(1) 创建 exam_system 数据库。打开 Navicat 客户端工具，连接到服务器后，在左侧窗格中展开树形目录，右击 test 连接，在快捷菜单中选择“新建数据库”命令，如图 11-18 所示。

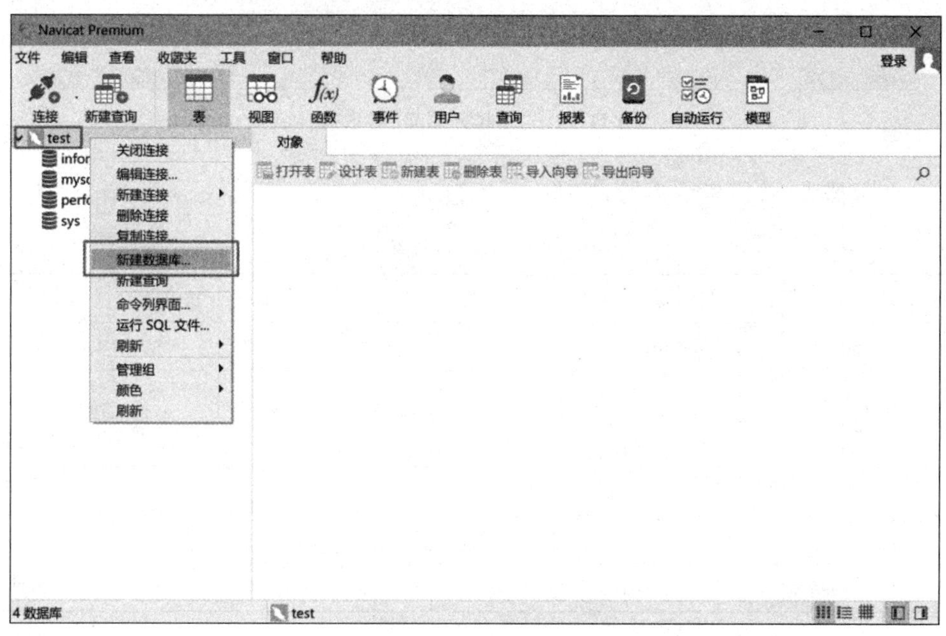

图 11-18　“新建数据库”命令

(2) 在打开的“新建数据库”对话框中会默认显示“常规”选项卡。如图 11-19 所示，在“数据库名”文本框中输入 exam_system，指定“字符集”为 utf8，“排序规则”设为 utf8_general_ci。设置完成后单击“确认”按钮，完成数据库的创建。

2. 考试系统数据库所包含的表

在 MySQL 中，数据库是数据表、索引、视图、存储过程、触发器等数据库对象的集合，可根据需要在数据库中创建这些数据库对象并添加内容。这些数据库对象中，数据表是最基本的单位。

(1) exam_system 数据库中包含 user(注册用户信息)、test(试题信息)和 time(考试

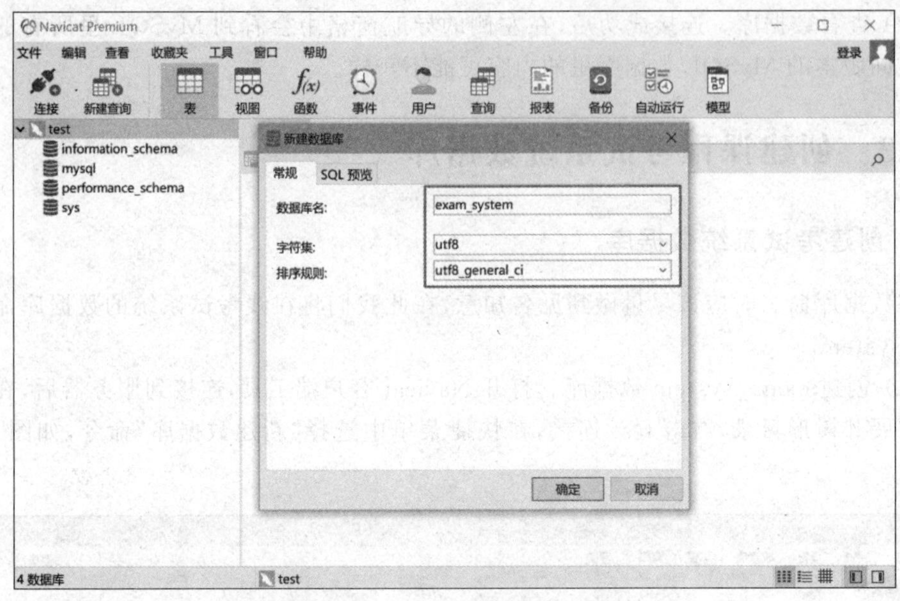

图 11-19 "新建数据库"对话框

用时)三个数据表,数据表结构见表 11-1～表 11-3。

表 11-1 user 表的结构

序号	列 名	数据类型	长度	标识	主键	允许为空	说 明
1	id	int	4	是	是	否	编号
2	name	varchar	30			否	姓名
3	password	varchar	30			否	密码
4	sex	varchar	30			是	性别
5	age	int	4			是	年龄
6	class	varchar	30			是	班级

表 11-2 test 表的结构

序号	列 名	数据类型	长度	标识	主键	允许为空	说 明
1	id	int	4	是	是	否	编号
2	tm	varchar	200			否	题目
3	choice_A	varchar	100			是	选项 A
4	choice_B	varchar	100			是	选项 B
5	choice_C	varchar	100			是	选项 C
6	choice_D	varchar	100			是	选项 D
7	answer	varchar	10			是	答案

表 11-3 time 表的结构

序号	列 名	数据类型	长度	标识	主键	允许为空	说 明
1	id	int	4	是	是	否	编号
2	time	int	4			是	用时

(2) 创建数据表 user。如图 11-20 所示，在左侧窗格中双击打开 exam_system 数据库，右击“表”节点，选择“新建表”命令，在右侧窗格中依次输入 user 数据表中的列名称并为其选择正确的数据类型，将 id 设置为主键，勾选“自动递增”，如图 11-21 所示。单击工具栏中的“保存”按钮，输入数据表名称 user 后，单击“确定”按钮，即可完成表的创建。数据表 test 与 time 的创建方式相同。三个表格创建完成，单击主窗口右下角的 E-R 图表按钮，可以详细查看每个表的结构信息，如图 11-22 所示。

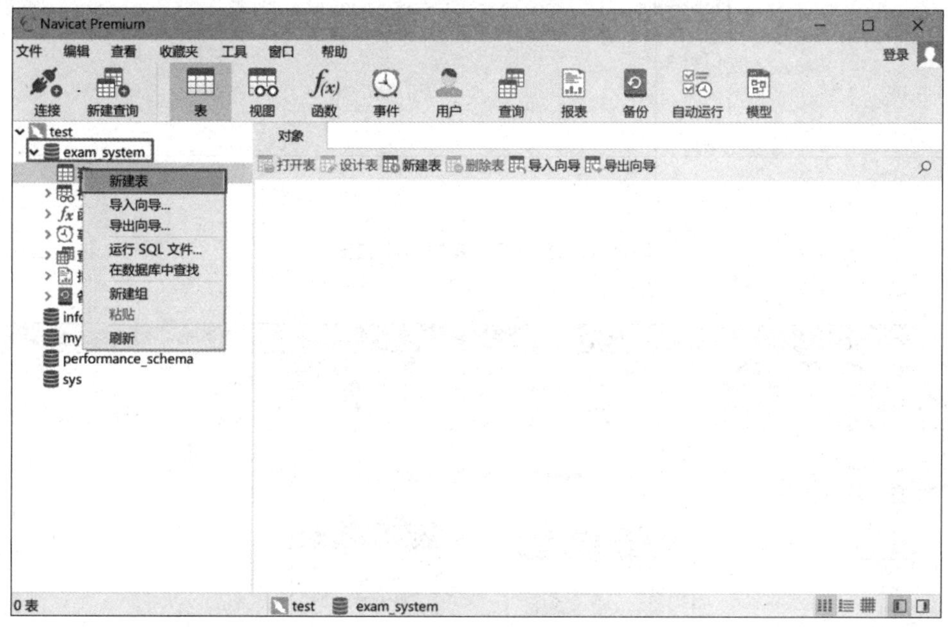

图 11-20 新建表

11.1.4 数据的插入、删除、修改和查询

1. 向表中添加数据

1) 通过界面向表中添加数据

在主窗口左侧右击 user 表节点，在弹出的快捷菜单中选择“打开表”命令，可以在表中进行“添加记录”“删除记录”和“修改记录”操作，如图 11-23 所示。在界面中输入相关信息，进行记录的添加，添加完后单击☑按钮保存数据，结果如图 11-24 所示。

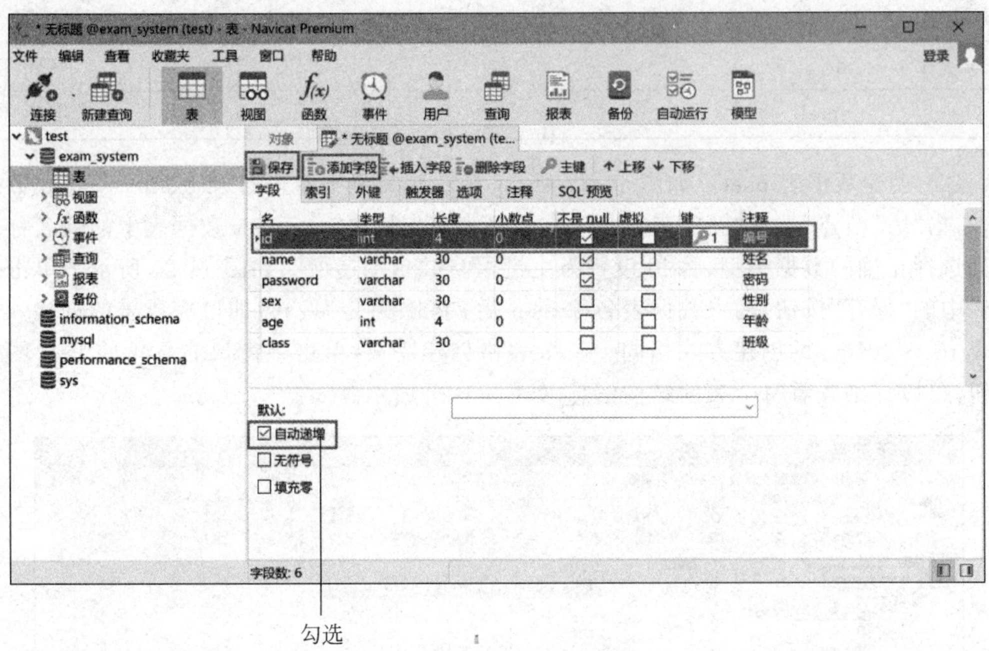

图 11-21　新建表的结构信息

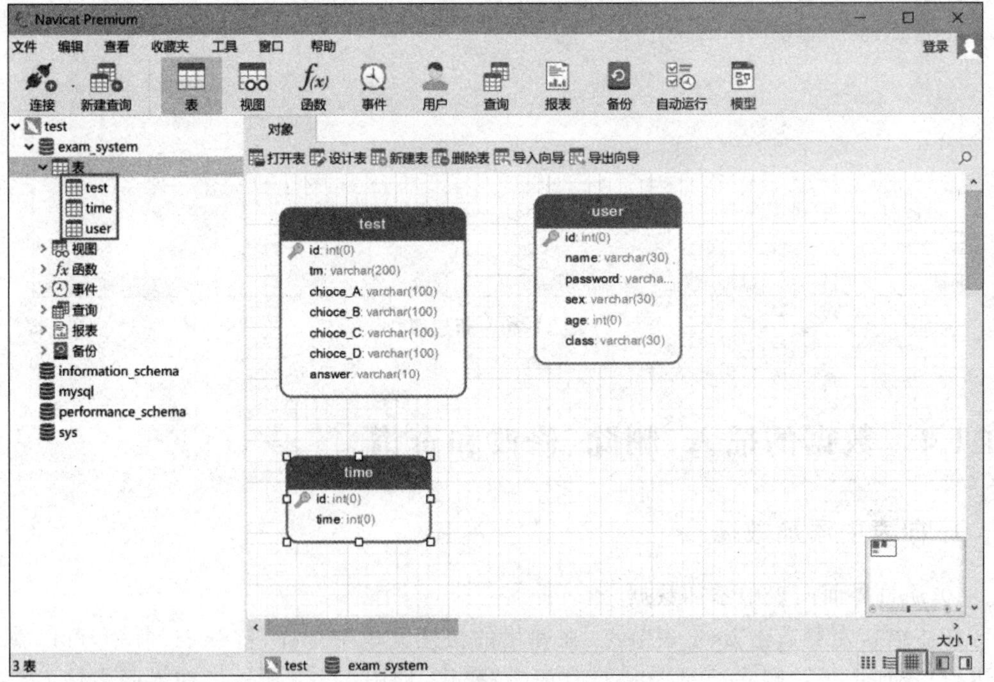

图 11-22　E-R 图表信息

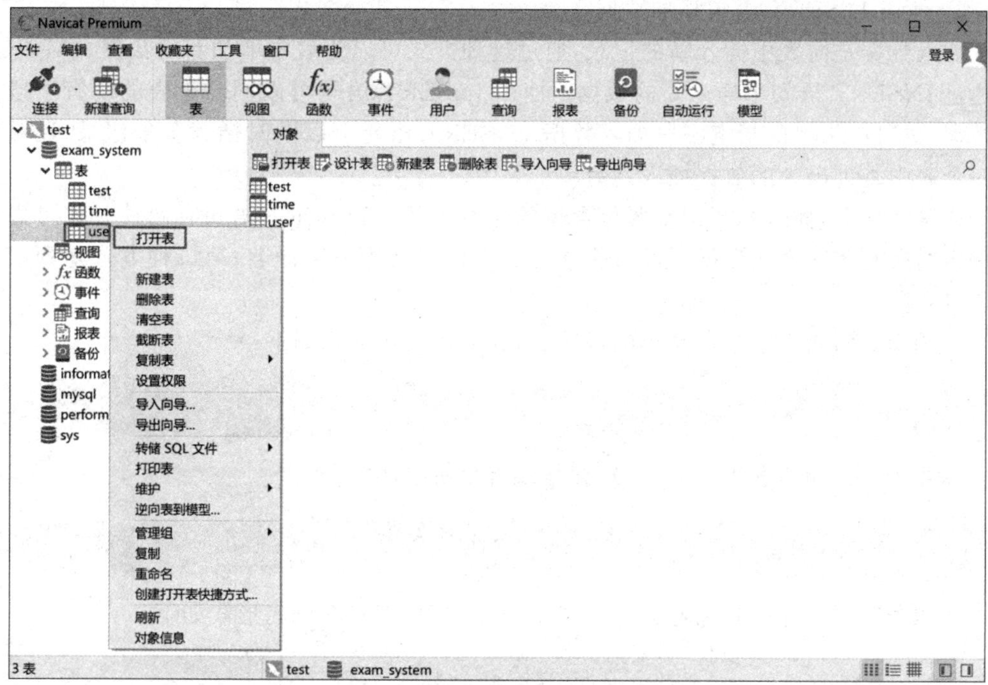

图 11-23　“打开表”命令

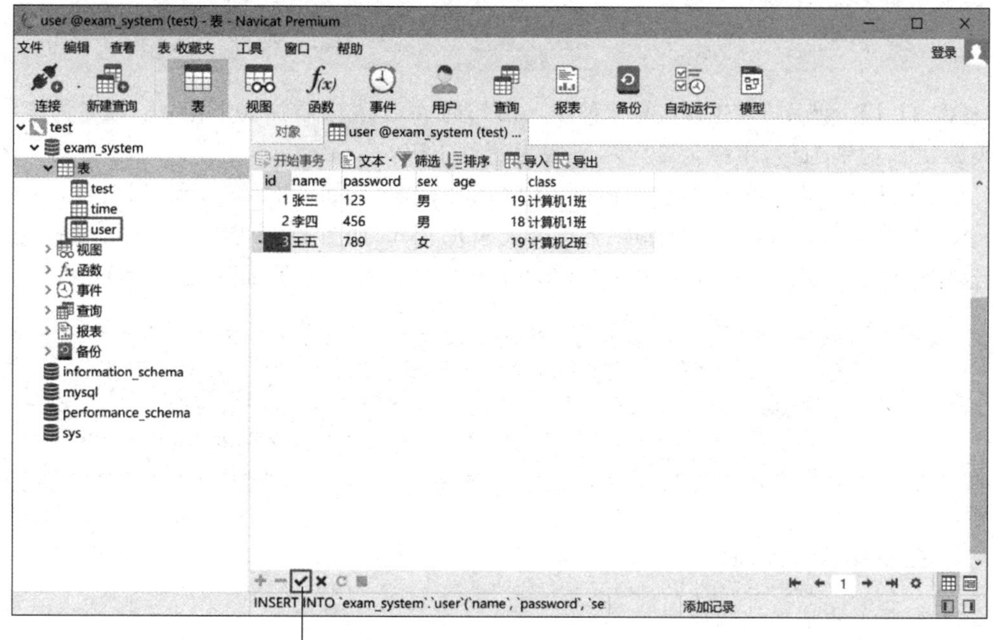

图 11-24　在 user 表中添加相关记录

2）使用INSERT语句添加数据

插入数据是向表中插入新的记录，通过这种方式可以为表中增加新的数据。MySQL中通过INSERT语句来插入新的数据。使用INSERT语句可以同时为表的所有字段插入数据，也可以为表的指定字段插入数据；INSERT语句可以同时插入多条记录，还可以将一个表中查询出来的数据插入到另一个表中。

通常情况下，插入的新记录要包含表的所有字段。INSERT语句有两种方式可以同时为表的所有字段插入数据：第一种方式是不指定具体的字段名；第二种方式是列出表的所有字段。

INSERT语句中不指定具体的字段名，其基本语句形式如下：

```
INSERT INTO 表名 VALUES(值 1, 值 2, ..., 值 n);
```

INSERT语句中列出所有字段，其基本语句形式如下：

```
INSERT INTO 表名(属性 1, 属性 2, ..., 属性 n) VALUES(值 1, 值 2, ..., 值 n);
```

INSERT语句允许列名和列值成对出现和使用，其基本语句形式如下：

```
INSERT INTO 表名 SET 属性 1=值 1, 属性 2=值 2, ...;
```

一个INSERT语句可以同时插入多条记录，其基本语法形式如下：

```
INSERT INTO 表名[(属性列表)] VALUES(取值列表 1), (取值列表 2), ..., (取值列表 n);
```

【例 11-1】 使用INSERT的三种插入语句向user表中添加如下记录：姓名为李华，密码为abc，性别为男，年龄为20岁，班级为商英1班。

单击工具栏中的“新建查询”按钮，打开SQL新建窗口，如图11-25所示。该窗口中选择test连接名以及exam_system数据库，然后输入SQL语句，如图11-26所示，再单击“执行”按钮运行程序。右击user表，选择“打开表”命令查看数据是否插入成功，如图11-27所示。

```
INSERT INTO 'user' VALUES(NULL,'李华(语法 1)', 'abc', '男', 20, '商英 1 班');
INSERT INTO 'user' ('name','password',sex,age,class) VALUES('李华(语法 2)',
'abc', '男', 20, '商英 1 班');
INSERT INTO 'user' SET 'name'='李华(语法 3)', ' password '='abc', sex='男',
age=20, class='商英 1 班';
```

2. 查看数据表信息

1）查看表的基本结构信息

用DESCRIBE(DESC)语句可以查看表的字段信息，其中包括字段名，字段数据类型，是否为主键，是否有默认值等。语法规则如下：

```
DESCRIBE 表名;
```

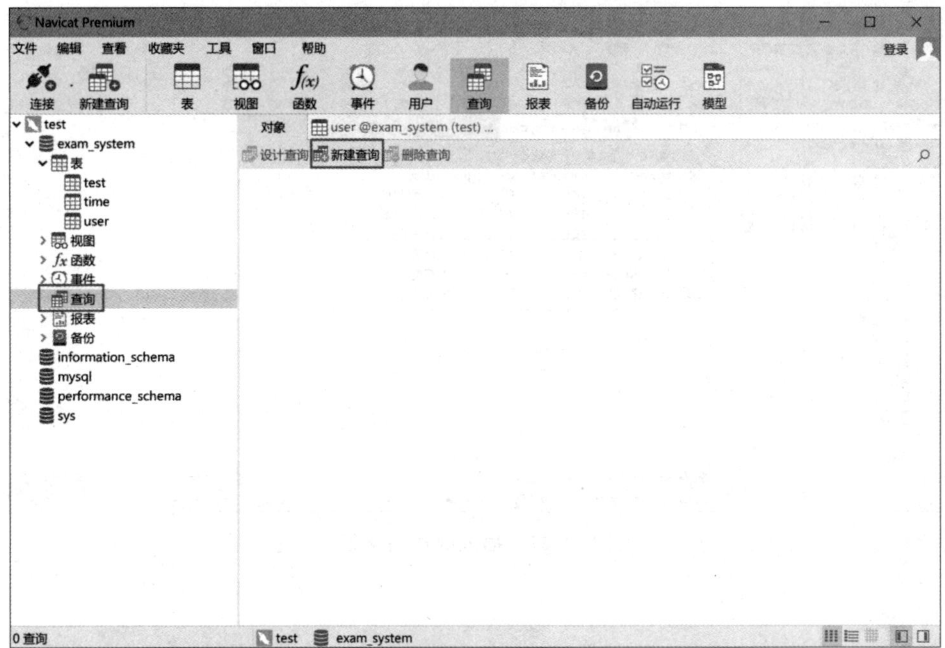

图 11-25　新建查询

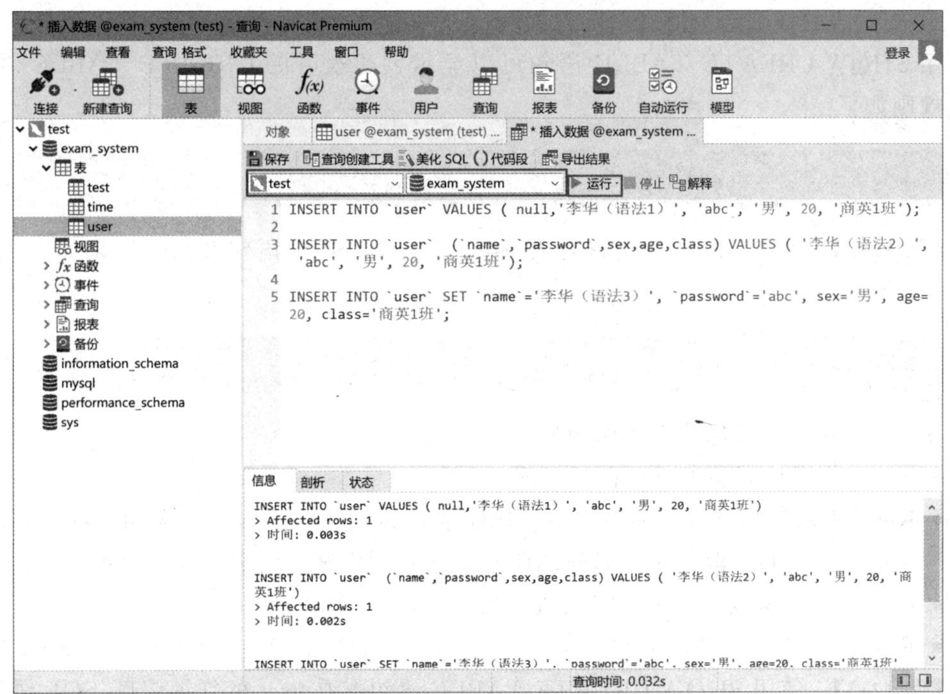

图 11-26　插入数据的执行代码及结果

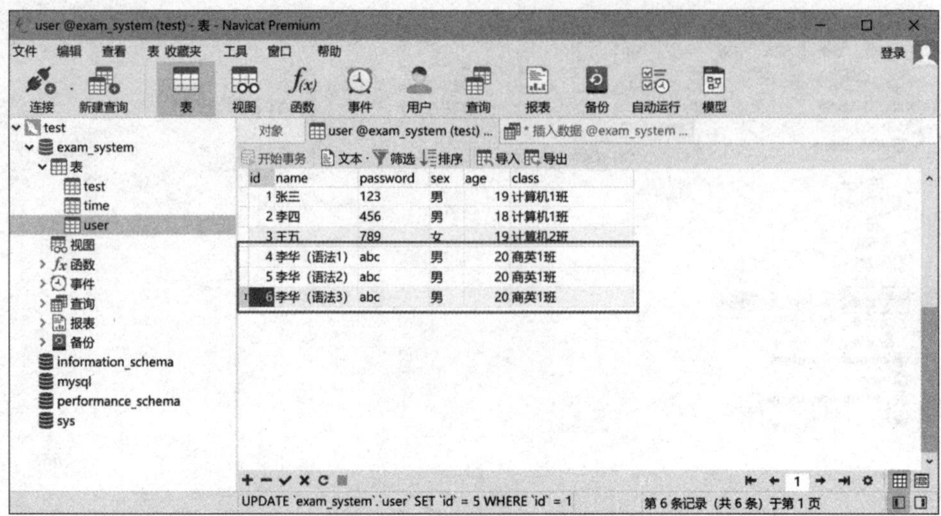

图 11-27　插入数据的结果

或者简写为

```
DESC 表名;
```

2）查看表的详细结构信息

用 SHOW CREATE TABLE 语句可以显示创建表时的 CREATE TABLE 语句。语法规则如下：

```
SHOW CREATE TABLE 表名;
```

【例 11-2】 使用 DESC 语句查看表 user 表结构。SQL 语句及执行结果如图 11-28 所示。

```
DESC 'user';
```

图 11-28 中表结构部分字段作用如下。

- Null：表示该列是否可以存储空值。
- Key：表示该列是否已编制索引。PRI 表示该列是表主键的一部分；NUI 表示该列是 UNIQUE 索引的一部分；MUL 表示在列中某个给定值允许出现多次。
- Default：表示该列是否有默认值。如果有，应给出具体值。
- Extra：表示可以获取的与给定列有关的附加信息，如 AUTO_INCREMENT 等。

【例 11-3】 使用 SHOW CREATE TABLE 语句查看 user 的详细信息，SQL 语句及执行结果如图 11-29 所示。

```
SHOW CREATE TABLE 'user';
```

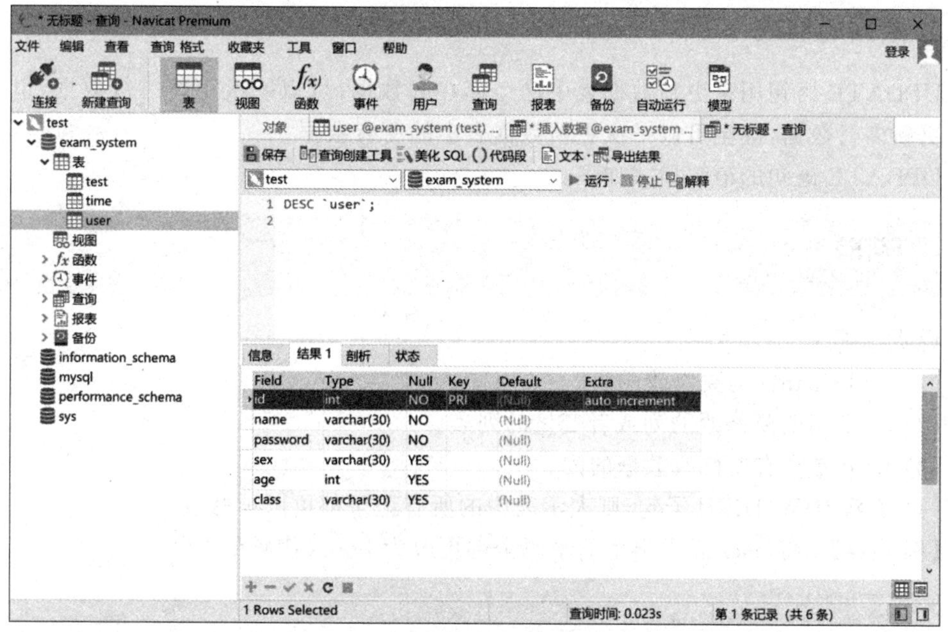

图 11-28　查看表结构信息

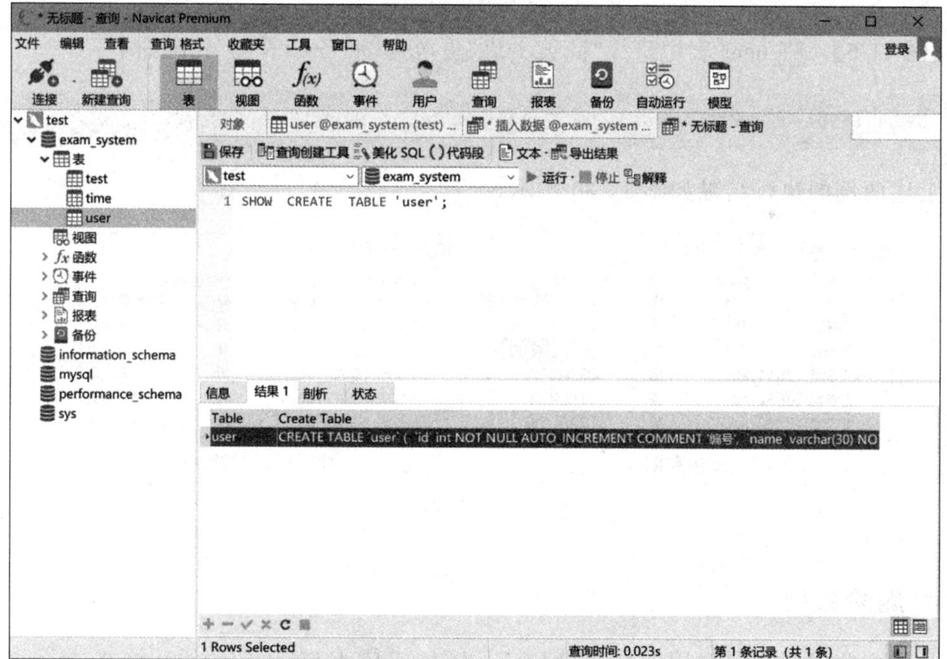

图 11-29　例 11-3 的执行结果

3. 数据的修改

UPDATE 语句用来更新数据表中已经存在的数据,可以一次更新一行数据,也可以一次更新多行数据,甚至可以一次更新数据表中的所有数据。

UPDATE 语句的语法格式如下:

```
UPDATE table_name SET field1=new-value1, field2=new-value2
[WHERE Clause]
```

说明:

(1) table_name 为要修改的表。

(2) SET 指明要修改的列或者变量的列表。

(3) field 是含有要修改数据的列。

(4) 若没有 WHERE 子句,则表示表中的所有记录都可以被修改。

【例 11-4】 将 user 表中男生的密码全部更改为 boy。代码如下:

```
UPDATE 'user' SET 'password'='boy' WHERE sex='男';
```

注意:如果没有 WHERE 子句,则修改全部记录的 password 列。此处仅修改性别为男的记录。

【例 11-5】 将 user 表中班级“商英 1 班”更改为“商务英语”。代码如下:

```
UPDATE 'user' SET 'class'='商务英语' WHERE class='商英 1 班';
```

上述两例的执行结果如图 11-30 所示。

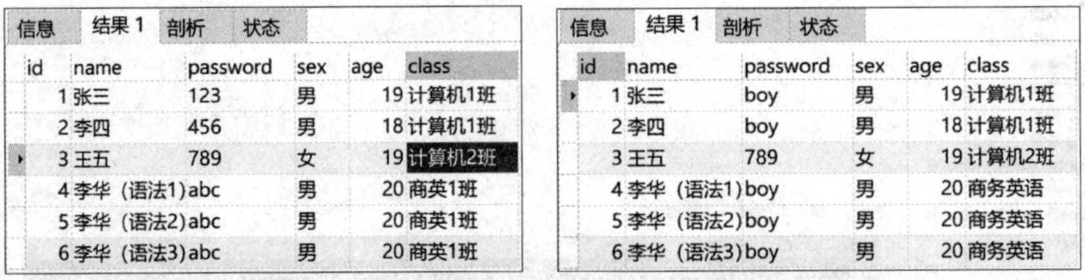

信息 结果 1 剖析 状态

id	name	password	sex	age	class
1	张三	123	男	19	计算机1班
2	李四	456	男	18	计算机1班
3	王五	789	女	19	计算机2班
4	李华(语法1)	abc	男	20	商英1班
5	李华(语法2)	abc	男	20	商英1班
6	李华(语法3)	abc	男	20	商英1班

(a) 源数据

信息 结果 1 剖析 状态

id	name	password	sex	age	class
1	张三	boy	男	19	计算机1班
2	李四	boy	男	18	计算机1班
3	王五	789	女	19	计算机2班
4	李华(语法1)	boy	男	20	商务英语
5	李华(语法2)	boy	男	20	商务英语
6	李华(语法3)	boy	男	20	商务英语

(b) 修改后的数据

图 11-30 修改记录

4. 删除数据

从表中删除数据最常用的是 DELETE 语句。DELETE 语句的语法格式如下:

```
DELETE FROM table_name [WHERE{<search_condition>}]
```

说明:

(1) table_name 是要删除记录的表名称。

(2) WHERE<search_condition>用于指明要删除行需要满足的条件。如果没有 WHERE 子句，那么将从指定的表中删除所有行。

【例 11-6】 删除副本 userin2 表中的所有记录。代码如下：

```
CREATE TABLE 'user2' AS SELECT * FROM 'user';          --创建 user 副本
DELETE FROM 'user2';
```

程序运行结果如图 11-31 所示。

【例 11-7】 删除副本 userin3 表中年龄小于 19 岁的所有的用户记录。代码如下：

```
CREATE TABLE 'user3' AS SELECT * FROM 'user';      --创建 user 副本
DELETE FROM 'user3' WHERE age<19;
SELECT * FROM 'user3';                             --查看结果
```

程序运行结果如图 11-32 所示。

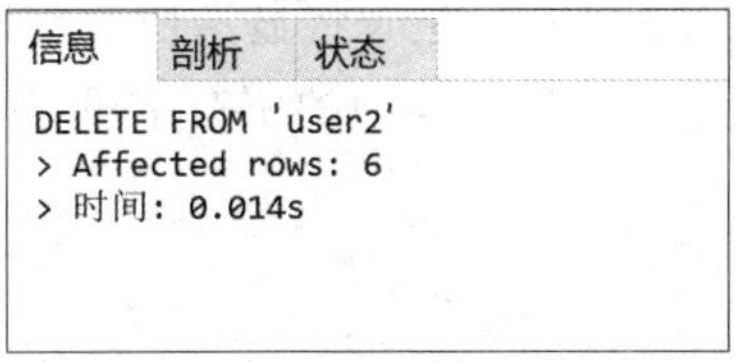
信息
剖析
状态
DELETE FROM 'user2'
> Affected rows: 6
> 时间: 0.014s

图 11-31　例 11-6 的程序运行结果

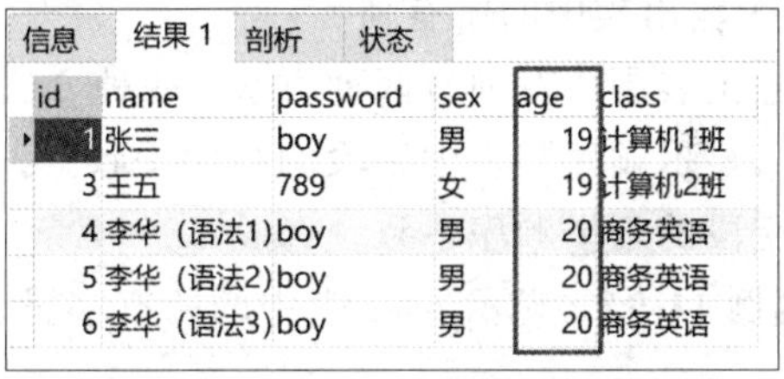
信息
结果 1
剖析
状态
id name password sex age class
1 张三 boy 男 19 计算机1班
3 王五 789 女 19 计算机2班
4 李华 (语法1) boy 男 20 商务英语
5 李华 (语法2) boy 男 20 商务英语
6 李华 (语法3) boy 男 20 商务英语

图 11-32　例 11-7 的程序运行结果

5. 数据查询

1) SELECT 语句的基本语法格式

SELECT 语句比较复杂。SELECT 主要的语法格式如下：

```
SELECT [ALL|DISTINCT]<目标列表达式>[AS 列名],
[<目标列表达式>[AS 列名] ...]
FROM <表名>[, <表名>...]
WHERE<条件表达式>[AND|OR<条件表达式>...]
GROUP BY 列名
HAVING<条件表达式>
ORDER BY 列名 [ASC | DESC]
```

2) 输出表中的部分列

【例 11-8】 显示 user 表中的姓名、性别和班级。代码如下：

```
SELECT 'name', sex, age          --'name'是系统关键字，需要转义
FROM user;
```

说明：SELECT 子句中指明了 name、sex、age 三个字段，则显示结果就只有这三个字段。运行结果如图 11-33 所示。

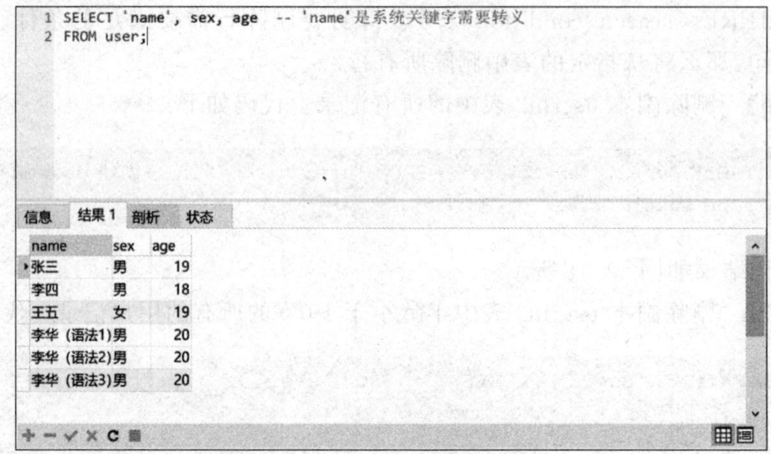

```
SELECT 'name', sex, age  -- 'name'是系统关键字需要转义
FROM user;
```

name	sex	age
张三	男	19
李四	男	18
王五	女	19
李华（语法1)	男	20
李华（语法2)	男	20
李华（语法3)	男	20

图 11-33　输出表中的部分列

3）输出表中的所有列

输出表中所有列有两种方法：一种方法是使用表达式“＊”，此时将显示所有字段，且字段的显示顺序与表中字段的顺序一致；另一种方法是一一列举表中的所有字段，显示结果与字段的列举顺序一致。

【例 11-9】 显示 user 表中的所有字段。代码如下：

```
1. SELECT *                     --显示所有字段列，顺序与表 user 中字段顺序一致
2. FROM 'user';
```

或者使用

```
1. SELECT ID, 'name', 'password', sex, age, nclass
2. FROM 'user';
```

程序运行结果如图 11-34 所示。

```
SELECT *  -- 显示所有字段列，顺序与表user中字段顺序一致
FROM 'user';
-- 或者使用
SELECT ID,'name', 'password', sex, age, nclass
FROM 'user';
```

id	name	password	sex	age	class
1	张三	boy	男	19	计算机1班
2	李四	boy	男	18	计算机1班
3	王五	789	女	19	计算机2班
4	李华（语法1)	boy	男	20	商务英语
5	李华（语法2)	boy	男	20	商务英语
6	李华（语法3)	boy	男	20	商务英语

图 11-34　显示 user 表中的所有字段

4）查询满足条件的记录

如果使查询满足条件的记录，可以在查询语句中使用 WHERE 子句。其中 WHERE 支持的搜索条件如下。

比较：=、>、<、>=、<=、<>。

范围：BETWEEN...AND...（在某个范围内）、NOT BETWEEN...AND...（不在某个范围内）。

列表：IN（在某个列表中）、NOT IN（不在某个列表中）。

字符串匹配：LIKE（和指定字符串匹配）、NOT LIKE（和指定字符串不匹配）。

空值判断：IS NULL（为空）、IS NOT NULL（不为空）。

组合条件：AND（与）、OR（或）。

取反：NOT。

【例 11-10】 在 user 表中查询班级为“计算机 1 班”和“商务英语”的用户记录。代码如下：

```
SELECT *
FROM 'user'
WHERE class='计算机 1 班' or class='商务英语';
```

程序运行结果如图 11-35 所示。

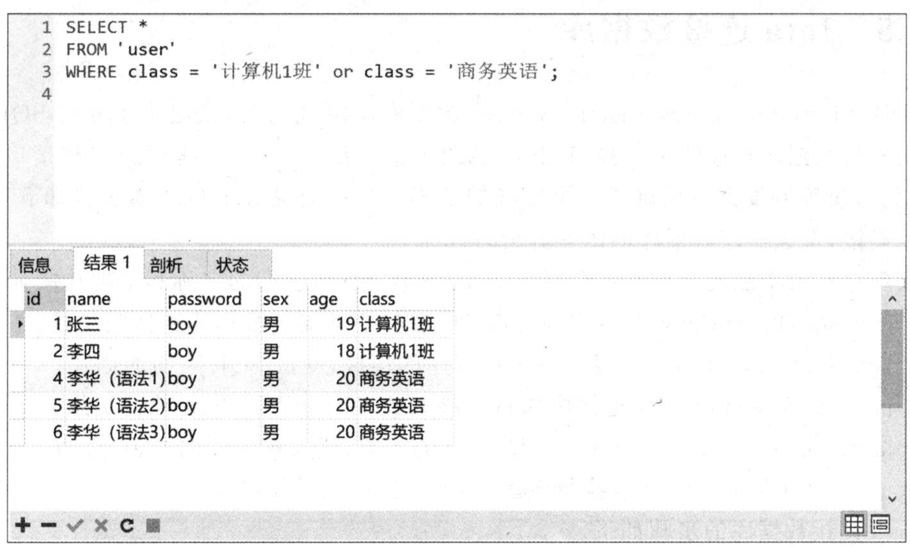

图 11-35　查询班级为“计算机 1 班”和“商务英语”的用户记录

【例 11-11】 在 user 表中查询班级为“计算机”的用户记录。

```
SELECT *
FROM 'user'
WHERE class like '计算机%';
```

说明：class like '计算机%'表示 class 列中以“计算机”开头的记录，%表示任意字符。程序运行结果如图 11-36 所示。

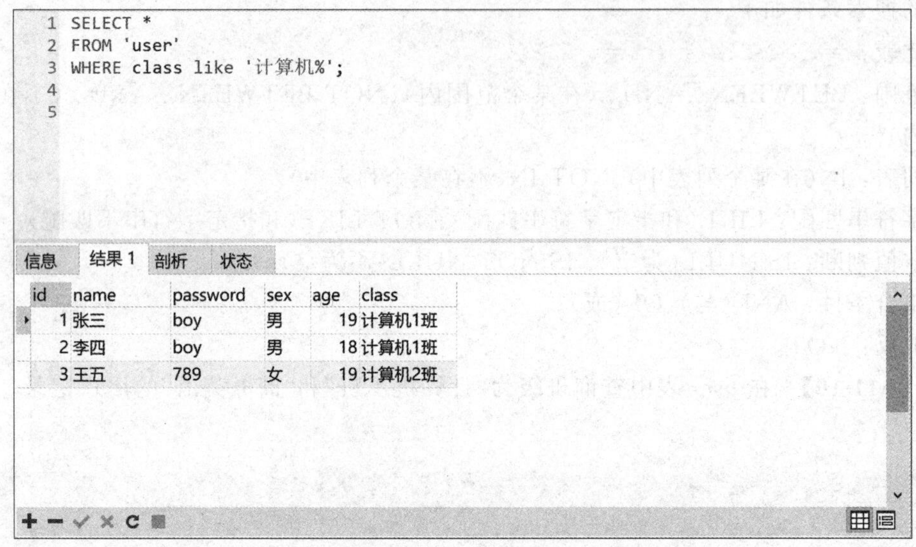

图 11-36　查询班级为“计算机”的用户记录

11.1.5　Java 连接数据库

JDBC(Java database connectivity，Java 数据库连接)是 Java 语言为了支持 SQL 功能而提供的与数据库相连的用户接口(Java API)，由一组 Java 语言编写的类和接口组成。JDBC 为数据库开发人员提供了一个标准的 API。简单地说，JDBC 可做三件事：与数据库建立连接，发送操作数据库的语句并处理结果。

实现这三个功能的接口都保存在 Java 的 SQL 包中，它们的名称和基本功能如下。

- java.sql.DriverMangager：管理驱动器，支持驱动器与数据库连接的创建。
- java.sql.Connection：代表与某一数据库的连接，支持 SQL 声明的创建。
- java.sql.Statement：在连接中执行一静态的 SQL 声明并取得执行结果。
- java.sql.PrepareStatement：Statement 的子类，代表预编译的 SQL 声明。
- java.sql.ResultSet：代表执行 SQL 声明后产生的数据结果。

Java 连接数据库的步骤如下。

1. 下载驱动包

Java 连接 MySQL 需要驱动包。按图 11-37 所示进行下载，解压得到 jar 文件，如图 11-38 所示。

2. 创建 Java 工程

打开 Eclipse，选择 File→New→Project 命令，新建一个 Java 工程，如图 11-39 所示。

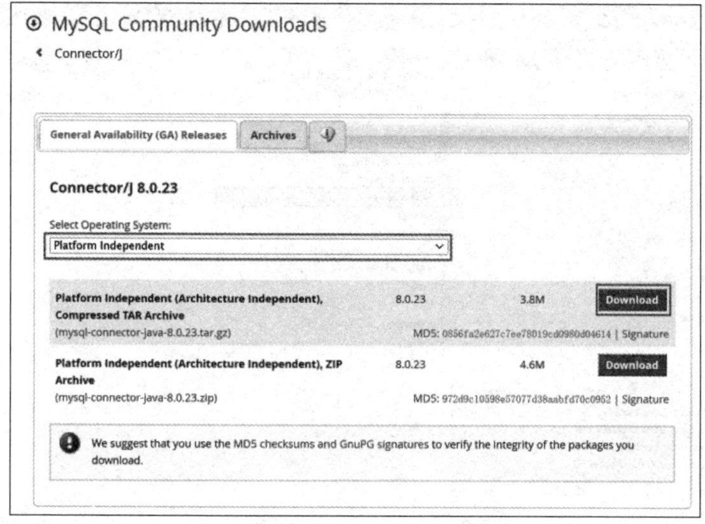

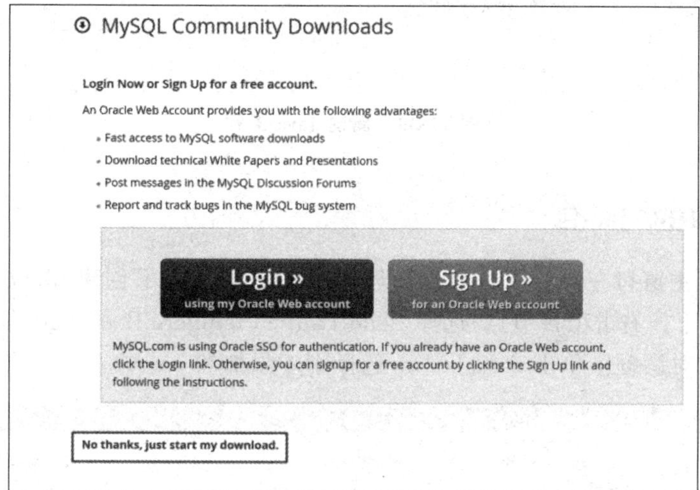

图 11-37　驱动包下载界面

mysql-connector-java-8.0.23 › mysql-connector-java-8.0.23

名称	修改日期
src	2021-02-26 19:45
build.xml	2020-12-02 0:29
CHANGES	2020-12-02 0:29
INFO_BIN	2020-12-02 0:29
INFO_SRC	2020-12-02 0:29
LICENSE	2020-12-02 0:29
mysql-connector-java-8.0.23.jar	2020-12-02 0:29
README	2020-12-02 0:29

图 11-38　解压 jar 文件

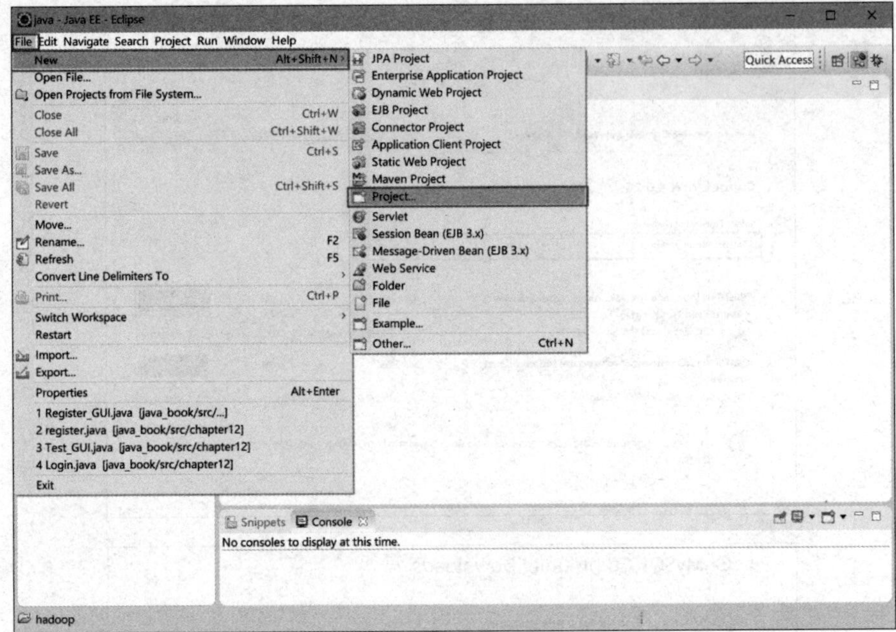

图 11-39 新建 Java 工程

3. 添加 JDBC jar 包

在 Eclipse 主窗口左侧的项目资源管理器中的工程节点下创建 lib 文件夹，将 jar 包放在 lib 文件夹下。右击项目节点，选择 Build Path→Configure Build Path 命令，如图 11-40 所示，在打开的对话框中单击 Add JARs，选择刚才添加的 jar 包。

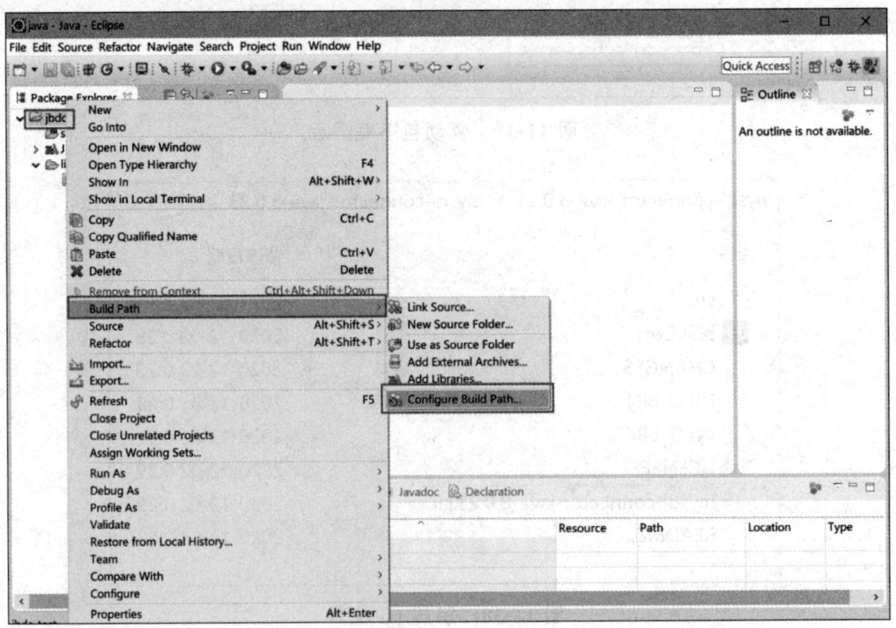

图 11-40 添加 jar 包

4. 编写代码连接到 MySQL 数据库

与 JDBC 相关的操作类和接口都在 java.sql 包中，因此要使用 JDBC 访问数据库，需要导入该包。

(1) DriverManager 类。该类负责管理 JDBC 驱动程序的基本服务，是 JDBC 的管理层，作用于用户和驱动程序，负责跟踪可用的驱动程序，并在数据库和驱动程序建立连接；另外，DriverManager 类也处理诸如驱动程序登录时间限制、登录和跟踪消息的显示等操作。成功加载 Driver 类，并在 DriverManager 类中注册后，DriverManager 类即可用来建立数据库连接。

DriverManager 类中的 getConnection()方法用于请求建立数据库连接。

DriverManager 类将试图定位一个适当的 Driver 类，并检查定位到的 Driver 类是否可以建立连接。如果可以，则建立连接并返回；如果不可以，则抛出 SQLException 异常。

(2) Connection 接口。该接口代表与指定数据库的连接，并拥有创建 SQL 的方法。一个应用程序可以与单个数据库有一个连接或多个连接，也可以与多个数据库有连接。

Connection 接口的常用方法如表 11-4 所示。

表 11-4　Connection 接口的常用方法

常用方法	作　用
public createStatement()	创建并返回一个 Statement 实例，通常在执行无参数的 SQL 语句时创建该实例
public prepareStatement()	创建并返回一个 preparedStatement 实例，通常在执行包含参数的 SQL 语句时创建该实例，并对 SQL 语句进行预编译处理
public prepareCall()	创建并返回一个 CallableStatement 实例，通常在调用数据库存储过程时创建该实例
public getAutoCommit()	查看当前的 Connection 实例是否处于自动提交模式，如果是则返回 true，否则返回 false
public isClosed()	查看当前的 Connection 实例是否被关闭，如果被关闭则返回 true，否则返回 false
public commit()	将从上一次提交或回滚以来进行的所有更改同步到数据库，并释放 Connection 实例当前拥有的所有数据库锁定
public rollback()	取消当前事务中的所有更改，并释放当前 Connection 实例拥有的所有数据库锁定。该方法只能在非自动提交模式下使用，如果在自动提交模式下执行该方法，将抛出异常。有一个参数为 Savepoint 实例的重载方法，用来取消 Savepoint 实例之后的所有更改，并释放对应的数据库锁定
public close()	立即释放 Connection 实例占用的数据库和 JDBC 资源，即关闭数据库连接

【例 11-12】 在新建工程中，新建 java 类，编写 Java 代码连接考试系统数据库，并显示 user 表信息。程序如下：

```
import java.sql.*;

public class JavaConnectMysql{
```

```
    public static void main(String args[]){
        try{
            Class.forName("com.mysql.cj.jdbc.Driver");
                                        //加载 MySQL JDBC 驱动程序
            //Class.forName("org.gjt.mm.mysql.Driver");
            System.out.println("成功加载驱动!");
        }
        catch(Exception e){
            System.out.print("驱动加载错误!");
            e.printStackTrace();
        }
        try{
          Connection connect=DriverManager.getConnection(
              "jdbc:mysql://localhost:3306/exam_system","root",
              "123456");
              //连接 URL 为"jdbc:mysql://服务器地址/数据库名",后面的 2 个参数分别是登录用户名和密码

          System.out.println("成功连接数据库!");
          Statement stmt=connect.createStatement();
          ResultSet rs=stmt.executeQuery("SELECT * FROM user");
                                                    //查看 user 表数据
          while(rs.next()){
            System.out.println(rs.getString("name")+","+rs.getString
            ("password"));
          }
        }
        catch(Exception e){
          System.out.print("返回数据错误!");
          e.printStackTrace();
        }
    }
}
```

程序运行结果如图 11-41 所示。

```
Problems  @ Javadoc  Declaration  Console
<terminated> JavaConnectMysql [Java Application] D:\Software\jdk1.8\bin\javaw.exe
成功加载驱动!
成功连接数据库!
张三,boy
李四,boy
王五,789
李华（语法1）,boy
李华（语法2）,boy
李华（语法3）,boy
```

图 11-41　例 11-12 的程序运行结果

【例 11-13】　每次进行数据操作，都需要进行数据库的操作，因此将数据库连接封装成一个类，在数据操作时直接调用获取数据库连接。程序如下：

```
import java.sql.*;

public class DatabaseConnetion{
    //MySQL 8.0 以下版本的 JDBC 驱动名及数据库 URL
    //static final String JDBC_DRIVER="com.mysql.jdbc.Driver";
    //static final String DB_URL="jdbc:mysql://localhost:3306/exam_system";

    //MySQL 8.0 以上版本的 JDBC 驱动名及数据库 URL
    static final String JDBC_DRIVER="com.mysql.cj.jdbc.Driver";
    static final String DB_URL="jdbc:mysql://localhost:3306/exam_system?useSSL=false&allowPublicKeyRetrieval=true&serverTimezone=UTC";

    //数据库的用户名与密码
    static final String USER="root";
    static final String PASS="123456";

    public static Connection getConnection(){
        Connection conn=null;
        Statement stmt=null;
        try{
            //注册 JDBC 驱动
            Class.forName(JDBC_DRIVER);
            //打开连接
            conn=DriverManager.getConnection(DB_URL, USER, PASS);
            System.out.println("数据库连接成功!");
            return conn;
        }catch(SQLException se){
            se.printStackTrace();     //处理 JDBC 错误
        }catch(Exception e){
            e.printStackTrace();     //处理 Class.forName 错误
        }
        return conn;
    }
}
```

11.1.6　Java 操作数据

1. Statement 接口

Statement 接口用来执行静态的 SQL 语句，并返回执行结果。例如，对于 INSERT、UPDATE 语句，可以调用 executeUpdate(String sql)方法；对于 SELECT 语句，则调用

executeQuery(String sql)方法，并返回一个永远不能为 NULL 的 ResultSet 实例。

利用 Connection 接口的 createStatement()方法可以创建一个 Statement 对象。

方法声明如下：

```
Conn=DriverManager.getConnection(dbURT,dbUser,dbPassword);
Statement sql=conn.createStarement();          //指向实现 Statement 接口的类
```

Statement 接口提供了三种执行 SQL 的方法：executeQuery()、executeUpdate()和 execute()。具体使用哪一个方法，由 SQL 语句所产生的内容决定。

1) executeUpdate()方法

executeUpdate()方法声明如下：

```
public int executeUpdate(String sql) throws SQLException
```

executeUpdate()方法用于执行 INSERT、UPDATE 或 DELETE 语句，可修改表中零行或多行中的一列或多列。

2) executeQuery()方法

executeQuery()方法声明如下：

```
public ResultSet executeQuery(String sql) throws SQLException
```

executeQuery()方法一般用于执行 SQL 的 SELECT 语句。它的返回值是执行 SQL 语句后产生的一个 ResultSet 接口的示例(结果集)。

3) execute()方法

execute()方法声明如下：

```
public boolean execute(String sql) throws SQLException
```

execute()方法用于执行返回多个结果集、多个更新操作或二者组合的语句。

执行以上的所有方法都将关闭所调用的 Statement 对象，这之前需要完成对当前打开的结果集(如果存在)的操作。这意味着在重新执行 Statement 对象之前，需要完成对当前 ResultSet 对象的处理。Statement 对象本身不包括 SQL 语句，因而必须给 Statement.execute 方法提供 SQL 语句作为参数。

【例 11-14】 在 user 表中插入一条新记录，姓名为 Rose，密码为 123，性别为女，年龄为 18，班级为软件英语 1 班。

程序如下：(源代码：InsertDateDemo.Java)

```
import java.sql.*;
import JavaConnectMysql.databaseConnetion;
public class InsertDateDemo{
    public static void main(String[ ] args) throws Exception{
        databaseConnetion db=new databaseConnetion();
        Connection conn=db.getConnection();
        Statement stmt=null;
```

```
8.          stmt=conn.createStatement();
9.          String sql="INSERT INTO user(name,password,sex,age,class)"+
10.                  "VALUES('Rose', '123', '女', 18, '软件英语 051')";
11.          stmt.executeUpdate(sql);
12.          System.out.println("数据插入成功!");
13.          stmt.close();                    //关闭操作
14.          conn.close();                    //关闭数据库
15.      }
16. }
```

程序运行结果如图 11-42 所示。

信息　结果 1　剖析　状态

id	name	password	sex	age	class
1	张三	boy	男	19	计算机1班
2	李四	boy	男	18	计算机1班
3	王五	789	女	19	计算机2班
4	李华（语法1）	boy	男	20	商务英语
5	李华（语法2）	boy	男	20	商务英语
6	李华（语法3）	boy	男	20	商务英语
7	Rose	123	女	18	软件英语1班

图 11-42　例 11-14 的程序运行结果

程序分析如下。

- 第 5 行创建数据库连接对象。
- 第 6 行获取数据库的连接。
- 第 7、8 行创建语句对象。
- 第 9 行定义插入记录 SQL 语句对应的字符串。
- 第 10 行执行记录更新。

【例 11-15】　删除一条名字为 Rose 的记录，删除后表中无此记录。

程序如下：(源代码：DeleteDateDemo.Java)

```
import java.sql.*;
import JavaConnectMysql.DatabaseConnetion;
public class DeleteDateDemo{
    public static void main(String[ ] args) throws Exception{
        DatabaseConnetion db=new DatabaseConnetion();
        Connection conn=db.getConnection();
        Statement stmt=null;
        stmt=conn.createStatement();
        String sql="DELETE FROM user WHERE name='Rose'";
         stmt.executeUpdate(sql);
         System.out.println("数据删除成功!");
```

```
12.         stmt.close();                    //关闭操作
13.         conn.close();                    //关闭数据库
14.     }
15. }
```

程序运行结果如图 11-43 所示。

信息　结果 1　剖析　状态

id	name	password	sex	age	class
1	张三	boy	男	19	计算机1班
2	李四	boy	男	18	计算机1班
3	王五	789	女	19	计算机2班
4	李华（语法1）	boy	男	20	商务英语
5	李华（语法2）	boy	男	20	商务英语
6	李华（语法3）	boy	男	20	商务英语

图 11-43　例 11-15 的程序运行结果

程序分析如下。

第 9 行定义删除记录 SQL 语句对应的字符串。其他行代码作用参见例 11-14。

2. ResultSet 接口

ResultSet 接口类似于一个数据表，通过该接口的实例可以获得检索结果集，以及对应数据表的相关信息，如例名和类型等。ResultSet 实例通过执行查询数据库的语句而生成。

ResultSet 实例具有指向当前数据行的指针，最初指针指向第一行记录，通过 next()方法可以将指针移动到下一行。如果存在下一行，该方法不可以更新 ResultSet 实例，只能移动指针，所以只能迭代一次，并且只能按自前向后的顺序。如果需要，可以生成可滚动和可更新的 ResultSet 实例。ResultSet 接口提供的常用方法如表 11-5 所示。

表 11-5　ResultSet 接口提供的常用方法

常用方法	作　用
public boolean next() throws SQL Exception	将指针下移一行
public int getInt(int columnIndex) throws SQL Exception	以整数形式按列的编号取得指定列的内容
public int getInt(String columnLabel) throws SQL Exception	以整数形式取得指定列的内容
public int getFloat(int columnIndex) throws SQL Exception	以浮点数形式按列的编号取得指定列的内容
public int getFloat(String columnIndex) throws SQL Exception	以浮点数形式取得指定列的内容
public int getString(int columnIndex) throws SQL Exception	以字符串形式按列的编号取得指定列的内容

续表

常用方法	作　用
public int getString(String columnLabel) throws SQL Exception	以字符串形式取得指定列的内容
public int getDate(int columnIndex) throws SQL Exception	以日期形式按列的编号取得指定列的内容
public int getDate(String columnLabel) throws SQL Exception	以日期形式取得指定列的内容

Statement 对象创建好之后，就可以使用该对象的 executeQuery()方法来执行数据库查询语句。该方法将查询的结果存放在一个 ResultSet 接口对象中，该对象包含了 SQL 查询语句执行的结果。ResultSet 对象具有指向当前数据行的指针。打开数据表，指针指向第一行，使用 next()方法将指针移动到下一行。当 ResultSet 对象中没有下一行时，该方法返回 false。通常在循环中使用 next()方法逐行读取数据表中的数据。

【例 11-16】 查询 user 表中的所有数据信息。

程序如下：(源代码：SelectDateDemo.java)

```
1. import java.sql.*;
2. import JavaConnectMysql.DatabaseConnetion;
3.
4. public class SelectDateDemo{
5.     public static void main(String[ ] args) throws Exception{
6.         DatabaseConnetion db=new DatabaseConnetion();
7.         Connection conn=db.getConnection();
8.         Statement stmt=null;
9.         stmt=conn.createStatement();
10.         String sql="SELECT * FROM 'user'";
11.         ResultSet rs=stmt.executeQuery(sql);
12.         while(rs.next()){
13.             System.out.print(rs.getString("id")+",");
14.             System.out.print(rs.getString("name")+",");
15.             System.out.print(rs.getString("password")+",");
16.             System.out.print(rs.getString("sex")+",");
17.             System.out.print(rs.getString("age")+",");
18.             System.out.println(rs.getString("class"));
19.         }
20.         stmt.close();                //关闭操作
21.         conn.close();                //关闭数据库
22.     }
23. }
```

程序运行结果如图 11-44 所示。

程序分析如下。

- 第 5 行利用 throws Exception 进行异常的声明，否则需要用 try-catch 进行异常处理。
- 第 11 行通过 Statement 对象的 executeQuery()方法，执行指定的查询并将结果保存到 rs 中。

```
Problems  @ Javadoc  Declaration  Console
<terminated>SelectDateDemo [Java Application] D:\Software\jdk1.8
数据库连接成功!
1,张三,boy,男,19,计算机1班
2,李四,boy,男,18,计算机1班
3,王五,789,女,19,计算机2班
4,李华（语法1）,boy,男,20,商务英语
5,李华（语法2）,boy,男,20,商务英语
6,李华（语法3）,boy,男,20,商务英语
```

图 11-44　例 11-16 的程序运行结果

- 第 12～19 行通过 while 循环输出 rs 中的值。
- 第 13～17 行也可以换成按照值的顺序采用标号的形式输出,如 rs.getString(1)。
- 第 20、21 行查询结果结束后需要关闭 Statement 对象,使用 Statement 对象的 close()方法。Statement 对象被关闭后,用该对象创建的结果也会自动被关闭。

3. PreparedStatement 接口

该接口继承了 Statement 接口,但 PreparedStatement 语句中包含了经过预编译的 SQL 语句,因此可以获得更高的执行效率。PreparedStatement 实例包含已编译的 SQL 语句。包含于 PreparedStatement 对象中的 SQL 语句可具有一个或多个 IN 参数。IN 参数的值在 SQL 语句创建时未被指定。相反的,该语句为每个 IN 参数保留一个问号(?)作为占位符。每个问号的值必须在该语句执行之前通过适当的 set ×××()方法来提供,从而增强了程序设计的动态性。所以对于某些使用频繁的 SQL 语句,用 PreparedStatement 语句比用 Statement 接口具有明显的优势。PreparedStatement 的常用方法如表 11-6 所示。

表 11-6　PreparedStatement 的常用方法

常用方法	作　用
int executeUpdate() throws SQL Exception	执行设置的预处理 SQL 语句
ResultSet executeQuery() throws SQL Exception	执行数据库查询操作
void setInt(int x,int y) throws SQL Exception	将 x 参数设置为 int 类型的值
void setFloat(int x,float y) throws SQLException	将 x 参数设置为 float 类型的值
void setString(int x,String y) throws SQL Exception	将 x 参数设置为 String 类型的值
void setDate(int x,Date y) throws SQL Exception	将 x 参数设置为 Date 类型的值

【例 11-17】　用 prepareStatement 接口,将记录“Rose　123　女　18　软件英语 1 班”插入数据表 user 中。

程序如下:(源代码: PreparedStatementDemo.java)

```
import java.sql.Connection;
import java.sql.PreparedStatement;
```

```
3.
4. public class PrepareStatementDemo{
5.
6.     public static void main(String args[]){
7.         DatabaseConnetion db=new DatabaseConnetion();
8.         Connection conn=db.getConnection();
9.         String sql=" INSERT INTO user(name,password,sex,age,class)
             VALUES(?,?,?,?,?)";
10.         String name="Rose";
11.         String password="123";
12.         String sex="女";
13.         int age=18;
14.         String nclass="软件英语 2 班";
15.         try{
16.             PreparedStatement stmt=conn.prepareStatement(sql);
                 //实例化 PreapredStatement 对象
17.             stmt.setString(1, name);
18.             stmt.setString(2, password);
19.             stmt.setString(3, sex);
20.             stmt.setInt(4, age);
21.             stmt.setString(5, nclass);
22.             stmt.executeUpdate();
23.             System.out.println("数据插入成功!");
24.             stmt.close();      //关闭操作
25.             conn.close();      //关闭数据库
26.         }catch(Exception e){
27.             e.printStackTrace();
28.         }
29.     }
30. }
```

程序分析如下。

- 第 9 行编写预处理 SQL 语句。
- 第 17 行设置第一个“?”对应字段的值,之后的语句以此类推。
- 第 22 行执行更新语句。

11.2　项目分析与设计

本项目中主要学习数据库的连接和使用,包括数据库安装、Eclipse 连接数据库以及数据库的增、删、查、改操作,最后对文件版的考试系统进行优化,采用数据库的方式对登录和注册进行实例操作。

11.3 项 目 实 施

任务 11-1 连接数据库,验证用户名和密码

程序如下：

```
import java.sql.*;
import javax.swing.JOptionPane;

public class CheckLoginMYSQL{

    public void login(){
        String sql="SELECT name, password FROM user";
        try{
            DatabaseConnetion db=new DatabaseConnetion();
             Connection conn=db.getConnection();
             Statement stmt=conn.createStatement();
             ResultSet rs=stmt.executeQuery(sql);
             while(rs.next()){
             if(rs.getString("name").equals(user.name)
             &&(rs.getString("password").equals(user.password)){
             loginSuccess=true;
        }
    }
     if(loginSuccess){
        stmt.close();
        conn.close();
     }else
        JOptionPane.showMessageDialog(null,"密码不正确,请重新输入!",
          "密码不正确提示",JOptionPane.OK_OPTION);
        }catch(Exception e){
            e.printStackTrace();
        }
    }

}
```

任务 11-2 修改用户注册功能的 register()方法

程序如下：

```
import java.sql.Connection;
import java.sql.PreparedStatement;
```

```
3. import java.sql.ResultSet;
4. import java.sql.Statement;
5.
6. import javax.swing.JOptionPane;
7.
8. public class Register{
9.    public void register(){
10.          int flag=0;                    //是否重名的判断标志
11.          String sql1="SELECT * FROM user WHERE name='"+user.name+"'";
12.          try{
13.              DatabaseConnetion db=new DatabaseConnetion();
14.              Connection conn=db.getConnection();
15.              Statement stmt=conn.createStatement();
16.              ResultSet rs=stmt.executeQuery(sql1);
17.              if(rs .next()){
18.                  JOptionPane. showMessageDialog(null,"注册名重复,请另外
                     选择!");
19.                flag=1;
20.              }
21.              if(flag==0){                          //添加新注册用户
22.                String sql2="INSERT INTO userin(name,password,sex,
                     age,nclass) VALUES(?,?,?,?,?)";
23.                PreparedStatement pstmt=conn.prepareStatement(sql2);
24.                pstmt.setString(1, user. name);
25.                pstmt.setString(2, user.password);
26.                pstmt.setString(3, user. sex);
27.                pstmt.setString(4, user.age);
28.                pstmt.setString(5, user.nclass);
29.                pstmt.executeUpdate();
30.                  //发送注册成功信息
31.                JOptionPane.showMessageDialog(null,"用户"+user.name+
                     "注册成功");
32.                regtSuccess=true;
33.                pstmt.close();
34.                conn.close();
35.              }}catch(Exception e){
36.                e.printStackTrace();
37.          }
38.    }
39. }
```

程序分析如下。

- 第 10 行定义 flag,用于判断注册的用户名是否已存在。flag=1 表示用户名已存在。
- 第 11 行定义查询 SQL 语句,获得与输入的用户名同名的数据集记录。
- 第 13、14 行声明与数据库操作有关的对象。
- 第 16 行执行查询语句。
- 第 22 行定义插入预处理 SQL 语句。
- 第 24～28 行设置第 22 行中的"?"对应字段的值。
- 第 25 行执行更新语句。

拓展阅读　国产数据库

自2017年Gartner发布数据库系列报告,国产数据库的身影便悄然浮现。阿里AsparaDB、南大通用GBase与SequoiaDB等佼佼者首次崭露头角,而后华为云、腾讯云也紧随其后,荣登榜单。至此,国产数据库的发展迎来了新的篇章。

经过不懈的努力,2019年5月,华为自豪地发布了历经十余年研发的GaussDB数据库,并通过中金国盛金融行业标准符合性试点测评,这是何等的坚韧与毅力!同年9月,以华为为主的鲲鹏智能数据产业联盟数据库产业推进组的成立,更是汇聚了数据库产学研生态的各方力量,共同推动国产数据库的发展。

10月2日,国际事务处理性能委员会公布了最新性能测试结果,阿里巴巴集团蚂蚁金服自主研发的分布式关系数据库OceanBase,一举打破了由Oracle保持了9年的TPC-C(专门针对联机交易处理系统的规范)基准性能测试世界纪录。这一壮举,无疑为国产数据库的发展注入了强大的动力,也向世界展示了中国数据库技术的实力。

回首过去,1979年中国数据库正式开启理论研究,历经数十载的沧桑变迁。在整个20世纪八九十年代,我国自主的数据库研发砥砺前行。随着互联网时代的来临,更是涌现出达梦、人大金仓、神州通用、南大通用等专注于国产数据库的新星,以及阿里巴巴、腾讯、百度等互联网巨头。

进入21世纪,国家的“863”计划设立了数据库重大专项,为国产数据库的发展提供了有力的政策扶持。虽然Oracle和IBM在传统关系型数据库领域具有先发优势,但国产数据库并未止步。随着云计算时代和开源社区的兴起,国产数据库迎来了弯道超车的历史机遇。阿里喊出了“去IOE”的口号,标志着国产数据库领域真正进入到了蓬勃发展的时代。

如今,一系列优秀的数据库和数据库公司如雨后春笋般涌现,这正是国家政策扶持、企业技术创新以及市场需求共同作用的结果。让我们共同期待国产数据库在未来的辉煌发展!

同时,我们也要深刻理解自主创新的重要性。国产数据库的发展历程充分证明了只有坚持自主创新,才能在激烈的国际竞争中立于不败之地。让我们以此为榜样,努力学习科学知识,提升自主创新能力,为推动国家的科技进步贡献自己的力量!

自　测　题

一、选择题

1. 显示当前所有数据库的命令是(　　)。

   A. SHOW DATABASES　　B. SHOW DATABASE

   C. LIST DATABASES　　D. LIST DATABASE

2. 下列选项中属于删除数据库的语句是(　　)。

A. DROP TABLE　　B. DROP DATABASE

C. DELETE DATABASE　　D. DELETE TABLE

3. 要查询 student 表中所有姓"张"学生的情况,可用(　　)语句。

A. SELECT * FROM student WHERE name LIKE '张 * '

B. SELECT * FROM student WHERE name LIKE '张%'

C. SELECT * FROM student WHERE name='张 * '

D. SELECT * FROM student WHERE name='张%'

4. SELECT 语句中与 HAVING 子句通常同时使用的是(　　)子句。

A. ORDER BY　　B. WHERE　　C. GROUP BY　　D. 无须配合

5. MySQL 提供的单行注释语句是使用(　　)开始的一行内容。

A. / *　　B. --　　C. {　　D. /

二、填空题

用 SELECT 进行模糊查询时,可以使用________匹配符。

三、实训任务

1. 从官方网站下载 MySQL 试用版进行安装。
2. 熟悉 Navicat 的使用方法。
3. 创建 teach 数据库,并按照表 11-7 创建数据表 student。

表 11-7　student 信息表

序号	字　段	说　明	数据类型	允许为空	主键
1	id	学生 ID	int	N	Y
2	name	用户名	varchar(9)	N	N
3	password	密码	varchar(9)	N	N
4	sex	性别	varchar(2)	N	N
5	tel	联系电话	varchar(20)	N	N
6	email	联系邮箱	varchar(50)	N	N
7	remark	备注	varchar(100)	N	N

参 考 文 献

[1] 石云辉.Java 程序设计基础实验教程[M].成都：西南交通大学出版社，2018.

[2] 肖睿，龙浩，孙琳，等.Java 高级特性编程及实战[M].北京：人民邮电出版社，2018.

[3] 袁梅冷，李斌，肖正兴.Java 应用开发技术实例教程[M].北京：人民邮电出版社，2017.

[4] 满志强，张仁伟，刘彦君.Java 程序设计教程[M].北京：人民邮电出版社，2017.

[5] 黑马程序员.Java Web 程序设计任务教程[M].北京：人民邮电出版社，2017.

[6] 龚炳江，文志诚，高建国.Java 程序设计[M].北京：人民邮电出版社，2016.

[7] 王雪蓉，万年红.Java 程序设计案例教程[M].北京：中国铁道出版社，2019.

[8] 欧楠，黄海芳.Java 程序设计基础[M].北京：人民邮电出版社，2017.

[9] 罗恩韬，李文，扈乐华.Java 程序设计基础[M].北京：中国铁道出版社，2017.

[10] 陈国君.Java 程序设计基础实验指导与习题解答[M].5 版.北京：清华大学出版社，2018.

[11] 张晓龙，吴志祥，刘俊.Java 程序设计简明教程[M].北京：电子工业出版社，2018.

[12] 王宗亮.Java 程序设计任务驱动式实训教程：微课版[M].北京：清华大学出版社，2019.

[13] 陆剑锋，汪锦洲.Java 程序设计项目化教程[M].北京：机械工业出版社，2018.

[14] 陈杰华.Java 程序设计语言[M].北京：北京大学出版社，2017.

[15] 张基温.新概念 Java 程序设计大学教程[M].北京：清华大学出版社，2018.

[16] 田智.Java 程序设计习题实训精编[M].西安：西安电子科技大学出版社，2017.

[17] 杜晓昕.Java 程序设计教程[M].北京：北京大学出版社，2019.

[18] 李纪云，张大鹏，孙钢.Java 程序设计教程[M].北京：科学出版社，2019.

[19] 秦军.Java 程序设计案例教程[M].北京：清华大学出版社，2018.